复旦大学研究生系列教材

人工智能教育丛书

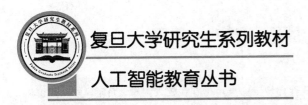

U0377928

人机混合增强智能

Human-Machine-Augmented Intelligence

主　编　张军平

副主编　兰旭光　孙凌云　高洪波
　　　　康　琦　郑南宁

西安电子科技大学出版社

内 容 简 介

人工智能发展迅猛，但在不确定性和脆弱性环境下的应用仍存在较大困难。同时，与人脑相比，人工智能缺乏直觉推理能力和基于认知地图的思维能力。

本书从以上问题出发，全面调研现有的相关理论、算法和技术，并针对性地从三个主要层面形成理论性的建议和思考，这三个层面即人机混合增强智能的基础理论、人机混合增强智能的在线演化与动态自适应以及人机混合增强智能的直觉推理。同时，书中还介绍了一些相关的实际应用和测试平台，以帮助读者进一步直观感受和了解本书理论的适用范围与可推广性。

本书可作为以"人机混合增强智能"为主题开设的研究生课程的教材，也可作为与人工智能相关的其他课程的辅助教材，还可作为从事人工智能研究的科研工作者及对人工智能感兴趣的读者的学习参考书。

图书在版编目(CIP)数据

人机混合增强智能/张军平主编. --西安：西安电子科技大学出版社，
2023.9(2024.1重印)
ISBN 978 - 7 - 5606 - 6942 - 7

Ⅰ. ①人… Ⅱ. ①张… Ⅲ. ①人工智能—研究 Ⅳ. ①TP18

中国国家版本馆 CIP 数据核字(2023)第 132717 号

策　　划　吴祯娥
责任编辑　雷鸿俊　许青青
出版发行　西安电子科技大学出版社(西安市太白南路2号)
电　　话　(029)88202421　88201467　　　邮　编　710071
网　　址　www.xduph.com　　　　　　　电子邮箱　xdupfxb001@163.com
经　　销　新华书店
印刷单位　咸阳华盛印务有限责任公司
版　　次　2023 年 9 月第 1 版　2024 年 1 月第 2 次印刷
开　　本　787 毫米×1092 毫米　1/16　　印　张　14.5　　彩插 2
字　　数　333 千字
定　　价　46.00 元

ISBN 978 - 7 - 5606 - 6942 - 7/TP

XDUP 7244001 - 2

* * * 如有印装问题可调换 * * *

序

十余年来，人工智能发展热潮的主要推动力包括深度学习框架的改善、大数据集的产生以及 GPU 显卡并行计算性能的持续提升。

Geoffrey Hinton 教授于 2006 年在 *Science* 发表了深度神经网络论文。此后不久，斯坦福教授李飞飞于 2009 年建成 ImageNet 图像数据集（当时她还在普林斯顿大学）。该数据集使得深度学习有了一个能在大规模数据集上检验模型或算法预测性能的实验平台。随后 Geoffrey Hinton 和其学生 Alex Krizhevsky 共同提出的 AlexNet 在 ImageNet 数据集上的预测性能有了显著的提升，较 2011 年传统机器学习在此数据集上获得的最佳性能提高了近 10%。以当时连续两年在此数据集上获得的性能提升的速度估算，对于这种程度的性能的提升，传统机器学习方法需要 20 年时间才能获得。这一成功，让人工智能的研究者纷纷转向了以深度学习为基础的相关研究。而 AlexNet 模型中的数项关键技术，便成为人工智能研究者们的关注点和改进方向。GPU 强大的并行能力使得深度学习可以更高效地处理大数据集，更方便地并行处理深度学习网络本身的训练、优化和执行。

有了深度学习算法、大数据和计算能力的协作并进，人工智能在 2012 年后迅速崛起。人工智能首先在识别领域不断刷新性能，并形成了大量成功的应用成果，如人脸识别技术已经在多个场景，如机场、高铁、银行进入了实际应用。

在智能自主系统领域，我们也同样看到了相似的快速发展，如波士顿机器人公司制造的机器人已经可以完成后空翻、侧翻、三级跳等动作，这些动作在十年前是不可想象的。而各种无人机、无人车、无人船更是涌现和运行于各种空间。无人机群已能自由穿梭于森林，而由多种异构智能机器协同构成的无人码头、无人车间、无人仓库已在协助人类工作，且提高了工作效率，提升了工作质量，降低工作强度。当然，这些运行的智能自主系统和群智系统都需要人类后台监视、综合判断和最终决策。另外，在智力竞技领域，如围棋、麻将、电竞等领域，人工智能都取得了骄人的成绩。不少围棋国手已经开始采用 AlphaGO 曾经下过的开局落子方式来比赛。而对于经典电脑游戏《星际争霸》，在限定游戏规则的前提下，人工智能算法也基本可以战胜职业玩家。

近十年来，深度学习理论与算法有了不少新的研究成果，如注意力、多尺度、生成对抗、图卷积神经网络、自监督学习、Transformer、预训练微调模型等。近年来，更大规模的网络设计形成一个趋势，例如：带有多头自注意力的 Transformer 网络已进入计算机视觉领域；OpenAI 研发的 GPT - 3 期望通过超大网络或大模型的构建来推进各种自然语言处理任务的研究进程；2022 年开始兴起的基于提示词（Prompt）的生成式模型如扩散模型以及达到了较高智能的 ChatGPT 都再次提升了人们对人工智能能力的认知。人工智能在走向数据与知识双轮驱动的发展过程中，其功能也从学习、识别、决策扩充到生成与转移，正在生机勃勃地发展。

尽管人工智能的这一轮发展已取得了非常瞩目的成绩，但与人类智能相比，机器智能还存在诸多不足。首先，人具有快慢思维能力。比如成年人在走路时，通常不会仔细分析路面的细节，从而实现快速行走，但如果不慎滑了一下，那么行人就会快速从快思维方式切换到慢思维方式，如对路面的情况进行细致的分析，以决定如何落脚。人甚至会体察到脚上器官对地面的细微变化感知情况。类似地，在人类做很多决策时，这种快慢思维的转换都会经常用到。从某种意义上可以认为人类能够根据已有的知识和经验构建知识层次，从而通过粗细不同粒度的灵活推理进行高效率的行为。在 2021 上海世界人工智能大会上，图灵奖得主 Yoshua Benjio 作特邀报告时，开场就提及了人类快慢思维的重要性，以及它对未来人工智能发展的意义。

合理结合人工智能和人的智能，探索自然而有效的人机交互协同，能够极大地提高人工智能系统对复杂任务的认知能力、决策能力以及对复杂情形的适应能力。遗憾的是，目前人工智能在这一领域仍处于幼儿期。

除此以外，人类通过对某一问题进行长期的学习，可以形成直觉和顿悟。最经典的例子是阿基米德在浴缸中顿悟浮力定律。当他从浴缸中跳出、裸跑，喊出了一句古希腊语"Eureka"（灵光一闪）的时候，估计也完成了形象的联想、类比、分析、抽象乃至发现。此中机理，人工智能至今无法模拟。

人类在认知问题时，也善于利用不同的感知器官形成互补。例如，识别一个人，不仅可以通过视觉，还可以通过辨识声音来协作完成。视觉是人类获得信息构成知识的最重要的感知系统。在人工智能领域，视觉知识具有综合生成能力、时空比较能力和形象显示能力。要运用好这些能力，促进和发展新型视觉知识的研究有待加紧。视觉知识在 AI 解决问题中的重要性已显现。例如，目前人工智能领域中因数据集采集和人类认知上存在的不确定性及归纳偏置等所导致的"AI 偏见"，都可能通过建立在视觉知识上的因果推断、反事实推断等来消除。这也是本书中分析的内容。

总体而论，机器与人在智能方面各有其优势所在和不足之处。举例来说，2014 年发生的马航 370 事件，似乎是过分相信飞机上的人类驾驶员，结果使得整个飞机的乘客都被驾驶员带到了至今未知的地方。而 2019 年埃航飞机 370 Max 坠毁事件，则似乎是过分相信飞机的自动驾驶，飞机在进入自动驾驶后，高度仪判断失误，而飞行员又未能接管飞机并改成人工操纵，以致飞机最终坠毁。不仅如此，最近报道的汽车自动驾驶事故频发，似乎也是在设计理念中未能于关键之处达到人机协同增强智能之故。

机器智能具有规范性、确定性、可复现性和逻辑性，而人的智能具有灵活性与创造性。探索通过人机交互协同，合理结合机器智能和人的智能，提高人机系统对复杂任务的认知能力、决策能力和对复杂情形的适应能力，显得十分重要。

因此，在未来的人工智能研究上，将人与机器混合在一起，形成人机动态自适应协同、人在回路的增强智能学习就成了必然。在《人工智能 2.0》中，人机混合增强智能也被明确为未来 20 年重要的研究方向之一。

本书正是在此背景下完成的。书中将从三大层面解析人机混合增强智能，即人机混合增强智能的基础理论、人机混合增强智能的在线演化与动态自适应以及人机混合增强智能的直觉推理。

　　在此框架下，本书分析了目前人机混合增强智能的现状和存在的问题，并提出了相应的规划和建议。在基础理论部分，本书介绍了人机协同的特征表示、认知心理相关的视觉知识、不确定性估计理论、专家行为表示提取等；在在线演化与动态自适应部分，本书介绍了强化学习、在线知识演化、动态自适应以及人的状态、习性、技能学习和脑机接口等；在直觉推理部分，本书介绍了因果相关理论，综合演化，基于直觉推理的场景推演，人机协同的感知、决策和控制以及推理与创意设计等。最后，本书还介绍了一些相关案例，以帮助读者更好地了解人机协同混合增强智能的实际应用。

　　据我所知，这是目前第一本系统性介绍混合增强智能的书籍，它有效地梳理了人机协同的混合增强智能理论、方法与应用。它的出版，将有助于人工智能科研工作者及爱好者全面了解人机混合智能的优势、不足以及潜在发展方向，对人机混合增强智能和人工智能的发展均会起到一定的推动作用。

潘云鹤

2023 年 4 月 16 日

参与本书编写的人员名单
（排名不分先后）

复 旦 大 学

张军平	黄智忠	袁一帆	李婧琦	刘逸群	朱 殷
陈 捷	高佳琪	张政锋	赵彬琦	刘蔚起	王士珉
杜 娜	陈首臻	陶永志	付昊霖	代明亮	

西安交通大学

郑南宁	兰旭光	丁梦远	彭 茹	孙世光	赵 超	杨德宇

浙江大学

孙凌云	李泽健	吴敬宇	陈 培	张晟源	徐浩然
张杨康	侯乐凡	张 颖	张家辉	孟辰烨	陈舒窈
周圣喆					

中国科学技术大学

高洪波	朱菊萍	何 希	廖晏祯	苏慧萍	沈 达

同济大学

康 琦	史旭东	姚思雅	尹 昊	邓 麒	张 量	唐佳诚

前　言

　　人工智能一直是人类追逐的梦想之一。人类希望能理解人和其他生命体的智能行为，并用其来帮助分析数据、学习和模仿人类的智能，甚至制造与人类智能相仿或在某些性能上超越人类的智能体。

　　人工智能的研究可以追溯至图灵提出的自动机和图灵测试，而其正式的命名则是在达特茅斯学院召开的著名会议上形成的。虽然历史悠久，但早期的人工智能研究主要在学术圈，产业界参与相对较少。人工智能发展至今还经历了两次低潮，原因都是因为对人工智能发展的预判和实际情况产生了较大落差。

　　自 2012 年以来，人工智能取得了突破性的进展，在多个领域形成了落地成果，如人脸识别、语音识别、自然语言处理等，并在围棋博弈上产生了 300 年棋谱未见过的落子模式，在绘画领域也曾登上了数字绘画比赛冠军的宝座。人们将 2012 年以后至今人工智能的成功称为人工智能的第三次热潮。与前两次热潮不同，这一次是从产业界开始的。

　　不管深度学习模型如何发展，归纳起来，目前人工智能的技术路线不外乎三条主线。一是模仿，即模仿人的大脑结构。如果在宽度上实现不了，那么就通过加深来实现。二是隐结构。因为人类的思维中有很多情况并非所见即所得，存在内在的控制变量，需要通过构建隐结构模型来表示。三是正则化。多数问题往往是一个结果对应于多个原因，是数学中常说的病态问题。要从中寻找唯一解，最合理的方式是正则化，或引入新型损失函数，使得其在正则化意义下具有唯一解或最优解。现有方法均可以看成是这三条主线的组合结果。而在设计架构上，则能看到大而全（如参数量超过 1700 亿的 GPT－3）、小而精（如知识蒸馏）和持而久（如终身学习）的基本思路。另外，为减少能耗太高的问题，抵消半导体摩尔定律的影响，脉冲神经网络（Spiking Neural Network，SNN）也被视为第三代人工神经网络，期望实现更高级的生物神经模拟水平。

　　除了上述三条主线外，人工智能研究仍然存在大量的问题未得到解决。例如，人在理解世界时会依赖认知地图，人的思维有快和慢两种可相互切换的思维模式，人有直觉思维的能力等，这些都是目前机器还不具备的。而机器能高效处理海量数据，在限定环境或场景中能更精准地识别目标的能力，则是人类所缺乏的。所以，要在现阶段解决人工智能中存在的这些问题，一个合理的策略是依赖人机之间的协同合作，通过混合增强智能来实现。

　　本书正是在这一背景下撰写的，旨在对人机协同混合增强智能理论与算法的现状进行介绍，就其可能发展的前景进行预测和建议，同时给出一些相关的案例分析，以便读者能有更直观的体会。

我们期望在面向不确定性和脆弱性的开放环境下，基于认知计算框架，研究不确定条件下的直觉推理和因果推理、适应多任务多场景的在线知识演化、人在回路的增强智能学习及动态自适应人机协同。书中归纳了一些我们认为具有相对前瞻性的理论与方法，形成了一些具有建设意义的合理建议。同时，我们也给出了一些案例分析，以便读者能对人机协同的混合增强智能有更为直观的印象。

最初，我们将上述目标分解为五个子任务，即直觉推理算法、因果推理算法、在线知识演化、人在回路的增强智能学习和动态自适应人机协同算法。我们按五个子任务的结构分别对当前国内外在相关子任务上的发展状况进行了调研，并探讨了未来可能值得研究的方向。同时，我们也针对这五个子任务分别进行了探索性的研究，均取得了一定的阶段性成果。

在撰写本书期间，我们组织了多次专家咨询会，邀请的专家包括清华大学的孙富春教授、北京大学的于福生教授、浙江大学的吴飞教授、北京师范大学的黄华教授、西安交通大学的薛建儒教授、同济大学的苗夺谦教授等，并根据各位专家的意见不断完善本书的内容。按照专家的建议，本书涉及的各子任务之间存在交叉，需要有一条主线将书中的逻辑连起来。因此，在认真听取专家建议后，为便于保持逻辑上的有序性，我们对本书内容进行了融合、重组和去冗余，确保每部分内容之间是独立的，内部是相关的。

最终，我们将本书分解为三大块，从基础到高级认知层面来撰写，包括人机混合增强智能的基础理论、人机混合增强智能的在线演化与动态自适应以及人机混合增强智能的直觉推理。另外，为便于理解，将人机协同混合增强智能简写为人机混合增强智能，或简称为人机协同。在此基础上，我们经过进一步完善后，形成了本书。

此项工作由教育部规划项目支持，由五家科研院校（复旦大学、西安交通大学、浙江大学、中国科学技术大学和同济大学）共同合作，自 2019 年 10 月开始，历时三年多时间完成。需要注意的是，各章节的内容并非均完全由某家学校独立完成，存在合写和交叉。另外，尽管本人已经对全书内容做了近半年的反复校订和查重，但因涉及的内容多，参与人员多，书中可能仍存在一些疏漏，恳请广大读者批评指正，以便我们在本书重印或再版时纠正。

本书的出版得到了国家自然科学基金（NSFC Nos. 62125305，62176059，62088102，51775385，U20A20225，91748208）的支持，在此一并表示感谢。

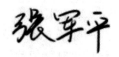

张军平

2023 年 4 月

目　录　CONTENTS

第1章
人机混合增强智能的基础理论

本章主要阐述人机协同混合增强智能的基础理论现状，着重介绍人机协同依赖的特征表示、视觉知识、脉冲神经网络等基本理论，数据处理时存在的不确定性估计理论，并分析这些理论中存在的问题，同时对相关理论的发展给出建议。

1.1 特 征 表 示

人机协同中，通常需要融合大量异质、多模态的数据，如各行业常见的图像、文本、语音等数据，并基于此来实现混合增强智能。由于采集设备日渐廉价化，采集手段更加多样化，因此这些数据呈指数级迅速增长。

然而，在方便获得大数据的同时，这些数据也为人机协同混合增强智能的实现带来了诸多困难，主要原因是其表现形式复杂，如特征表示具有不同的维度、数据在某些维度存在缺失、观察到的维度相互纠缠、大数据缺乏人工标注因而导致标记稀缺、采集到的数据质量差等。另外，用于预测的深度模型架构过大，不利于在需要考虑性价比的场合布局人机协同的混合增强智能的应用，需要学习一个更小型的预测模型结构。

因此，在人机协同的混合增强智能理论体系下，有必要了解这些困难的具体表现情况，以便能在面向复杂数据时，形成有利于人机协同的学习框架。本节首先将针对以上问题，介绍特征表示中的五项关键基础理论及相应的建议方案，包括：① 特征的统一表征、提取与融合；② 异质或异构数据的共享子空间；③ 解耦学习；④ 对比学习；⑤ 知识蒸馏。在此基础上，本书力求使读者实现对复杂场景的认知与对复杂任务的理解。多模态信息的统一表征的主要研究内容如图 1.1-1 所示。

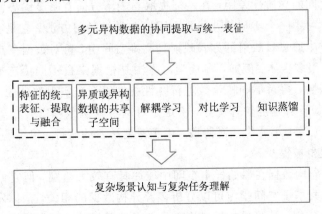

图 1.1-1　多模态信息的统一表征的主要研究内容

在多模态或多源异构环境下，人机协同的主要目的是建立一种可以处理和关联多模态数据中特征信息的统一模型表示。与针对单一模态数据如图像、文本、语音等非结构化模态和机械电气等结构化模态以及时间序列模态的单模态特征提取方法不同，多模态特征的提取需要借助自监督深度特征提取网络的学习模型，基于共享子空间、解耦学习和对比学习的策略，以实现多源异构数据的关联性分析以及融合表达。

类似地，针对数据标记稀缺的问题，除了自监督学习框架外，还可以构建基于对抗网络结构的半监督共享特征融合学习模型以及跨模态对抗网络的特征学习方法。另外，构建多模态数据的一致性表达框架，建立多模态特征信息提取优劣的统一评价标准，研究多模态信息的时空关联特征提取方法，设计复杂噪声对抗模型，提高系统在强干扰环境下的鲁棒性与自适应能力也值得深入研究。不仅如此，研究基于长短期记忆网络与注意力机制的多源数据时空特征关联提取算法，自适应地在每一时间步长对输入的特征进行动态选择与融合，实现多模态信息精确的时空描述与表达，也是人机协同混合增强智能值得研究的问题。

1.1.1　多模态信息统一表征

近年来，由于采集设备日益廉价且安装越来越便利，多模态数据在各种领域如互联网、交通安全系统中的应用呈指数级增长。而在人机协同时，更需要多考虑多模态的特性。

多模态数据具有异质性，而不同模态表征的相同信息之间又有着相似性。与传统的单模态方法只能以一种方式表征原始数据、未考虑不同数据之间的语义相似性不同，多模态学习能针对多源异构数据形成行之有效的特征融合方法。在现有机器学习理论框架下，能有效处理海量多源异构数据的多模态学习主要包括统计学习方法和深度学习方法。它们均在单模态表示学习的基础上，进一步考虑了多模态信息的一致性和互补性，从而有效实现了跨模态和多模态的表示、融合与协同学习。

1. 统计学习

统计学习指综合运用概率和统计学的相关理论，赋予计算机数据处理能力的机器学习方法。对于许多学习任务（如图像处理和自然语言处理），统计学习常需要人工进行特征工程。而多模态表示学习旨在提取图像、文本、语音等多种结构化数据中蕴含的语义信息，并缩小不同模态之间的异质性差距，在特征提取与表示方面有明显优势。

多模态表示学习中一个实现的办法是利用经典的核学习方法。它是在统计学习里，将低维非线性分布样本通过核映射的方式映射到高维空间中，再对数据在高维空间实现线性表示的方法。它有很多变体。例如，多核学习方法是根据来自不同模态的数据和属性，选取合适的不同核函数，再对不同核函数进行线性叠加组合来实现整合的。该方法具有机理简单、可解释性强、计算速度快等优势，不足是对基本核函数和组合权重系数的选择相对困难。目前，在人工智能第三次热潮阶段，由于深度学习的流行，曾经盛极一时的核函数、核方法研究已经很少被提及。

另外，多模态异构数据在原始样本空间中往往具有较大差别，但它们在特征空间中具有较强的相关性。共享子空间学习可以分析多源异构数据的相关性，以发现能同时代表这些数据的共性表征空间，消除异构性。共享子空间学习常通过寻找投影空间来估计不同维度数据集共同的子空间，如典型相关性分析(Canonical Correlation Analysis，CCA)就是针对两组数据集来估计相关性最大的共享子空间。相关内容将在1.1.2小节中详细介绍。

2. 深度学习

近年来，深度学习方法预测性能优异，它可以端到端的方式从数据中学习出高维特征表示，从而能够对海量异构多模态数据进行分析，具有很好的跨模态适应性能力。多模态深度学习旨在构建更深层的神经网络，以便能在语义表示上发现高阶的共模态作用。

在用于多模态表征的深层神经网络中，代表性的模型之一是自编码器，它可以学习输入数据的隐含特征。该过程称为编码，可用于压缩和融合各输入模态的表示，产生共作用语义表示。而解码过程则是利用学习到的新特征，通过网络重构出原始输入数据。它可根据产生的共作用语义表示产生学习任务的预测结果。针对时序多模态学习，则可采用循环神经网络或其变体来进行深度学习。例如，将同一时刻的多模态输入数据分别当成单模态输入，并按时间序列形成级联式，或根据模态特点形成不同的时序结构网络。而隐层则可以用于学习和融合之前各时刻、各模态的输入信息的共作用语义表征。

需要指出的是，多模态学习仍有进一步发展的空间。例如，利用统计方法构造更好的语义嵌入空间，以便不同模态的数据在表达相同语义时，可以在语义嵌套空间缩小各模态间的距离。这样，多模态数据在嵌套的语义空间上能做到类内尽可能近、类间尽可能远，实现更好的预测性能。另外，深度学习的学习效果常取决于数据库所包含的信息，由此引发了学习性能与标注成本的矛盾。解决这一问题的途径之一是发展小样本弱监督学习，以避免神经网络的过拟合等问题。

此外，针对多模态数据，研究表征解耦的表示学习方法以及自监督学习、对比学习、生成式表征学习等表征学习机制，对人机协同的混合增强智能规划也有着重要意义，如图1.1-2所示。

图1.1-2　多模态数据表征学习技术的结构

1.1.2　共享子空间学习

针对人机协同常见的多模态数据具有异构和不规则的特点，常见思路是将该数据投影到共享子空间(Shared Subspace)，即各个模态间存在共性的子空间，以消除不同模态间的异构性，如图1.1-3所示。获取共享子空间的同时，还可以分离不同模态数据中具有个性的独立子空间(常称为 Private Subspace、Individual Subspace 或 Independent Subspace)。此外，共享子空间也可以利用先验知识挖掘高层语义信息。

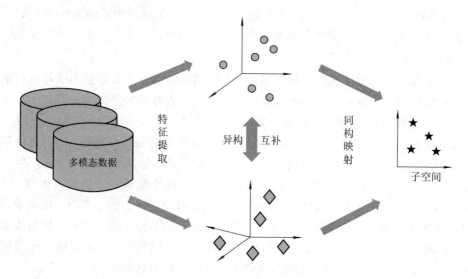

图 1.1 - 3　共享子空间示意图

1. 研究内容和现状

现有的共享子空间学习方法一般可分为基于统计学习的和基于深度学习的两类。

1) 基于统计学习的共享子空间学习方法

基于统计学习的共享子空间学习方法一般可分为基于投影的、基于矩阵或张量分解的、基于多任务学习的和基于度量学习的四种。

(1) 基于投影的共享子空间学习方法。

基于投影的共享子空间学习方法又可分为线性投影法和非线性投影法两种。线性投影法通常使用典型相关分析法(Canonical Correlation Analysis, CCA),其最初由 Hotelling 于 1936 年提出,而后形式经过了多次改进,目前已被广泛用于跨媒体聚类、分类和检索等方面。在多模态场景下,CCA 可度量不同模态信息之间特征相关的强弱,并在嵌入空间最大化观测变量之间的相关性,如图1.1 - 4 所示。

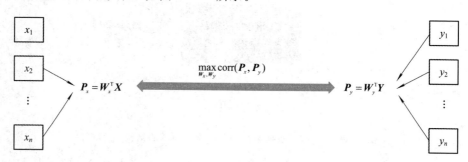

图 1.1 - 4　典型相关性分析示意图

具体来说,给定分别来自两个不同模态的两组数据:

$$X = [x_1, x_2, \cdots, x_n] \in \mathbb{R}^{n \times d_x}$$
$$Y = [y_1, y_2, \cdots, y_n] \in \mathbb{R}^{n \times d_y}$$

其中 d_x 和 d_y 分别为两个不同模态数据的维度,n 是数据的总量。一般假定两个模态数据总量相同。CCA 旨在找到两组典型变量 $W_x = (w_{1x}, w_{2x}, \cdots, w_{nx})$ 和 $W_y = (w_{1y}, w_{2y}, \cdots, w_{ny})$,

使得投影后的表示 $P_x = W_x^T X$ 和 $P_y = W_y^T Y$ 之间的相关性最大，即相关系数 $\rho = \max\limits_{W_x, W_y} \mathrm{Corr}(W_x^T X, W_y^T Y)$ 最大。这里 Corr 表示相关性(Correlation)。

　　然而，最初的 CCA 仅限于建模线性关系，没有考虑不同数据视图中概率分布的非线性特性。由此，一些非线性投影法如核典型相关分析法(Kernel Canonical Correlation Analysis，KCCA)被提出。KCCA 是 CCA 在核空间上的非线性推广，它先使用核变换非线性地将数据投影到高维希尔伯特(Hilbert)空间，使原始数据在高维特征空间中成为线性数据，再使用 CCA。这种思路的局限性在于，线性是隐藏在假想的高维特征空间中的，实际是看不到也无法分析的。

　　此外，还有一些可替代的方法。例如，科学家通过将数据映射至一个能用不相关性逼近独立性的高维空间，以发现更有效的共享子空间。一种方案是通过 Hilbert - Schmit 独立性准则(简称为 HSIC)来判断，并用核对齐技术来计算多模态数据的共享子空间。在此过程中，线性投影可以先行嵌入，然后再进行核对齐，因而能在保留了线性的可解释性的同时，获得高维的独立性。

　　(2) 基于矩阵或张量分解的共享子空间学习方法。

　　基于矩阵分解(Matrix Decomposition)的共享子空间学习方法的思路是将不同模态的数据分解为两个矩阵的乘积，如图 1.1 - 5 所示，其中 W 矩阵的列向量是不同模态间共享子空间的基向量，P_1 和 P_2 矩阵的列向量可以直观理解成不同模态数据在共享子空间中相应的坐标。而张量分解则是将原数据集视为高阶张量，通过类似 Tucker 分解的方式将高阶张量分解成一个低秩或小尺寸的张量矩阵和相应的多组投影矩阵。它可以视为二阶张量和矩阵分解的推广。在引入不同约束来引导分解后，会产生具有不同可解释性的张量分解算法。

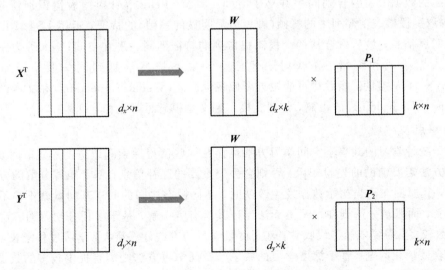

图 1.1 - 5　矩阵分解示意图

　　(3) 基于多任务学习的共享子空间学习方法。

　　基于多任务学习(Multi-task Learning)的共享子空间学习方法可以同时学习多个多模态任务，具体做法是通过优化总的目标函数，提取不同任务中不同模态之间的共享子空间，最终提高各个任务的泛化性能。

（4）基于度量学习的共享子空间学习方法。

基于度量学习（Metric Learning）的共享子空间学习方法首先预设邻域边缘，根据学到的距离度量（如欧氏距离或马氏距离等），将目标近邻拉入邻域边缘，并且将噪声点推出特定边缘，由此将同一数据的多模态映射聚集到一起，进而提高多模态任务下的分类、回归、聚类和检索性能。

基于统计学习的共享子空间学习方法的优点是相对直观、可解释强，适用于处理相似模态的数据，如来自不同传感器的图像数据等，缺点是难以处理较为复杂的语义感知任务，当模态间跨度较大时可能在性能上表现不佳。

2）基于深度学习的共享子空间学习方法

与基于统计学习的共享子空间学习方法相比，基于深度学习的共享子空间学习方法在提取特征的方式上是不同的。基于深度学习的共享子空间学习方法利用深度神经网络提取特征，将不同模态数据映射到一个共享子空间中。

最早研究多模态深度学习的文献，可见于机器学习顶级会议 ICML 2011 的论文"Multimodal Deep Learning"。该文考虑了视觉模态（唇语）和音频模态混合的多模态，在深度学习网络的建构上以限制性玻尔兹曼机（Restricted Boltzmann Machine，RBM）为基本单元来实现。它将视觉和音频构成的多模态数据进行编码，并共同学习隐空间的共性表征，然后再实现重构，最终完成对数字和字母两大类较简单的多模态目标的识别。

多模态深度学习共享子空间学习方法中，卷积神经网络（Convolutional Neural Network，CNN）、循环神经网络（Recurrent Neural Network，RNN）与长短期记忆网络（Long Short-Term Memory，LSTM）是常用的基础模型。有些研究也会将它们结合起来（如 CNN 与 LSTM 结合，其中 CNN 处理视觉模态，LSTM 处理音频等时域模态），以便将不同模态的数据映射融合到同一共享子空间。例如：Peng 等针对微表情识别任务，使用 CNN 提取一段微表情序列中的峰帧（微表情最明显的一帧）的特征，运用 LSTM 提取其附近帧的时序信息，最后融合从两个模态提取到的特征到同一潜在空间；Xia 等为完成文本指导的人脸生成和编辑，先映射图像信息和文本描述信息到同一共享子空间——StyleGAN 的 W 空间，然后尽可能拉近图像视觉嵌入（Visual Embedding）和文本语义嵌入（Linguistic Embedding）的距离，使视觉模态和文本模态尽可能相互匹配。

2. 难点

基于统计学习的共享子空间学习方法也存在一些值得探索和改进的不足。例如：基于投影的方法需要辅助的先验知识，否则会丢失重要的互补信息；基于矩阵分解的方法泛化性不足，其原因在于当初始数据发生改变时，不同模态之间的共享基向量就不得不重新计算来更新，而张量分解则在理论上无法保证其具有唯一解；基于多任务学习的方法模型复杂，参数较多，需要依靠迭代收敛；基于度量学习的方法计算量大，学习过程漫长，容易出现过拟合或泛化问题。基于深度学习的共享子空间学习方法则需要提供较多的数据量，且模型复杂度较高，计算量大，缺乏可解释性。

3. 潜在解决方案

目前，多模态数据的底层分布不一致，规模逐渐增加，样本标注成本不断提升，现有的自监督学习模型数量较少；同时，跨模态学习易受样本质量低劣、缺失冗余的影响。未来，对于基于共享子空间学习的多模态人机协同学习的研究具体可从如下几个方面展开：

（1）采用粒度更细的特征表征来刻画源于不同模态的数据，深度挖掘不同模态之间的互补性，利用来自人类信息的模态构建更为完整、取长补短的特征互补表征。例如，用人类提供的音频或文本信息指导机器生成图像，将人类提供的音频或文本信息映射到与图像模态共享的子空间，拉近不同模态的嵌入之间的距离，从而实现精准且更为有效的跨模态间的匹配。

（2）研发更加合理、有效的特征和模型融合框架。一方面，可将用不同算法提取的特征表达通过各种组合技巧来直接获得更精细、更合理的特征融合结果。在未来的研究中，可以尝试采用一组彼此之间各不相同的算法，通过平均法、投票法或线性赋值权重等策略方式将它们组合起来，进一步聚合加强各算法的特征融合效果。针对一个特定算法在全局中的表现不确定性，还可以采用一些动态的组合机制，充分利用各个算法在不同局部的优异表现性能，最终在有限的数据集上稳定提升特征融合的能力。另一方面，利用模型的融合方式指导跨模态数据的融合分析，借鉴已有的模型融合方式，深入研究跨模态数据之间的共享语义、语义偏差和各模态私有特征等跨模态数据融合中存在的难题难点。在未来的研究中，可以充分利用跨模态数据中存在的部分有监督或弱监督标签信息，实现不同模态之间的特征互补融合，融合学习跨模态数据之间潜在的共享信息，提升数据任务处理的科学性和有效性。

（3）研究当跨模态数据出现冗余、噪声和缺失时，如何挖掘不同模态数据之间的相关性尤其是高阶相关性问题。例如，在文本—图像数据集中，同一文本描述可对应多张图片，这些从不同角度拍摄或有不同布局的图片在图谱结构中是平等的，但数据量一般不相同。此时，可利用迁移学习、图像分割和注意力机制等减小多模态数据存在的冗余、噪声和缺失影响。

（4）研究动态多模态权重学习的方法。具体来说，可以分析不同模态对最终共享子空间所起的贡献程度大小，再动态自适应地设计模态权重调整方式。在多模态学习共享子空间表示的过程中，动态学得每个模态的权重，提高多模态数据融合学习的效果。

1.1.3　解耦表示学习

1. 解耦表示学习的基本概念

在人与机器的交互和协同过程中，人的行为以及数据的表征通常都是复杂的、多样的。为了对复杂的行为和数据进行有效的、可解释的表征，对人的行为和数据进行解构或解纠缠就变得尤为重要。如果能将复杂的输入数据进行解耦得到多个相对简单且具有可解释性的因子，人类就能根据目标有针对性地改变其中一个或几个因子，进而相应地改变机器的输出结果。将数据解耦成多个解释变量的生成结果，可以通过解耦表示学习来实现。

解耦表示学习的概念最早由 Bengio 等人提出，其希望将数据解耦为不同的蕴含丰富信息的潜在因子，改变其中一个潜在因子能且仅能使数据 x 的表征 r 的其中一个相对应因子发生变化，其他相对应因子则不发生变化。2019 年，Locatello 等人更详细地阐明了解耦表示学习。他们认为，解耦表示学习有一个关键性假设：高维数据 x 可视为由一系列语义上具有可解释性的潜在因素通过一个映射函数作用相互耦合生成的。如图 1.1-6 所示，在表示学习中，真实数据 x（如图像、视频）的建模可以理解为如下两个过程：

（1）从一个先验分布 $P(z)$ 中随机采样一个多元潜在隐变量 z。直观上，z 对应于可以导致观测数据变化的、具有语义意义的因素（如决定图像中的物体的因素，可以分为内容和位置）。

（2）从条件分布 $P(x|z)$ 中采样得到数据观测值 x。

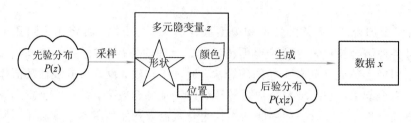

图 1.1-6　数据的生成建模过程

2. 解耦表示学习的目标

解耦表示学习需要实现以下三个目标：

（1）获得的表征需要以紧凑、可解释的结构包含数据 x 的所有信息。

（2）需要对下游任务（如迁移任务和小样本任务等）有帮助。

（3）需要整合出干扰因素，然后进行干预，并回答反事实问题。

研究表明，建立可分离的表征是朝着更好地表示学习迈出的重要一步。解耦表示学习可以提升模型的可解释性，在特定的任务如样本生成、零样本学习上有着比较显著的优势。此外，值得一提的是，解耦表示学习的思想来源于人观察和处理外在信息的过程。例如，人在观察一幅图像时，先整体性地观察，再局部性地观察，人类通过将图像解构成不同的组成部分，以便从这幅图像中辨认其中存在的物体，如图 1.1-7 所示（其中的子图源自网络）。Bengio 认为，只有人工智能能从数据环境中学会鉴别和解耦隐藏其中的潜在因素时，才有可能真正理解我们生存的世界。

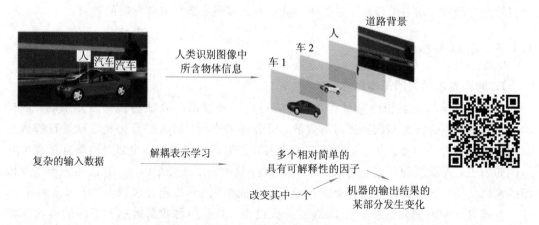

图 1.1-7　解耦表示学习与人类认知过程的共通之处

3. 解耦表示学习的常用方法

解耦表示学习方法最常用的架构为变分自编码器（Variational Autoencoders，VAE），如图 1.1-8 所示。解耦表示学习通过训练 VAE 来学习数据潜在的具有可解释性的因子。VAE 可以通过估计后验与先验分布的一致性来实现解纠缠，如基于潜在变量的后验分布与标准多元高斯先验分布之间的 KL 散度(Kullback-Leibler Divergence)的正则化项。该正则化项能使各个潜在因子尽可能彼此独立。为了进一步增强因子之间的独立性,研究人员考虑最小化潜在因子之间的互信息,由此提出了 VAE 的各种扩展版本。例如,Higgins 和 Burgess 等人发现增大原始 VAE 中 KL 散度项的权重可以获得解耦更彻底的结果;而 Kim 等人则通过减小因子之间的总相关性来进一步加强独立性。

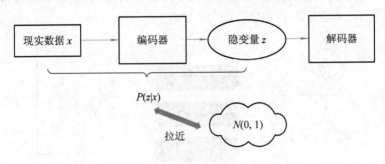

图 1.1-8　变分自编码器(VAE)架构图

4. 解耦表示学习的局限性

解耦表示学习旨在将特征表示中的变化因素解耦出来,这些变化因素彼此独立,且具有一定的语义意义。当单个变化因素发生变化时,会影响生成数据中单个因素的变化。

解耦表示学习也存在一定的不足,主要表现如下:

首先,关于独立性假设,解耦表示学习通常假设潜在因子之间相互独立,然而现实场景中经常出现违背该假设的情况——潜在因子之间可能存在相关性或因果性,由此导致改变单个潜在因子会造成多个相对应因子发生变化。例如,对于物体分类问题,纹理和颜色因素可能会相互干扰,如对于斑马,条纹和黑白是相关的;对于人脸属性编辑问题,性别属性与胡须属性存在因果性,在改变一张人脸的性别属性时,如将其变为男性,生成的图片经常会额外产生胡须。

其次,关于语义意义,尽管解耦表示学习能帮助学习可分离式的表征,但机器无法获知其语义意义,每个潜在因子的意义需要人为赋予。此外,对于不同任务,分离得到的潜在因子的意义也不同,这对跨领域的迁移学习造成了一定的阻碍。

再者,关于变化因素,解耦表示学习通常只能解耦出会引起数据变化的因素,而无法解耦出所有因素。如图 1.1-9 所示,为了缓解潜在因子的纠缠问题,可以引入先验信息。例如,CausalVAE 没有采用隐变量之间彼此独立的假设,而是使用后续章节将介绍的结构化因果模型学习人脸属性之间的因果性并构造因果图,引入学习得到的属性之间的因果性作为先验知识进行训练,同时引入样本标签信息进行监督,降低了属性之间的耦合性。

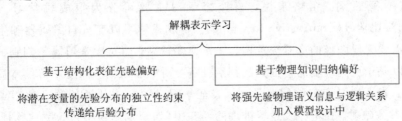

图 1.1-9　解耦表示学习方法分类

5. 解耦表示学习的改进策略

上述先验知识即属性之间的因果性是算法自动学习的，没有加入人类的先验知识。未来我们可探索人机协同的解耦表示学习，将人类的先验知识引入解耦表示学习中，这样可使解耦表示学习获得的潜在因子的语义意义更为明确，也能更有迹可循、有据可依地修改生成数据，有利于下游任务的完成。具体而言，可以将三种人类先验知识加入解耦表示学习中，即因果模型、物理学理论和组合能力，如图 1.1 - 10 所示。

图 1.1 - 10　人机协同的解耦表示学习

（1）因果模型。可以由专家针对不同的任务、不同的人类行为建立属性之间的因果关系。例如，在人脸属性编辑任务中，对存在因果关系的人脸属性构建因果图，监督网络后续学习。

（2）物理学理论。解耦表示学习一般假设潜在因素是彼此独立的，然而组内数据有时具有同一共性特征，例如不同视角下的物体虽然姿态不同，但物体种类是相同的，此时组内数据之间具有相关性，独立同分布假设不再成立。基于物理知识的解耦表示学习可以通过专家观察数据得到数据之间的一些共性特征，在模型中融入数据包含的物理本征机理和数据间的物理关联，实现数据间的相关因子和不相关因子的解耦学习。

（3）组合能力。人类可以从多物体复杂场景解耦出多个简单对象，并且能将这些简单对象的空间位置重新排列组合想象出新的场景图。对于单个物体，人类也能从中发现具有多组共同属性和各异属性的多个简单部件。机器可将场景图像解耦为背景和多个离散对象，将每个离散对象又解耦为位置和内容。将人类的这种组合能力应用于机器的解耦表示学习可以帮助机器重新排列组合离散对象的空间排列方式，提升机器的组合泛化能力，有助于其理解场景和生成新的场景。

1.1.4　对比学习

因为近年来在计算机视觉领域的自监督表征学习方面取得了一些进展，对比学习掀起了新的一波研究热潮。粗略来说，自监督学习主要可分为生成式学习（Generative Learning）和对比学习（Contrastive Learning）。生成式学习以变分自编码器和生成对抗网络为代表，需要完成图像的像素级重构，任务难度较高。而对比学习属于判别式自监督学习范式，可以基于更高维度的特征完成判别任务。研究者认为，深度学习的本质可以归纳为两个方面：表征学习和归纳偏置学习。表征学习学习一个从原始输入数据到特征向量（或张量）的参数映射。在不涉及逻辑推理的任务中（如识别图像中包含哪些物体），如果学习好了样本的特征表示，智能系统就能较好地完成任务。但是当涉及更高层的语义理解和组合逻辑时，就需要设计特殊过程来辅助智能系统分解完成复杂任务，所以很多研究工作开始关注表征学习。自然语言领域中以 BERT(Bidirectional Encoder Representations from Transformers，源自 Transformers 的双向编码表征)为代表的预训练模型，利用大规模的语料，基于掩码语言模型(Masked Language Model，MLM)的自监督学习，从大量无标注文本中学习通用知识，完成下游任务。

随着自然语言领域自监督预训练大模型的发展，在计算机视觉领域，利用海量无标注数据，挖掘数据本身的先验知识分布的需求，促进了对比学习研究的快速发展。对比学习不需要人工标注的标签信息，相较于生成式学习，它更少关注实例细节，而是通过辅助任务训练模型，挖掘数据自身的监督信息，有利于下游任务的表征。

对比学习通过学习两个事物的相似性或不相似性来进行编码构建表征，即构建正(Positive)样本和负(Negative)样本，度量正负样本的距离来实现自监督学习。其核心思想是学习得到一个表示模型，使得样本和正样本间的相似度在投影空间中远大于样本和负样本间的相似度。为了优化样本和其正负样本的关系，可以使用点积的方式构造距离函数，然后构造一个 Softmax 分类器，以正确分类正负样本。另外，目前常用的对比损失函数主要基于噪声对比估计(Noise Contrastive Estimation，NCE)损失或最大化互信息的思想构造，更为主流的是称为 InfoNCE(或其变体，如 Normalized Temperature-Scaled Cross Entropy Loss，NT-Xent)的损失函数，是 2018 年 Deep Mind 的 van den Oord 等在对比预测编码(Contrastive Predictive Coding，CPC)中提出的，如下式所示：

$$I(x_{t+k}; c_t) = \sum_{x,c} p(x_{t+k}, c_t) \log \frac{p(x_{t+k} \mid c_t)}{p(x_{t+k})}$$

$$f_k(x_{t+k}, c_t) \propto \frac{p(x_{t+k} \mid c_t)}{p(x_{t+k})}$$

$$\mathcal{L}_N = -E_x \left[\log \frac{f_k(x_{t+k}, c_t)}{\sum_{x_i \in X} f_k(x_j, c_t)} \right]$$

其中，给定包含 N 个随机采样的样本集合 $X = \{x_1, x_2, \cdots, x_N\}$，包含一个从 $p(x_{t+k} \mid c_t)$ 中采样的正样本和 $N-1$ 个来自指定分布 $p(x_{t+k})$ 的负样本，$f_k(x_{t+k}, c_t)$ 表示密度比，c_t 表示当前上下文，x_{t+k} 表示未来的数据。通过最大化当前上下文 c_t 和未来的数据 x_{t+k} 间的互信息 $I(x_{t+k}; c_t)$ 来构建预测任务，由于无法知道 c_t 和 x_{t+k} 间的联合分布 $p(x_{t+k}, c_t)$，所以需要最大化 $\frac{p(x_{t+k} \mid c_t)}{p(x_{t+k})}$，将问题转化为分类任务，从而将根据 c_t 预测 x_{t+k} 的预测任务转化为分辨正负样本对的分类任务。

对比学习思想的有效性已在各领域得到证明，如自然语言处理领域中的 BERT-NCE、XLNet 等模型，语音领域中的 Wav2vec、VQ-Wav2vec 等模型，基于图网络的 C-SWM 模型(可以用来建模强化学习环境中物体间的关系)。图 1.1-11 所示为部分对比学习代表性成果。尽管近两年掩码学习研究热度更高，但多模态的对比学习研究仍是主流，尤其是考虑到如对比语言-图像预训练模型(Contrastive Language-Image Pre-training，CLIP)为代表的多模态预训练模型的出色表现，以及解决视觉转换模型(Vision Transformer，ViT)的训练稳定性方面，对比学习的思想都发挥着重要作用。

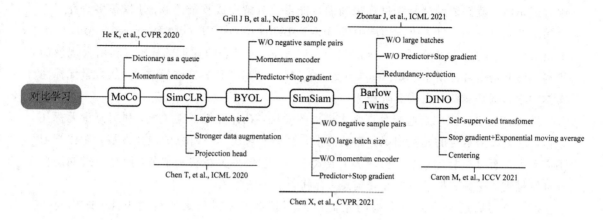

图 1.1 - 11　对比学习代表性成果

对比学习已经在不少任务上取得了超过监督学习的效果，但从目前的研究进展来看，仍然存在一些问题和有待探索的方向，具体如下：

（1）**数据集偏置**（Dataset Bias）。因为自监督学习任务利用数据集本身的信息来构造伪标签，提供监督信息，所以数据集本身的偏置自然会导致学习到表征的偏置。图像领域大多使用 ImageNet 数据集作为对比学习的预训练数据，其中的一张图片一般处理为仅包含单个类别，而在网络上随机选择的图片，可能包含多个类别。目前的对比学习方法在处理包含多类别实体的图片时效果有可能不明显，因为存在如上所述的数据集偏置问题。如果要获得效果更好的自监督模型，则需要降低对训练数据的要求，从而得以利用更多的数据。

（2）**数据增广**（Augmentation）。利用合适的数据增广方法构建有难度的正例，可以让表示学习系统学到更多数据种类的不变性，进而增强表示学习模型的表达能力。但在现有的对比学习方法中，有的数据增广方法可能会使得变换后的图像与输入图像差异过大，导致模型提取的相似性特征反而会削弱自监督学习的效果。因此，在进行数据增广的时候需要注意标签生成的有效性。例如，考虑不同数据增广方式的数据分布，将数据增广划分为不会显著影响图像视觉效果的弱增广和使得图像发生较大变化的强增广，利用分布差异最小化来优化原图与弱增广图像间以及弱增广图像与强增广图像间的分布，从而消除无效增广方式的影响。

（3）**解耦**（Decoupled）对比学习。主流的对比学习范式在通过拉近正样本、推远负样本的方式取得高性能表现的同时，一般也依赖于高昂的计算代价，如更大的批大小、更多的训练次数和动量更新等。最新的研究提出，在广泛使用的 InfoNCE 损失函数中，存在负-正-耦合（Negative-Positive-Coupling，NPC）因子是导致模型训练过程中对批数据的大小敏感而使性能下降的原因。通过将分母中的正样本项消除，解耦正负样本，在不需要更多计算资源和复杂实验设计的情况下就能提高模型的学习效率。这种将基于 InfoNCE 损失函数的正负项解耦的思想应用到对比学习方法中的想法，值得进一步探究。

如何利用对比学习解耦和组合的表征，学习非对称相似度打分函数，探究在计算和内存上更有效的对比损失函数，以及将人类关于辅助任务的先验知识融入神经网络，从而得到更具可解释性的表示学习模型，值得进一步探究。

1.1.5　知识蒸馏

随着底层硬件和分布式平台的快速发展，神经网络在宽度和深度两方面的模型设计上都有了大的进展。尽管相应的深度模型在多项任务上取得了优异的性能，但复杂的模型规模仍依赖于高昂的计算代价和存储需求，这使得在手机和嵌入式设备等资源有限的设备上部署这些"笨重的"深度模型时颇具挑战性。为了设计高效的深度模型，近期的研究主要关注两个方面：① 基于深度可分离卷积的更高效的基础模块，如 MobileNet 和 ShuffleNets 等网络模型；② 模型压缩和加速技术，主要包括参数剪枝和共享、低秩分解、可迁移紧致卷积核以及知识蒸馏四类。

一个标准的知识蒸馏框架通常包含一个或多个大型的预训练教师模型（Teacher Model）和一个小型的学生模型（Student Model）。其主要思想是在教师模型的监督下训练一个有效的学生模型，使得后者在具体任务上的性能得以提升。根据蒸馏目标的不同可以分为三种方法：① 基于 logits（网络输出值）的方法；② 基于 feature（网络中间特征）的方法；③ 基于样本或特征间的 relation（关系）的方法。因为在大型深度神经网络和小型学习神经网络之间的模型容量差距会阻碍知识迁移，为了将知识有效地迁移到学生网络中，需要可控的且能降低模型复杂性的方法。具体地，Mirzadeh 等人提出的教师辅助模型（Teacher Assistant），缩小了教师模型和学生模型的训练差距。这种差距可以通过残差学习进一步缩小，如学习残差的辅助结构。另一方面，可以采取最小化学生模型和教师模型结构的不同方法。Polino 等人于 2018 年提出将知识蒸馏和网络量化结合，即学生模型是教师模型的小型量化版本。Nowak 和 Corso 于 2018 年提出了一种结构压缩方法，将从多层网络中学到的知识迁移到单层中。

知识蒸馏的学习思想与人类的学习方式有相似性。受此启发，近年来知识蒸馏方法已经扩展到教师—学生学习、互学习、辅助学习、终身学习和自学习等方向。知识蒸馏的大部分扩展方法主要关注于压缩深度神经网络，因为轻量级的学生网络很容易部署到视觉识别、语音识别和自然语言处理等应用中。此外，在进行知识蒸馏时，从一个模型到另一个模型的知识迁移可以被扩展到其他任务上，如对抗攻击、数据增强、多模态、数据隐私和安全。受模型压缩的知识蒸馏启发，知识迁移的思想也已经被深入应用到压缩训练数据任务中（如数据集蒸馏），即将一个大型数据集的知识迁移到一个小型数据集中，以降低深度模型的训练负担。图 1.1-12 给出了一个大致的人机协同知识蒸馏框架。

需要指出的是，在现有的知识蒸馏研究中，一方面，只有部分相关工作讨论了将知识蒸馏与其他压缩方法进行组合，如量化知识蒸馏。它可以看作是一种参数剪枝方法，即将网络量化后再结合到教师—学生网络结构中。由于大多数压缩技术需要重训练（微调）过程，因此，为了学习可以部署到便携式平台的高效轻量级深度模型，包含知识蒸馏和其他压缩技术的混合压缩方法也是必需的。所以，选择不同压缩方法的合适顺序将是未来值得研究的方向。另一方面，大多数方法关注于设计教师和学生模型的结构或他们之间知识迁移的方法。为了使得小型的学生模型更好地匹配一个更大的教师模型，以提高知识蒸馏的

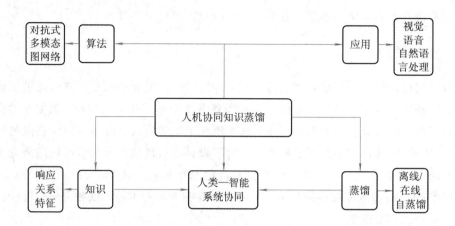

图 1.1 - 12　人机协同知识蒸馏框架

性能，自适应(Adaptive)的教师—学生学习结构是必要的。最近，知识蒸馏考虑了对比学习、神经结构搜索(Neural Architecture Search，NAS)(如学生结构和基于教师模型引导的知识迁移的联合搜索)、跨模态等值得研究的方向。

具体来说，知识蒸馏的核心问题在于如何捕捉模型潜在的语义信息，之前的工作大多关注于损失函数的设计，使得模型仅关注单个样本的表达信息细节，而无法有效地捕捉潜在语义信息。所以，未来可以尝试引入对比学习框架进行知识蒸馏，通过拉近正样本距离和拉远负样本距离来使模型有效地学习到潜在的语义表达信息。与利用单一模态数据学习相比，拥有多模态线索(如音频、文本等)有助于各类认知任务，因而可以探究有效的跨异构模态迁移知识，即通过缩小跨模态语义差距，组合音频、图像和视频等表征，学习更丰富的多模态知识。

1.1.6　深度特征表示学习的意义

传统的机器学习算法需要研究人员采用手动筛选或特征工程，从原始数据中基于领域知识构建特征。这种方法不仅对研究人员的专业知识要求很高，而且对不同的任务也需要进行特殊定制。总的来说，这种传统的做法会耗费大量的人力、物力和时间成本。而现代深度学习的特征表示学习技术弥补了过去手动特征工程的一系列缺点，它使得机器可以自动地从数据中学习出合适的表征，并且利用这些特征表示来完成下游具体的任务。

通过考虑多模态信息表征、共享自空间学习、知识蒸馏、解耦表示学习和对比学习等方法，深度学习模型能学到更好的语义表示。经过特征表示的学习，可以降低模型对下游任务数据的依赖并提升泛化能力，进而给深度学习在社会上的大规模落地应用带来更多的可能性。同时，通过对语义特征表示的学习，可以帮助机器更好地识别与理解对象并提升资源利用率，从而促进 AI＋其他领域的发展并带来经济效益。例如，在图像、视频、音频和文本等搜索领域，利用大规模的多模态特征表示学习大幅提升了相似语义资源的搜索效率，从而提高了视觉、听觉和文本资源的利用率。在安防、自动驾驶等领域，对比学习和解耦表示学习等技术通过帮助机器更好地理解视觉概念，提升了智能城市和自动驾驶的可靠性与易用性，并支撑了国内众多计算机视觉公司的业务发展。

1.2　面向人机协同的视觉知识理论

1.2.1　视觉知识的重要性

近年 AI 技术不断进步，图像识别、图像生成、三维重建等计算机视觉领域都取得了显著的进步。基于多层神经网络的深度学习模型是近年最热门的技术之一，不断刷新着上述领域当中的各项前沿指标。区别于传统的图像处理方法，深度学习模型使用数据驱动的方法，同时，深度学习模型也可以看作是一种新的知识表达方式，通过网络的结构、权重信息来表达数据背后的信息。

深度学习模型也存在以下缺点：

（1）深度学习模型的过程和结果缺乏可解释性，人们无从知晓模型推理的过程和依据。

（2）深度学习模型的知识不可展示。如上文所言，深度学习模型通过网络结构和权重信息来表达图像特征，但是人类却无法从中学到分类方法。

（3）深度学习模型需要大量合理标注的数据。深度学习模型参数量大，训练数据需求多；同时在数据选取和标注的过程中，可能存在数据偏见的问题。

为解决以上问题，人们需要一种全新的知识表达——视觉知识。

1.2.2　视觉知识和视觉理解

1. 视觉知识的要素

视觉知识的主要要素包括视觉概念、视觉关系和视觉推理。

视觉概念是视觉知识的基本单元，又可以分为三个部分：典型与范畴、层次结构和动作示能。典型指的是一个物体的最常见形状和颜色，如苹果大体为圆形和红色。范畴指的是物体在典型基础上变化的范围，如不同的苹果可构成一个变化范围，一旦超出此范围，物体就不再属于苹果这一类别。例如，榅桲（又名木梨）的形体像苹果，但颜色偏黄，并非红色，因此和苹果不是同一视觉概念。这在生物学上有所印证：虽然榅桲和苹果都是蔷薇科，但榅桲属于榅桲属而非苹果属。视觉概念应该能够表达物体的层次结构信息，这些层次信息在视觉知识推及其他领域时也能够发挥作用。视觉概念还需要表达物体与环境的交互关系。示能表示的是物体所能够实现的功能，动作示能主要表达物体外形特征与其功能特征之间的联系。

视觉关系主要包括空间关系、时序关系和因果关系三个部分。空间关系描述物体之间的相对位置关系，时序关系描述单个物体随时间的变化以及多个物体之间的空间关系随时间的变化，因果关系描述某一事件的起因和结果之间的关系。这三项关系共同构成了视觉知识的视觉关系部分，视觉关系为其他以视觉知识为基础开展的工作提供了更加充足的信息。

视觉推理是指利用视觉概念和视觉关系解释神经网络的推理逻辑。具体来说，视觉推理可以分为视觉知识分解、知识类比联想和视觉知识重建三部分。在视觉知识分解中，视觉概念包含了物体的层次结构信息，而复杂的层次结构中往往包含了其他较为简单的物体。视觉知识分解就是将那些较为复杂的物体分解成简单、易懂的视觉概念。知识类比联想是指通过已有概念联想，推理出未知的新概念。例如，已有男人、女人、国王的概念，男人相比于女人，相当于国王相比于女王。类比联想可推理已有或全新的概念。视觉知识重建是指根据视觉知识的内容重建还原出原先的视觉场景，是视觉知识表达的逆过程。

图 1.2-1 对视觉知识进行了总结。

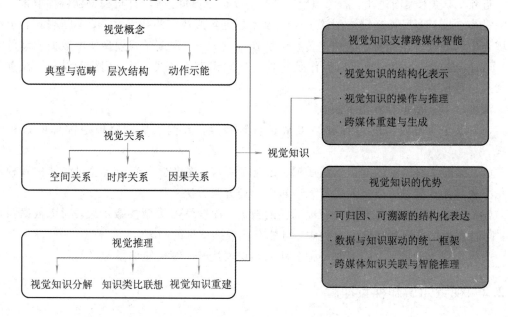

图 1.2-1 视觉知识总结图

（图片来源：杨易，庄越挺，潘云鹤. 视觉知识：跨媒体智能进化的新支点[J]. 中国图象图形学报，2022，27(9)：2574-2588.）

2. 视觉理解

除了视觉知识之外，视觉理解也是未来 AI 发展的重要一环。在视觉识别领域，目前深度学习模型只实现了对数据模式的学习和挖掘，缺少视觉理解过程。视觉理解可在现有视觉识别技术的基础上，实现可解释和可迁移。具体来说，视觉理解需要经过以下三个步骤：

（1）识别：对物体的类别进行识别，并赋予其视觉概念。

（2）解析：根据物体视觉概念的层次结构关系，分析物体的各个部分与视觉概念是否符合。

（3）模拟：进行预测性的运动模拟来验证之前结果的正确性。

视觉理解具有几个关键特征，具体如下：

第一，视觉理解关键的步骤在于视觉解析，视觉解析是从物体概念开始，一步步将物体概念丰富起来的过程。例如，从识别一只猫开始，再一步步分析其各个部分与猫这一概念是否相符，建立起一个完整物体的结构。又如，尝试识别一个蛋白质大分子的功能，也需一步步分析其包含的氨基酸序列和折叠结构，并用分子动力学模拟折叠过程中表现的特性，方可了解分子的功能。

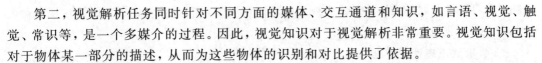

第二，视觉解析任务同时针对不同方面的媒体、交互通道和知识，如言语、视觉、触觉、常识等，是一个多媒介的过程。因此，视觉知识对于视觉解析非常重要。视觉知识包括对于物体某一部分的描述，从而为这些物体的识别和对比提供了依据。

第三，被理解的视觉数据已经被结构化为视觉知识，就好比人类学习知识并将其转化为长期记忆。在训练网络时，所使用的数据应该在分布结构上尽可能具有多样性，这样可以提升模型的鲁棒性和泛化能力。最后，被理解的视觉信息是具有可解释性的。

目前，和视觉识别类似的语音识别已经发展至文字、段落的理解，实现了人机对话和机器翻译等应用。如果视觉理解能在视觉识别的基础上进一步深入，则可以将视觉知识推向更广的应用领域。

1.2.3　存在的问题与建议

目前，视觉知识在发展过程中仍然面临着一些问题，需要在未来解决。

1. 视觉知识表达

相比于言语知识，视觉知识可以表达一些其他特征，主要包括三个方面：① 对象物体的外形、空间位置信息；② 物体在空间中的运动状态信息；③ 物体在时空中的变换情况。现有技术，如计算机图形学，可以表达物体外形和运动状态，但是模拟物体运动则需要大算力。定义良好的数据结构将支持高效的算法，建立更好的视觉表达模式将有利于物体时空变换的建模，表达完备的视觉知识。

2. 视觉识别

目前，深度学习模型已经可以很好地完成图像的识别、分类等任务。不过，深度学习模型仍然存在着不可解释、不可推理、依赖大量标注数据的缺点。同时，深度学习和人类在图像识别上使用的方法并不相同。人类不仅能分析所见之物，同时也会根据脑中的长期记忆（即视觉知识）进行分析。因此，人类在识别时有着相对明确的依据和标准。在未来视觉识别的发展过程中，如何协同好数据和视觉知识的使用，使得深度学习模型的结果更加有理可依，是发展人工智能算法、支持人机协同的重点问题。

3. 视觉形象思维模拟

形象思维是人类非常重要的思维能力，想要模拟这种能力，需要解决三个问题：① 物体的物理变换和形变；② 物体的生物学变换；③ 物体的非真实感变化。目前的计算机技术已支持从一段文本生成图像，从一种类型图像转化为另一种类型图像，以及从视觉形象生成一段文本。也就是说，计算机图形学已积累了相关技术，也融合了前沿 AI 技术。2020 年兴起的 Imagen、DreamFusion 等，就可以实现从文本生成三维形象。

4. 视觉知识的学习

当前，计算机视觉领域已经涌现出很多形体重构的成果，例如使用多张图片重建三维模型的 NeRF(Neural Radiance Fields)技术，使用稀疏视角的视频合成人体姿态(Neural Body)等。但目前尚无系统性的视觉知识学习体系，而视觉知识学习的目标就是对视觉概念、视觉命题的学习。学习视觉概念就是要在现有三维重建的基础上，重建物体的层次结构，并确立物体在概念范畴中的位置。视觉命题是对视觉概念的空间和时间关系表达，而视觉叙事由一系列视觉命题构成。例如，视觉命题对应一幅图像，而视觉叙事则对应一个视频。学习视觉命题的表达，需要从视觉概念知识中学习表达视觉命题，以及在视觉命题的基础上学习视觉叙事。

5. 多重知识表达

人类头脑中的知识往往不是某种单一知识表达，而是多种表达的有机组合。因此，未来的 AI 也应采用多重知识表达的方式。重要的知识表达包括三类：① 知识图谱，包括符号和文字等语义知识；② 视觉知识，用于表达视觉形象类的信息；③ 深度神经网络，用于对数据进行逐层挖掘和表达。其中，①、②两类知识对应人类长期记忆中的言语和视觉知识，③对应人类的短期记忆。未来的 AI 发展，要将这三种知识灵活转化、互相贯通。

1.2.4　视觉知识研究的意义

视觉知识可以提供综合生成能力、时空维度的比较媒介和视觉形象显示功能，这是它有别于传统方法的独特优点。在创造、预测和人机融合等不同领域，它们都能为未来 AI 的发展提供活力，注入新的基础动力。因此，视觉知识研究将会促进发展新的视觉智能，是促进 AI 2.0 取得重要突破的关键技术之一，同时也是促进人机协作智能混合增强算法的重要一步。另外，基于人机协同视觉知识理论可以带动下游产业，如平面、视频、文创产品等相关的产业的发展，且带来可观的经济和社会效益。

1.3　脉冲神经网络(类脑智能)

随着人工智能的发展，第二代人工神经网络的局限性也逐渐开始显现，尝试结合脑科学与人工智能技术的类脑智能研究近年来受到广泛关注。其中，脉冲神经网络(Spiking Neural Network，SNN)的研究，是类脑智能研究的核心方向之一。它对高等智能生物体神经元基础构造、连接机制的研究，如脉冲神经机制以及突触可塑性，构建具有可塑性学习能力的脉冲神经网络框架，探索知识的演化与遗忘抑制机制，实现模型的鲁棒自适应调整，提升模型的持续学习能力等，都有很大的促进作用，有助于让机器更好地认识、理解大脑，为实现人机协同混合增强智能提供新的思路和方向。

1.3.1　基本原理

脉冲神经网络俗称第三代人工神经网络。除神经网络中常见的神经元和突触状态之外，脉冲神经网络还包含了时间状态，能较准确地模拟生物大脑的神经元运作。与深度网络和常规的神经网络不同，脉冲神经元受生物神经元精准放电机制的启发，膜电位的变化受事件驱动，通过表征膜电位变化的脉冲序列来传输信息。不仅如此，单一神经元的内部还具有复杂的动力学特性。例如，网络里的膜电位是多个高阶吸引子的动态组合，能积累长时间的历史输入，并能在放电阈值、静息电位阈值等方面产生类似大脑生长的可塑性。

需指出的是，脉冲神经网络的神经元工作方式与经典的神经网络的神经元工作方式有所不同。LIF(Leaky Integrate-and-Fire，漏积分点火) 和 IF(Integrate-and-Fire，积分点火)是两种常用的基本神经元。这两种神经元模型在保留神经元膜电位泄漏、累积以及激发阈值三个关键特征的同时，极大地简化了动作电位过程，数学表达也变得简洁。

　　神经元膜电位变化可以用微分方程表示为

$$\tau \frac{\mathrm{d}V(t)}{\mathrm{d}t} = -V(t) + X(t) \quad (\text{LIF})$$

$$\tau \frac{\mathrm{d}V(t)}{\mathrm{d}t} = X(t) \quad (\text{IF})$$

其中，$V(t)$ 表示神经元随时间 t 改变的膜电位，$X(t)$ 表示 t 时刻神经元的输入，τ 是时间常数。

　　在脉冲神经网络里的动态变化过程中，神经元遵循"充电—放电—重置"的顺序。神经元的充电模型可根据膜电位变化的微分方程得到，即

$$H(t) = f(V(t-1), X(t))$$

而是否发放脉冲 $S(t)$，则由膜电位与预设好的阈值之间的大小关系来决定。神经元在膜电位大于或等于预设阈值放电时，将同时重置其膜电位。重置膜电位主要有两种方式：硬重置和软重置。硬重置将膜电位直接置于一个常值；软重置则将当前膜电位减少一个固定值，避免丢失过多信息。

1.3.2　脉冲信号的编码方法

　　生物需要通过神经元上产生的脉冲序列来实现体内外信息的传递。在编码时，为保证信息不丢失，脉冲神经网络的输入信号需要尽可能采用无损编码，并转换为带有时间信息的脉冲序列，因此基于简单均匀放电的脉冲序列编码最为常用。频率编码（Rate Coding）、时间编码（Temporal Coding）、首个脉冲时间编码（Time-to-first-spike Coding）、排序编码（Rank Order Coding）、突发编码（Bursting Coding）和群编码（Population Coding）是六种常见的神经编码方式，如图 1.3-1 所示。在持续时间、振幅或形状上，这六种神经编码方式的实际脉冲都可能是不同的。不过，在神经编码研究中，通常会将它们看成相同的定型事件。

　　频率编码主要关注于神经元发放的脉冲数量在其相应记录时间上的平均值，即脉冲发放率（Firing Rate），是一种对神经元输出的量化衡量。神经元发放脉冲的频率大小受刺激强弱的控制，如强刺激会导致更高频的脉冲序列。需要注意的是，频率编码一般会忽略序列内部存在的时间结构如内部脉冲间隔（Interspike Interval，ISI）。在从训练好的人工神经网络向脉冲神经网络转换的相关工作中，脉冲发放率会被等价表示成人工神经网络中连续的输出值。因为存在这种联系，所以频率编码得到了大量使用。

　　早期，频率编码概念曾被广泛接受。但是，这种只计算脉冲数量而忽略时间结构的编码，存在不利于信息高效率传输的弊端。而时间编码恰好弥补了这一缺陷，它注重脉冲信号在时间结构上的差异。

　　要编码重要信息，一般会考虑完整的脉冲时间模式（Temporal Pattern）即时间编码、脉冲之间的时序逻辑即排序编码，以及记录了接受刺激到发放首个脉冲的首个脉冲时间编码。但这些编码的不足是，需要更长的记录时间或更多的神经元参与。

　　要解决这一问题，人类研究了普遍存在于大脑中的另一种神经元活动模式，即 Bursting。从字面意义来看，它指神经元在短时间内爆发式地密集激发脉冲，然后在一段相

对长的时间里不产生任何动作行为。对这种行为的认识，也一直在深入。最初，包含多个脉冲被认为是起到了保证信息传递可靠性的作用，类似于集成学习或重复纠错。但 2003 年以后，因为 Izhikevich 等发现，突触后神经元存在阈下膜电位共振现象，所以科学家们开始倾向于认为 Bursting 频率会诱发不同神经元产生特异性选择。最终，他们推测这种特异性能可以在神经元之间实现选择性通信，形成更为有效的编码机制。

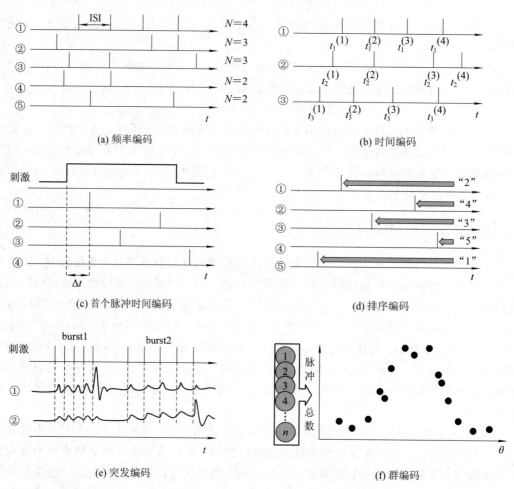

图 1.3-1 脉冲神经网络的编码方式

（图片来源：胡一凡，李国齐，吴郁杰，等. 脉冲神经网络研究进展综述[J]. 控制与决策，2021，36（01）：1-26. DOI：10.13195/j. kzyjc. 2020. 1006.）

另外，将多个神经元联合活动的表征进行群体编码也是脉冲神经网络的编码方式之一，如 Georgopoulos 等提出的 PV 模型（Population Vector Model，即群体向量模型）。他们认为，虽然控制运动的单个神经元，如灵长类大脑运动皮层中的与手臂运动相关的神经元，只对特定方向产生反应，但却可以将参与群编码的多组神经元按特定方向的重要性来加权，以实现更为精准的控制。

除此以外，群编码中也有着与机器学习曾流行的稀疏编码类似的编码机制。稀疏编码是指当神经元数量远远大于输入信息维度时，信息的表达并不需要全体神经元参与，而只用其中活跃的极小部分神经元来表达即可。稀疏编码通过数量上的压倒来形成过完备

(Overcomplete)空间，产生记忆容量与能耗上的优势。这在哺乳动物的大脑皮层上有相应的实验观测证据作为支持。基于这一思路的方法，目前已经在计算机视觉、机器学习等领域得到实际应用。

1.3.3 脉冲神经网络的学习方法

脉冲神经网络的学习方法包括有监督学习、无监督学习、奖励学习和 ANN-SNN(人工神经网络转脉冲神经网络)四种方法。其中，有监督学习算法中的梯度替代法和基于时序的方法最为常用。

1. 梯度替代法

如图 1.3-2 所示，单个脉冲神经元在时间维度上展开可以近似地看作是一个循环神经网络 (Recurrent Neural Networks，RNN)，因而在网络的学习方法上可以借鉴循环神经网络中采用的反向传播方法。但是，脉冲神经网络中，神经元的放电函数是关于膜电位的阶跃函数，因此，它的放电过程是不可微的。更具体地，单位冲激函数是电路分析中用来近似模拟阶跃函数导数的函数，但它无法在反向传播的过程中实现，这是造成脉冲神经网络不能直接用反向传播训练的原因所在。阶跃函数为

$$\theta(x) = \begin{cases} 1 & x \geqslant 0 \\ 0 & x < 0 \end{cases}$$

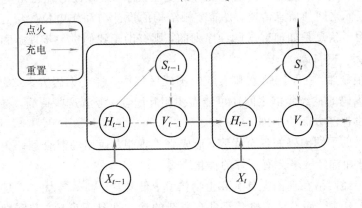

图 1.3-2 单个脉冲神经元在时间维度上的展开示意图

目前常有的一种方案是替代函数。这种做法的整体思路是：前向传播仍然使用阶跃函数，但增加了一个新的可导函数 $g(x)$，将它用于反向传播。虽然它在梯度回传的过程中传递的信息是不准确甚至可能是错误的，但实验表明网络仍然能正常收敛，且性能较好；也有文献通过数值仿真验证了替代函数在梯度取值上与真实函数梯度数值比较接近。

2. 基于时序的方法

不同于展开神经元的方式，基于时序的方法对脉冲发放时刻求导 $\dfrac{\partial \hat{t_j}}{\partial V_i(\hat{t_j})}$，梯度取值用于传递信息。由于脉冲的稀疏性，这种方法的计算代价小。如图 1.3-3 所示，这里同样存在一个不可导的问题，神经元释放电压的时刻，对电压求导是不可计算的，因此也需要近似处理。已有工作直接用 −1 来表示这里的梯度取值，实验表明这种方法可以实现较好的性能。

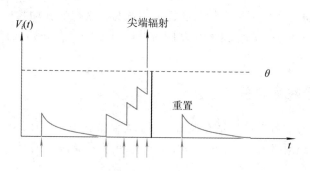

图 1.3－3　脉冲神经元膜电位随时间变化图

1.3.4　存在的问题与建议

尽管脉冲神经网络与类脑有密切关联，但仍存在诸多问题，导致它在现阶段与深度学习相比，在预测性能和大数据处理方面没有优势。在未来，需要考虑着力提升脉冲神经网络的理论基础，实现"设计更接近生物智能的脉冲神经网络模型"和"解决脉冲神经网络训练难"两个大的目标。除此以外，脉冲神经网络还存在一些实际问题有待解决，具体如下：

LIF 神经元模型的实现代价低，但其生物可信度欠缺。一个值得研究的方向是探索具有良好学习能力，同时又能兼具高度生物可信度的、高可解释性的神经元模型。

另外，神经元之间的信息传递，是靠突触结构的设计与动作电位的特点来完成的。然而，如果能够明了信息是如何嵌入脉冲序列的，则有助于我们进一步理解和探索神经编码（Neural Coding）。

事实上也很显然，在不同情景和大脑的不同区域中，神经编码方案必然有不同表现。某些负责不同编码的神经元群之间还可能需要相互配合。澄清这些猜测，将为人脑充分感知时间信息提供神经方面的基础。

如果能够借助不同编码的各自优势，形成更为理想、通用的混合编码，那么在时延性和功耗比上，脉冲神经网络会有更好的优化方案。

尽管脉冲神经网络在理论上具有高生物仿真、低功耗、高效等优点，但目前它还只能处理相对简单的任务。而且，其神经元具有复杂的动态性且不可导，与深度学习相比，它目前也缺乏可扩展的、普适性的训练方法。在梯度替代法中，关于如何选择替代函数这一问题，实验发现各种替代函数在合适的超参数设定下效果相当，但目前没有理论上的结论。而在时序方法中，如何解决脉冲不可处处可微的问题，理论上也有所欠缺。

需要指出的是，在目前这一波人工智能热潮中，数据集与编程工具起到了主要的推动作用。然而，从生态环境来看，目前能与脉冲神经网络相配套的数据集与编程工具都较为初级。比如，当下脉冲神经网络数据集主要通过神经形态视觉传感器采集获得，而与深度学习常用的数据不在一个规模上。此外，目前也没有评估脉冲神经网络实际性能的统一指标。

1.3.5　对脉冲神经网络的展望

尽管现有的人工神经网络具有极强的拟合能力，但对不同环境和任务的适应性差，与认知相关的问题更是涉及较少,如它的持续学习能力差、鲁棒性差,对噪声敏感,在对抗攻击下表现脆弱,其中的原因仍在探索中。此外,脉冲神经网络还存在认知能力差、不能自组织理解复杂背景等不足。

不过,脉冲神经网络中基于生物神经元"可塑性"的独特优化方法,是深度学习一直期望获得的,它能启发人工神经网络从单一的函数拟合逐步过渡到通用的认知计算。通过借鉴多尺度可塑性机制,脉冲神经网络可以同时满足生物的结构和功能约束,为进一步逼近类脑的认知能力打好基础。

此外,传统的神经网络计算成本高,且难以在便携式设备的硬件上实现。而脉冲神经网络是稀疏的,具有基于脉冲的通信框架,它能降低对大规模计算资源的依赖,可以看成是一种能进行高效计算的节能智能系统。

脉冲神经网络通过结合生物神经网络和人工神经网络各自的优势,能形成低能耗、自组织和高鲁棒的学习范式。张铁林和徐波在其文章中强调,脉冲神经网络的发展也能反哺生物和人工神经网络的发展,具体包括:

(1) 促进人类对生物神经网络的认知发现。例如,促进生物领域未解开的对长程回路连接作用的理解、对多脑区协同方式方法的认识、对不同功能生物网络自组织关联的假设验证等。

(2) 启发人工神经网络实现更多类人功能。例如,让未来的智能模型形成增量学习、自组织学习、鲁棒信息表征等能力。

1.4　不确定性估计理论及相关知识表示与归纳偏置

深度神经网络的局限性之一是倾向于进行确定性输出或预测,而很少对此结果进行相应的风险或者置信度评估,因此在不确定情况的复杂场景(如医疗、自动驾驶和量化交易等高风险的场景)中难以得到灵活应用。而人类天生具备这种处理不确定性的能力。例如,我们能够基于收集到的信息或者先验的领域知识,评估我们作出的决策的不确定性或者置信程度。为使机器学习或深度学习方法能有更广泛的应用,建立可被信任的 AI 系统或者实现主动学习,使人工智能像人类一样可以评估自身输出的置信度或者不确定性,显然至关重要。

在本书中,我们将针对不确定性问题,介绍人工智能的不确定性估计理论及相关知识表示和归纳偏置,包括不确定性估计和归纳偏置。

1.4.1　不确定性估计理论

目前的深度神经网络偏好只给出了一个模型的预测,而不能对此结果进行相应的风险或者置信度评估。造成这一困境的来源之一,是由于多数机器学习方法假设数据服从独立同分布。然而在实际应用中,训练数据集与测试数据集并不完全服从独立同分布的条件。另外,数据本身还带有不可约简的噪声。这两者均使得人工智能模型尤其是深度学习模型在预测和可解释性之间产生了较高的不确定性。

我们把不确定性的来源大致分为两类。一类是数据本身具有的噪声所产生的误差,称为偶然（Aleatoric）不确定性。这类误差或偶然不确定性不会随观测到更多的数据而降低。另一类不确定性是由于观测的数据过少，对世界理解缺乏完整知识，这类不确定性被称为认知（Epistemic）不确定性。这两类不确定性均与模型无关，而是由数据本身所带来的。

通常情况下，不确定性会从以下四个环节中产生：

(1) 训练数据的选择和收集；

(2) 训练数据的准确性和完备性；

(3) 深度学习或机器学习算法的表征能力达到极限时；

(4) 使用的模型与选择的数据集相关的不确定性。

在实际使用中，估计和处理好这类不确定性，是让算法给人类专家的判断决策提供可信帮助的关键。

近年来，用于估计或处理模型不确定性的方法大致可分为以下几类。一类是基于考虑先验的贝叶斯方法，因为标准的深度学习方法无法提供关于其预测可信度的信息。而如果将利用先验信息的贝叶斯方法与深度学习结合，则可以形成深度贝叶斯网络。它的优势是能够弥补深度学习确定性输出的不足，并且能够缓解小数据集上模型表现不佳以及模型复杂性增加引发的过拟合问题。深度高斯模型是另一类有效的多层决策模型，可以准确估计模型的不确定性。它可以看作是一种基于核函数的非参贝叶斯方法。此外，还有考虑通过集成学习来分析不确定性的深度集成模型、通过信息压缩来剥离不确定性的变分自编码器以及进行主动学习的贝叶斯主动学习等方法。以上这些方法，在处理和估计模型不确定性中都扮演着重要的角色。

目前，关于不确定性估计或处理的技术已经被用在各个领域。在机器视觉中，该技术被广泛用于图片或视频检索、深度估计、目标检测、语义分割等。在医疗图像领域，对于不确定性的估计则是非常重要的，因为算法在给出治疗建议或诊断结果的同时，还能给出关于该结果的置信度，从而能够更好地辅助医生给病人提供更合理的治疗方案。

不确定性的研究仍面临许多问题和难点。首先，当需要进行模型的不确定性估计时，机器在预估自己预测的置信度方面还缺乏有效手段。因此，有必要在置信度较低时，适时地、自动地引入人类参与进来决策，以获得人机协同的优势。其次，机器智能在数据集存在有噪、恶意标注或对抗样本等问题时，不容易形成好的预测性能。因此，可以考虑研究主动学习和自主学习。例如，通过主动学习，让机器可以从样本集中主动选择那些最需要人类参与标注的样本，或利用因果推断形成自主发育机制，从而提升人机协作的效率。

值得指出的是，关于不确定性的研究还有很多值得探讨的工作。首先，缺乏关于不确定性的完整理论，即仍缺乏一个统一的理论来描述不确定性的种种问题；其次，缺乏关于不确定性理论的因果模型，如具体是哪些因素或原因影响了模型输出的不确定性；此外，还有如何解决模型或者理论对数据的敏感度以及所需要的计算复杂度等问题。显然，从数据和模型角度来看，只有能妥善地处理好模型或数据的不确定性，才能使算法更好地与人类协同，形成混合增强智能。

1.4.2　归纳偏置

除了数据模型引发的不确定性外，还有一种不确定性源自人为，即归纳偏置。通俗地说，归纳偏置是人为给机器施加的喜好。在构建机器学习算法时，我们希望用已有的训练数据得到一个目标函数,使目标函数对来自现实世界的测试数据也能正确输出。由于训练数据都是有限多个,而拟合有限多个点的曲线却可以有任意多条,所以需要针对目标函数做一些假设。这些必需的假设称为归纳偏置。任何机器学习算法都有它的归纳偏置。

有一些归纳偏置是几乎所有算法都有的。比如最小交叉验证误差偏置,即从训练数据里划分一部分作为验证数据,来判断算法是否收敛。再比如一些基于贝叶斯理论的算法往往有最大化条件独立性偏置。而更多的归纳偏置是某个算法独有的。这些归纳偏置的差异也因此区分了不同的算法。

归纳偏置归根结底还是人的喜好,有着很强的时代性,即不同时期的人对数据模型的理解是不同的。传统机器学习算法里,归纳偏置往往是显式的,算法会明确自己的假设。比如 K -近邻算法,它假设一个样本的输出标签应该是和附近 K 个已知样本的输出中类别最多标记的那个具有相同标签。再比如一些算法会假设样本遵循的规律,通过建模来解决问题。比如马尔可夫链算法,假设某一时刻的状态仅和上一个状态有关,而与更早的状态无关。

而在深度学习大行其道的今天,很多深度学习算法的归纳偏置是隐式的,在网络结构中隐含体现。结果,我们不能显式知道深度网络是根据什么假设输出的,这导致深度学习变成了众所周知的黑箱。

造成这一现象的原因是,深度学习算法极度依赖网络结构,而网络结构又是模块化、层次化的。在搭建网络的过程中,除了要选择使用哪些模块,还要考虑模块的连接方式,但我们关于深度网络的理解局限于模块本身。例如,从卷积的实现原理来看,我们知道卷积具有平移不变性和局部不变性,所以卷积的输出是那些满足这些性质的特征,但其他操作有不同的归纳偏置,这些操作复合以后,总体的归纳偏置就很难表述。也因此,深度学习尚缺乏关于搭建网络的系统理论。

还有一个原因是,深度学习算法的孕育过程多为启发式的。许多算法的核心并不是严格的数学假设和数学公式推导,而是基于提出者的某些猜想。再以卷积为例,卷积中隐含的局部性和平移不变性并不是严格定义的,那么多大的局部才是局部?特征最多能平移多少?因此在卷积操作中分别提供了卷积核和步长作为超参数。这给使用者又带来了如何设置超参数的问题,并且实验也表明在相当多的情况下,这些超参数对实验结果的影响是不可忽略的。换句话说,深度学习算法的归纳偏置其实是算法设计者归纳偏置的、带有相当误差的投影。结果,即便是算法设计者本人,关于其算法的解释也未必准确。

近年来,学者们对深度学习的归纳偏置愈发重视,谷歌大脑的工作表明归纳偏置是使机器学习到物体结构化表示和像人类那样认知物体的关键。谷歌大脑使用图神经网络来施加关系归纳偏置,在图分类任务等多项任务中都取得了相当好的成绩。Bengio 也写了一篇长文表示,归纳偏置在深度学习的高层次认知中扮演着重要角色。要想让机器像人一样思考,就要去分析机器本身的归纳偏置,需要系统而严谨地分析,找到让机器独立思考的路,而不能停留在仅仅让机器"像"人一样思考,这也是未来需要突破的重要研究点之一。

1.4.3 不确定性估计理论和归纳偏置的意义

传统的人工智能深度神经网络的算法只能给出确定性的输出或预测,不能对这些结果进行风险评估。因此,研究机器如何像人类一样,拥有评估不确定性的能力至关重要。近年来，研究者在探索先验支持、小样本示范、无监督和自监督多种情况下的不确定性推理，进而研究在多媒体应用中形成经验类比、元学习、跨域迁移、小样本推理等能力。

另外，通过考虑先验的贝叶斯方法、深度高斯模型、深度集成模型和贝叶斯主动学习等方法，在一定程度上能够处理深度神经网络中的模型不确定性。

虽然不确定性理论的研究还有很多需要深入探索的地方，但现有的研究已为妥善处理模型和数据的不确定性，实现人机协同合作带来了好的启示。通过不确定性的研究，可以将人类引入机器算法的决策过程中，解决机器无法有效评估置信度的问题。此外，机器还可以有偏好地选择人类参与度高的标注模型，从而结合人类与机器各自的优势，提高人机协作的能力。

不确定性的研究成果也能为社会带来很好的经济效益。例如，在结合人工智能进行医疗图像研究领域，关于某一项疾病的诊断结果在图像的判别中有多少置信度是相当重要的。机器通过不确定性的研究，能够在给出相关疾病的诊断结果的同时提供该结果的置信度，医生根据得到的诊断结果能够给病人提供更合理的治疗方案。

本章参考文献

[1] AKAHO S. A kernel method for canonical correlation analysis[J]. preprint arXiv: cs/0609071, 2006.

[2] ANAND A, RACAH E, OZAIR S, et al. Unsupervised state representation learning in Atari[C]. Advances in Neural Information Processing Systems, 2019: 8769-8782.

[3] ARANDJELOVIC R, ZISSERMAN A. Objects that sound[C]. Proceedings of the European Conference on Computer Vision, 2018: 435-451.

[4] ARAR M, GINGER Y, DANON D, et al. Unsupervised multi-modal image registration via geometry preserving image-to-image translation [C]. IEEE Conference on Computer Vision and Pattern Recognition, 2020: 13410-13419.

[5] ASAI A, IKAMI D, AIZAWA K. Multi-task learning based on separable formulation of depth estimation and its uncertainty[C]. CVPR Workshops, 2019: 21-24.

[6] BACHMAN P, HJELM R D, BUCHWALTER W. Learning representations by maximizing mutual information across views[C]. Advances in Neural Information Processing Systems, 2019: 15535-15545.

[7] BAEVSKI A, SCHNEIDER S, AULI M. VQ-wav2vec: Self-supervised learning of discrete speech representations[J]. arXiv preprint, arXiv: 1910.05453, 2019.

[8] BALTRUŠAITIS T, AHUJA C, MORENCY L. Multimodal machine learning: a survey and taxonomy[J]. IEEE Transactions on Pattern Analysis and Machine Intelligence, 2019, 41(2): 423-443.

[9] BASHIVAN P, TENSEN M, DICARLO J J. Teacher guided architecture search

　　　　［C］. Proceedings of the IEEE International Conference on Computer Vision，2019，5320-5329.

[10]　BEGOLI E，BHATTACHARYA T，KUSNEZOV D. The need for uncertainty quantification in machine-assisted medical decision making［J］. Nature Machine Intelligence，2019，1(1)：20-23.

[11]　BENGIO Y，COURVILLE A，VINCENT P. Representation learning：a review and new perspectives［J］. IEEE Transactions on Pattern Analysis and Machine Intelligence，2013，35(8)：1798-1828.

[12]　CARON M，TOUVRON H，MISRA I，et al. Emerging properties in self-supervised vision transformers［C］. Proceedings of the IEEE/CVF International Conference on Computer Vision，2021：9650-9660.

[13]　CHANG B，KRUGER U，KUSTRA R，et al. Canonical correlation analysis based on Hilbert-Schmidt independence criterion and centered kernel target alignment［C］. International Conference on Machine Learning，2013：316-324.

[14]　CHAUDHURI K，KAKADE S M，LIVESCU K，et al. Multi-view clustering via canonical correlation analysis［C］. 26th Annual International Conference on Machine Learning，2009：129-136.

[15]　CHEN R T Q，LI X，GROSSE R，et al. Isolating sources of disentanglement in variational autoencoders[J]. arXiv preprint，arXiv：1802.04942，2018.

[16]　CHEN T，KORNBLITH S，SWERSKY K，et al. Big self-supervised models are strong semi-supervised learners[J]. arXiv preprint，arXiv：2006.10029，2020.

[17]　CHENG Y，WANG D，ZHOU P，et al. Model compression and acceleration for deep neural networks：The principles，progress，and challenges［J］. IEEE Signal Processing Magazine，2018，35(1)：126-136.

[18]　DENG C，TANG X，YAN J，et al. Discriminative dictionary learning with common label alignment for cross-modal retrieval［J］. IEEE Transaction on Multimedia，2016，18(2)：208-218.

[19]　DEVLIN J，CHANG M W，LEE K，et al. Bert：Pre-training of deep bidirectional transformers for language understanding［J］. arXiv preprint，arXiv：1810.04805，2018.

[20]　DUSENBERRY M W，TRAN D，CHOI E，et al. Analyzing the role of model uncertainty for electronic health records［C］. Proceedings of the ACM Conference on Health，Inference，and Learning，2020：204-213.

[21]　FALCON W，CHO K. A Framework for contrastive self-supervised learning and designing a new approach[J]. arXiv preprint，arXiv：2009.00104，2020.

[22]　FU H，ZHOU S，YANG Q，et al. LRC-BERT：latent-representation contrastive knowledge distillation for natural language understanding［C］. Proceedings of the AAAI Conference on Artificial Intelligence，2021：12830-12838.

[23]　GAL Y，ISLAM R，GHAHRAMANI Z. Deep Bayesian active learning with image

data[J]. arXiv preprint, arXiv: 1703.02910, 2017.

[24] GAO M, SHEN Y, LI Q, et al. Residual knowledge distillation [J]. arXiv preprint, arXiv: 2002.09168, 2020.

[25] GAO Q, ZHANG P, XIA W, et al. Enhanced tensor RPCA and its application[J]. IEEE Transactions on Pattern Analysis and Machine Intelligence, 2021, 43(6): 2133-2140.

[26] GERSTNER W, AND KISTLER WM. Spiking neuron models: Single neurons, populations, plasticity[M]. Cambridge: Cambridge University Press, 2002.

[27] GEORGOPOULOS AP, ANDREW BS, et al. Neuronal population coding of movement direction[J]. Science, 1986, 233(4771): 1416-1419.

[28] GOODFELLOW I, LEE H, LE Q, et al. Measuring invariances in deep networks [J]. Advances in Neural Information Processing Systems, 2009, 22: 646-654.

[29] GOODFELLOW I, BENGIO Y, COURVILLE A. Deep learning[M]. Cambridge: The MIT Press, 2016.

[30] GONG S, SHI Y, JAIN A. Low quality video face recognition: multi-mode aggregation recurrent network (MARN)[C]. IEEE/CVF International Conference on Computer Vision Workshop, 2019: 1027-1035.

[31] GOYAL A, BENGIO Y. Inductive biases for deep learning of higher-level cognition[J]. arXiv preprint, arXiv: 2011.15091, 2020.

[32] GU Y, VYAS K, SHEN M, et al. Deep graph-based multimodal feature embedding for endomicroscopy image retrieval[J]. IEEE Transactions on Neural Networks and Learning Systems, 2020, 32(2): 481-492.

[33] GUO Z, WAN Y, YE H. An unsupervised fault-detection method for railway turnouts[J]. IEEE Transactions on Instrumentation and Measurement, 2020, 69(11): 8881-8901.

[34] HARAKEH A, SMART M, WASLANDER S L. BayesOD: a Bayesian approach for uncertainty estimation in deep object detectors[C]. 2020 IEEE International Conference on Robotics and Automation, 2020: 87-93.

[35] HIGGINS I, MATTHEY L, PAL A, et al. Beta-VAE: learning basic visual concepts with a constrained variational framework[J]. International Conference on Learning Representation, 2017.

[36] HINTON G, VINYALS O, DEAN J. Distilling the knowledge in a neural network [J]. arXiv preprint, arXiv: 1503.02531, 2015.

[37] HU R, HUANG Q, CHANG S, et al. The MBPEP: a deep ensemble pruning algorithm providing. high quality uncertainty prediction[J]. Applied Intelligence, 2019, 49(8): 2942-2955.

[38] HU R, SINGH A, DARRELL T, et al. Iterative answer prediction with pointer-augmented multimodal transformers for TextVQA [C]. IEEE Conference on Computer Vision and Pattern Recognition, 2020, 9992-10002.

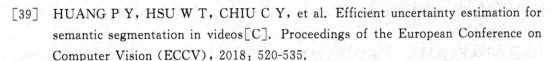
[39]　HUANG P Y, HSU W T, CHIU C Y, et al. Efficient uncertainty estimation for semantic segmentation in videos[C]. Proceedings of the European Conference on Computer Vision (ECCV), 2018: 520-535.

[40]　HÜLLERMEIER E, WAEGEMAN W. Aleatoric and epistemic uncertainty in machine learning: A tutorial introduction[J]. arXiv preprint, arXiv: 1910. 09457, 2019.

[41]　IZHIKEVICH EM, NIRAJ S D, ELISABETH C, et al. Bursts as a unit of neural information: Selective communication via resonance[J]. Trends in Neurosciences, 2003, 26(3): 161-167.

[42]　JOSPIN L V, BUNTINE W, BOUSSAID F, et al. Hands-on Bayesian neural networks: A tutorial for deep learning users[J]. arXiv preprint, arXiv: 2007. 06823, 2020.

[43]　KARRAS T, LAINE S, AILA T. A style-based generator architecture for generative adversarial networks[C]. IEEE/CVF Conference on Computer Vision and Pattern Recognition, 2019: 4401-4410.

[44]　KANG Z, PENG C, CHENG Q. Kernel-driven similarity learning [J]. Neurocomputing, 2017, 267: 210-219.

[45]　KIM H, MNIH A. Disentangling by factorising[C]. International Conference on Machine Learning, 2018: 2649-2658.

[46]　KINGMA D P, WELLING M. Auto-encoding variational Bayes [J]. arXiv preprint, arXiv: 1312. 6114, 2013.

[47]　KUANG Q, JIN X, ZHAO Q, et al. Deep multimodality learning for UAV video aesthetic quality assessment[J]. IEEE Transactions on Multimedia, 2020, 22(10): 2623-2634.

[48]　KUMAR P, RAWAT P, CHAUHAN S. Contrastive self-supervised learning: Review, progress, challenges and future research directions[J]. International Journal of Multimedia Information Retrieval, 2022: 1-28.

[49]　KUSAKUNNIRAN W, WU Q, ZHANG J, et al. Support vector regression for multi-view gait recognition based on local motion feature selection[C]. 2010 IEEE Computer Society Conference on Computer Vision and Pattern Recognition, 2010: 974-981.

[50]　LAKE B M, ULLMAN T D, TENENBAUM J B, et al. Building machines that learn and think like people[J]. Behavioral and Brain Sciences, 2017, 40.

[51]　LOCATELLO F, BAUER S, LUCIC M, et al. Challenging common assumptions in the unsupervised learning of disentangled representations [C]. International Conference on Machine Learning, 2019: 4114-4124.

[52]　MAASS W. Networks of spiking neurons: The third generation of neural network models[J]. Neural Networks, 1997, 10(9): 1659-1671.

[53]　MAROÑAS J, PAREDES R, RAMOS D. Calibration of deep probabilistic models

with decoupled. Bayesian neural networks [J]. Neurocomputing, 2020, 407: 194-205.

[54]　MILDENHALL B, SRINIVASAN P P, TANCIK M, et al. NeRF: Representing scenes as neural radiance fields for view synthesis [J]. Communications of the ACM, 2021, 65(1): 99-106.

[55]　MIRZADEH S I, FARAJTABAR M, LI A, et al. Improved knowledge distillation via teacher assistant [C]. Proceedings of the AAAI Conference on Artificial Intelligence, 2020, 5191-5198.

[56]　NEFTCI E O, MOSTAFA H, ZENKE F. Surrogate gradient learning in spiking neural networks: Bringing the power of gradient-based optimization to spiking neural networks[J]. IEEE Signal Processing Magazine, 2019, 36(6): 51-63.

[57]　NGIAM J, KHOSLA A, KIM M, et al. Multimodal deep learning [C]. 28th International Conference on Machine Learning, 2011.

[58]　NOWAK T S, CORSO J J. Deep Net Triage: Analyzing the Importance of Network Layers via Structural Compression[J]. arXiv preprint, arXiv: 1801.04651, 2018.

[59]　OBER S W, AITCHISON L. Global inducing point variational posteriors for Bayesian neural networks and deep Gaussian processes[J]. arXiv preprint, arXiv: 2005.08140, 2020.

[60]　PAN Y. On visual knowledge [J]. Frontiers of Information Technology & Electronic Engineering, 2019, 20(8): 1021-1025.

[61]　PAN Y. Miniaturized five fundamental issues about visual knowledge[J]. Frontiers of Information Technology & Electronic Engineering, 2021, 22(5): 615-618.

[62]　PAN Y. On visual understanding [J]. Frontiers of Information Technology & Electronic. Engineering, 2022, 23(9): 1-3.

[63]　PATRICK M, ASANO Y M, FONG R, et al. Multi-modal self-supervision from generalized data transformations[J]. arXiv preprint, arXiv: 2003.04298, 2020.

[64]　PEARL J. Causality[M]. London: Cambridge University Press, 2009.

[65]　PENG M, WANG C, BI T, et al. A novel apex-time network for cross-dataset micro-expression recognition[C]. 2019 8th International Conference on Affective Computing and Intelligent Interaction, 2019.

[66]　PENG S, ZHANG Y, XU Y, et al. Neural body: Implicit neural representations with. structured latent codes for novel view synthesis of dynamic humans[C]// Proceedings of the IEEE/CVF Conference on Computer Vision and Pattern Recognition, 2021: 9054-9063.

[67]　PETERS J, JANZING D, SCHÖLKOPF B. Elements of causal inference: foundations and learning algorithms[M]. Cambridge: The MIT Press, 2017.

[68]　POLINO A, PASCANU R, ALISTARH D. Model compression via distillation and quantization[J]. arXiv preprint, arXiv: 1802.05668, 2018.

[69]　POOLE B, JAIN A, BARRON J T, et al. DreamFusion: Text-to-3D using 2D

diffusion[J]. arXiv preprint，arXiv：2209.14988，2022.

[70] PURUSHWALKAM S，GUPTA A. Demystifying contrastive self-supervised learning：Invariances，augmentations and dataset biases[J]. arXiv preprint，arXiv：2007.13916，2020.

[71] RASIWASIA N，COSTA PEREIRA J，COVIELLO E，et al. A new approach to cross-modal multimedia retrieval[C]. 18th ACM International Conference on Multimedia，2010：251-260.

[72] REN Z，LI H，YANG C，et al. Multiple kernel subspace clustering with local structural graph and low-rank consensus kernel learning[J]. Knowledge-Based Systems，2020，188：105040

[73] SAHARIA C，Chan W，Saxena S，et al. Photorealistic text-to-image diffusion models with deep language understanding[J]. arXiv preprint，arXiv：2205.11487，2022.

[74] SCHNEIDER S，BAEVSKI A，COLLOBERT R，et al. Wav2vec：Unsupervised pre-training for speech recognition[J]. arXiv preprint，arXiv：1904.05862，2019.

[75] SELVARAJU R R，DESAI K，JOHNSON J，et al. Casting your model：Learning to localize improves self-supervised representations[C]. Proceedings of the IEEE/CVF Conference on Computer Vision and Pattern Recognition，2021：11058-11067.

[76] SERMANET P，LYNCH C，CHEBOTAR Y，et al. Time-contrastive networks：Self-supervised learning from video[C]. IEEE International Conference on Robotics and Automation，2018：1134-1141.

[77] SONG Z，NI B，YAN Y，et al. Deep cross-modality alignment for multi-shot person re-Identification[C]. ACM International Conference on Multimedia，2017：645-653.

[78] SUN S，DONG W，LIU Q. Multi-view representation learning with deep Gaussian. processes[J]. IEEE Transactions on Pattern Analysis and Machine Intelligence，2020，43(12)：4453-4468.

[79] TAHA A，CHEN Y T，MISU T，et al. Unsupervised data uncertainty learning in visual retrieval systems[J]. arXiv preprint，arXiv：1902.02586，2019.

[80] TSCHANNEN M，BACHEM O，LUCIC M. Recent advances in autoencoder-based representation learning[J]. arXiv preprint，arXiv：1812.05069，2018.

[81] VAN R，THORPE S J. Rate coding versus temporal order coding：What the retinal ganglion cells tell the visual cortex[J]. Neural Computation，2001.13(6)：1255-1283.

[82] WANG B，LI Z，DAI Z，et al. Data-driven mode identification and unsupervised fault detection for nonlinear multimode processes[J]. IEEE Transactions on Industrial Informatics，2020，16(6)：3651-3661.

[83] WANG H，YEUNG D Y. Towards Bayesian deep learning：A survey[J]. arXiv preprint，arXiv：1604.01662，2016.

[84] WANG X, ZHANG R, SHEN C, et al. Dense contrastive learning for self-supervised visual pre-training[C]. Proceedings of the IEEE/CVF Conference on Computer Vision and Pattern Recognition, 2021: 3024-3033.

[85] WANG X, QI G J. Contrastive learning with stronger augmentations[J]. IEEE Transactions on Pattern Analysis and Machine Intelligence, 2022.

[86] WANG Z, YANG J, ZHANG H, et al. Sparse coding and its applications in computer vision[R]. World Scientific, 2015.

[87] XIA W, YANG Y, XUE J H, et al. TediGAN: text-guided diverse face image generation and manipulation[C]. IEEE/CVF Conference on Computer Vision and Pattern Recognition, 2021: 2256-2265.

[88] YANG M, LIU F, CHEN Z, et al. CausalVAE: Disentangled representation learning via neural structural causal models[C]. Proceedings of the IEEE/CVF Conference on Computer Vision and Pattern Recognition, 2021: 9593-9602.

[89] YANG Z, DAI Z, YANG Y, et al. Xlnet: Generalized autoregressive pretraining for language understanding[C]. Advances in Neural Information Processing Systems, 2019: 5753-5763.

[90] YANG Y, ZHUANG Y, PAN Y. Multiple knowledge representation for big data artificial intelligence: Framework, applications, and case Studies[J]. Frontiers of Information Technology & Electronic Engineering, 2021, 22(12): 1551-1558.

[91] YEH C H, HONG C Y, HSU Y C, et al. Decoupled contrastive learning[C]. European Conference on Computer Vision. Springer, Cham, 2022: 668-684.

[92] YU H, CHEN Y, DAI Z, et al. Implicit posterior variational inference for deep Gaussian processes[J]. arXiv preprint, arXiv: 1910.11998, 2019.

[93] ZHAI M, CHEN L, TUNG F, et al. Lifelong GAN: continual learning for conditional image generation[C]. Proceedings of the IEEE International Conference on Computer Vision, 2019, 2759-2768.

[94] YUAN L, TAY F E H, LI G, et al. Revisit knowledge distillation: A teacher-free framework[J]. arXiv preprint, arXiv: 1909.11723, 2019.

[95] ZHANG J, LIU T, TAO D. An information-theoretic view for deep learning[J]. arXiv preprint, arXiv: 1804.09060, 2018.

[96] ZHUANG Y, TANG S. Visual knowledge: An attempt to explore machine creativity[J]. Frontiers of Information Technology & Electronic Engineering, 2021, 22(5): 619-624.

[97] ZHUANG Y, SONG J, WU F, et al. Multimodal deep embedding via hierarchical grounded compositional semantics[J]. IEEE Transactions on Circuits and Systems for Video Technology, 2018, 28(1): 76-89.

[98] 张铁林，徐波. 脉冲神经网络研究现状及展望[J]，计算机学报，2021，44(9): 1767-1785.

第 2 章
人机混合增强智能的在线演化与动态自适应

本章主要阐述人机协同时的在线演化与动态自适应。它需要不断地与环境交互，有规律地学习。它包括与机器的交互、脑机接口、媒体组学和本身姿态、具身智能（Embody Intelligence）的建模等。本章将综述以上内容现状及存在问题，并讨论潜在可行的建议。

直观来说，人机协同的混合增强智能理论的目的是希望机器最终能像人一样智能。中国工程院院士、西安交通大学郑南宁教授曾在 2017 年 7 月于西安举办的混合智能专委会成立大会的沙龙上指出，混合增强智能包含两种形态：一是人在回路的混合增强智能；二是基于认知计算的混合增强智能。前者引入了人的作用，后者依赖于生物启发。

考虑人机混合原因在于，机器本身现有的结构，使其更倾向于海量的存储能力与强大的计算能力，而人则更擅长抽象的认知能力以及尚难以建模的常识智能等。因此，有必要设计一种人与机器混合的理论框架，在机器中构建认知模型，并接受人的指导，形成混合增强智能。其基本框架如图 2-1 所示。

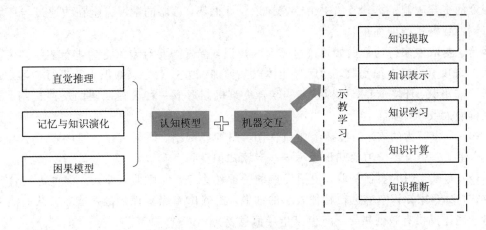

图 2-1　人机协同混合增强智能关键技术

要实现人机协同，首先需要考虑人类所面对的外部环境。它有着复杂性、开放性、脆弱性的特点，因此需要机器具备感知、推理、决策三大基础功能的认知模型来解决现实问题。机器智能的赋予大多来自神经科学与机器学习的理论与技术，更倾向于发现结构化历史数据中的模式与关联，因此，模型的泛化性与可扩展性会受到现有理论与技术的限制。而认知模型的训练，则需要构建机器与人类专家之间的交互框架，以借鉴人类智能所擅长的创新、决策、想象与联想等抽象能力，来打破传统机器智能中固有的限制，赋予其人类智能，将其推向更为开放、复杂的现实世界。

其次，需要考虑人与机器底层结构上的明显差异。一方面，现有的机器智能在底层依赖于硬件架构即冯·诺依曼结构，计算任务需要用符号系统进行编码，在一定的计算框架内进行相应的计算过程（算法）来处理计算任务，从而实现一定程度的智能。另一方面，人类智能在底层则依赖于脑结构与神经元的复杂系统，应对的是动态、开放的复杂环境，认知模型主要通过环境适应力与选择注意力机制对风险与收益这两个效用函数进行度量，从而让人的抽象能力更为出色。

其中，环境适应力意味着特定的记忆与知识演化能力，而这种能力是有一定限制的。人类与环境的应激性交互经验，在漫长的进化中，外在的肢体行为已经不断累积并内化到肌肉记忆的基因上，基本的认知能力不断被代表着风险与收益的潜意识和原始欲望塑造，再在特定历史环境中感知、规划、决策、评估、理解、验证，形成特定时期能直觉推理、因果推断的高级认知模型，在与环境交互中不断更新着风险与收益的模型，形成人类自身高级认知能力的闭环。为了应对复杂环境，认知模型受其架构与容量的客观限制，所以选择注意力的机制必不可少。也就是说，要根据复杂任务与问题的设定，将注意力选择性地集中在关键问题上。

值得指出的是，不同认知模型的形成受限于历史环境，受制于与环境的交互经验，正如俗话所说："一千个人中有一千个哈姆雷特。"因此，为了获得人在回路混合增强智能中的优势，需要一个与专家交互的框架来指导机器认知模型的形成，而从专家大数据中进行学习则显得尤为关键。

根据交互发生的时间与频率可划分出三种混合增强智能的形式：① 零交互，即从离线采集的专家轨迹数据中学习知识；② 半交互，既有离线的样本，又有在线交互过程，有一定程度的交互限制；③ 全交互，由专家知识设计框架，策略的学习完全在线通过与环境交互得到的数据进行训练获取。

为了提取专家行为数据如轨迹里蕴含的知识，首先需要对专家行为进行表示，接着对专家行为知识进行表征提取，然后智能体以某种训练方式对专家知识表征进行学习，最后基于专家知识、环境信息、目标任务的联合决策机制形成一种人在回路的反馈机制。专家交互框架大致步骤如下：

（1）专家行为的表示，包括经典概率图、图神经网络、因果表示、解耦表示学习等方式，构建了一个可供学习的知识表示——专家知识空间。

（2）专家知识的表征提取，包括经典的特征约束集、深度监督学习、深度无监督学习等方式，对专家知识空间进行特征表示的抽取，提炼出专家知识的通用表征，从而能方便地对智能体提供有效的指导——专家指导信息。

（3）专家策略的学习，包括基于对抗式训练、基于鲁棒性训练、基于互信息筛选等学习方式以及基于内在好奇心、贪心等探索策略，将专家指导更好地融入智能体的学习过程中，提升智能体策略的训练过程——策略学习。

（4）专家知识的表示、提取、学习过程，只是智能体做决策的一部分信息来源。智能体还要接受来自环境的信息反馈以及更细化、更具体的目标任务信息，从而更精确地规范智能体的行为，并且在环境历史经验的常识下，以近似专家指导的行为完成目标任务。

基于以上分析，本章将着眼于认知模型的知识来源——与人类专家的交互，主要包括：

（1）人机协同知识学习，如强化学习、模仿学习、逆强化学习等。

（2）在线知识演化学习，如持续学习、自监督学习、弱监督学习、领域自适应等。

（3）动态自适应人机协同学习。

（4）人的状态、习性、技能、具身学习等。

（5）脑机接口和脑神经媒体组学。

2.1　人机协同知识学习

人机协同知识学习的核心是通过专家示教学习或模仿专家的策略进行学习。就学习策略而言，目前有基于对抗式训练、鲁棒性训练、互信息筛选等学习方式，以及基于好奇心、贪心等探索策略。为了将专家指导更好地融入智能体的学习过程中，本节主要将从强化学习、模仿学习、逆强化学习和离线强化学习的角度讨论智能体对专家策略的学习方法。它们对人机协同知识学习的结构可总结为图 2.1-1。

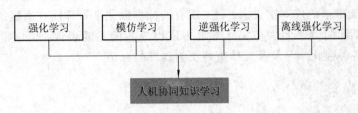

图 2.1-1　人机协同知识学习技术

1. 强化学习

强化学习（Reinforcement Learning，RL）是机器学习的研究方向之一。受到行为心理学的启发，它主要关注智能体如何在环境中采取不同的行动，以最大限度地提高累积奖励。强化学习主要由智能体（Agent）、环境（Environment）、状态（State）、动作（Action）和奖励（Reward）五个元素组成。

粗略来说，智能体先执行某个动作，则环境会因此转换到一个新的状态。对于这个更新的状态，环境会视情况给出或正或负的奖励信号。根据新的状态和环境反馈来的奖励，智能体再按照一定的策略来执行新的动作。上述过程反复迭代，使得智能体和环境不断进行状态、动作、奖励之间的交互。

2. 模仿学习

模仿学习（Imitation Learning）是使用人类或者别的机器人提供的专家示教轨迹，使用行为克隆（Behavior Cloning）或者逆强化学习（Inverse Reinforcement Learning）的方法对示教数据进行模仿，以此学到示教中包含的技能。相比于强化学习在机器人上的使用，模仿学习方法避免了随机探索，能更好地应用在实体机器人上。经过多年的发展，模仿学习方法已经能够很好地解决多步决策问题，在机器人、自然语言处理（NLP）等领域也有很多应用。

3. 逆强化学习

比行为克隆更晚一些提出来的是逆强化学习算法，其提出的动机是不期望像行为克隆一样，只会简单地模仿专家行为，却不能推测专家行为背后隐含的动机。为了能找到隐含动机，逆强化学习会像行为克隆一样，先收集一组专家轨迹。但它不是简单学习一个状态到动作的映射，而是利用专家轨迹数据推理(Infer)出回报函数(Reward Function)的形态，再根据回报函数获得行为策略即正向的强化学习过程的优化。

4. 离线强化学习

离线强化学习(Offline Reinforcement Learning，Offline RL)又称作批量强化学习(Batch Reinforcement Learning，BRL)，也是近年来的热点研究之一。它是强化学习的一种变体，要求智能体从固定的一个数据集中进行学习，但不能进行探索。而标准的强化学习则通过反复试错(Trial and Error)来学习如何执行任务，并在探索(Exploration)与利用(Exploitation)之间进行平衡以达到更好的表现。

相比较而言，离线强化学习的设定比标准强化学习更加安全。例如：使用机器人在真实环境中进行探索可能会有损坏机器人硬件或周围物体的风险；在广告投放中进行探索可能会导致广告主的预算白白浪费；在医疗和自动驾驶中进行探索则可能会严重危害人类的生命安全。而离线强化学习的设定是利用离线数据进行策略学习而不进行任何交互，因此避免了探索可能带来的成本损失。不过，现有的标准强化学习算法在离线的设定下学习效果往往较差，学到的策略无法在实际部署中取得令人满意的表现，所以需要重新设计算法。以下将就各种强化学习及其变体进行更为详细的介绍。

2.1.1 强化学习

人工智能中的很多应用任务，比如围棋对弈、自动驾驶、机械臂抓取等，需要算法不断地与环境交互作出决策并执行对应的动作。强化学习往往会将这些任务建模成马尔可夫决策过程(Markov Decision Process，MDP)。

马尔可夫决策过程一般由状态(State)、动作(Action)、状态转移概率(State Transition Probability)、状态转移奖励或回报(Reward)构成的四元组 $\{s, a, p, r\}$ 来表示。状态和动作的集合被称为状态空间(State Space)和动作空间(Action Space)，分别用英文单词首字母 S 和 A 表示，$s_i \in S$，$a_i \in A$。$p(s_{t+1}|s_t, a_t)$ 表示状态转移概率，$r = R(s, a, s')$ 表示奖励函数，γ 表示折扣因子。

强化学习的目标是求解特定任务的最优策略。强化学习的主体一般称为智能体，如机器人。具体来讲，智能体先对环境进行观测，获取自身当前所处状态 s 后，再根据此状态进行决策，执行可能的一个动作 a。环境接收到智能体的动作指令后，会根据状态概率 $p(s_{t+1}|s_t, a_t)$ 从 s 转移到一个新的状态 s'，同时反馈给智能体一个奖励 $r = R(s, a, s')$。智能体再次对环境进行观测，并执行相应动作，直到终止状态。一般将交互过程中的状态动作记录下来，以时间序列的形式保存，称为轨迹(Trajectory)，用 τ 表示：

$$\tau = \{s_0, a_0, \cdots, s_t, a_t, s_{t+1}, a_{t+1}, \cdots\}$$

一次交互过程结束时的累积奖励记为 G_t：

$$G_t = r_t + \gamma r_t + \gamma^2 r_{t+2} + \cdots = \sum_{k=0}^{\infty} \gamma^k r_{t+k+1}$$

累积奖励中折扣因子 γ 的存在降低了未来回报对当前的影响。智能体和环境进行的一次完整交互过程称为一幕(Episode)。

强化学习的最终目标是最大化累积奖励。强化学习过程中智能体通过策略和环境交互，策略是状态到动作的映射，可分为随机策略和确定性策略。随机策略会输出一个动作

的分布 $a = \pi(\cdot \mid s)$，而确定性策略则会输出一个确定性的动作 $a = \pi(s)$。

为了优化策略，需要评价策略的好坏，直观方法是比较不同策略在某一特定状态下的累计奖励。然而，在随机策略下，计算累积奖励会有多个可能值，无法进行直接比较，因此，需要对其求期望来统计比较。所以，定义累积奖励在状态 s 处的期望为状态值函数（Value Function），简称值函数，记为 $v_\pi(s)$，$v_\pi(s) = E[G_t \mid s_t = s]$。在某一状态 s 处，选择不同的动作 a，会导致不同的累积奖励。定义在状态 s 处选择动作 a 的累积奖励的期望，为状态—动作值函数（Q Function），简称 Q 值函数，记为 Q_π，则有：

$$Q_\pi(s, a) = E[G_t \mid s_t = s, a_t = a]$$

在强化学习问题中，策略与值函数是等价的，因为它们是一一对应的。其中，最优策略对应的值函数称为最优值函数。可以证明，最优策略与最优值函数具有等价性，且该最优值函数满足贝尔曼最优性原理：

$$\begin{cases} V^*(s) = \max \sum_{s' \in S} P_{ss'}^a [R(s, a, s') + \gamma V^*(s')] \\ Q^*(s, a) = \sum_{s' \in S} P_{ss'}^a [R(s, a, s') + \gamma \max_{a'} Q^*(s', a')] \end{cases}$$

一般来说，我们可采用迭代解法近似求解最优值函数。在求出最优值函数后，基于最优值函数与最优策略的关系，最优策略就能按下式获得：

$$\pi^*(s) = \arg \max_{a \in A} Q^*(s, a)$$

在强化学习中，环境模型描述了状态转移概率函数，又被视为系统动力学模型。在某些特定问题里，环境模型是已知的。因此，智能体不难基于其当前初始状态来决策，并根据下一个状态出现的概率来预测。因为环境已知，智能体在预测未来每一步的状态并作出相应的决策上有较高的确信度。结果，智能体甚至能在不与环境发生交互的条件下进行规划（Planning）。所以，在环境模型已知的情形下，强化学习问题可看成是基于模型的强化学习问题，其常见于轨迹规划问题中。

然而，轨迹规划问题的样本效率非常低。尤其是一些参数变量多、样本需求大的方法，很难通过训练得到有效的策略。

基于模型的策略优化则能充分利用模型先验，降低对样本数量的需求，结果反而提高了样本的使用效率。它的学习策略是先把模型参数学习好，再利用动态建模的系统动力学模型来帮助策略学习。

系统动态的建模方法包括经典的机器学习方法如高斯混合模型、高斯过程模型和贝叶斯网络，以及相对现代的深度神经网络等。后者近些年在对系统动力学模型建模方面有明显优势。

基于模型的强化学习偏好针对特定问题建模，所以在未见过的问题上的预测或泛化能力不强。但是它充分利用了特定问题里的特定信息，所以可以做到参数更少，训练更容易。此外，基于模型的方法有更好的可解释性，能指导参数调试。

无模型方法则期望用一种算法解决各种强化学习问题，有较好的泛化性。无模型的强化学习方法更加直观、简单，通用性更强。对于一些难以建模的复杂问题，无模型方法是较好的选择。

但无模型方法在训练过程中不易收敛，其稳定性也不及基于模型的强化学习方法。要解决这一问题，一些研究人员尝试将无模型和基于模型的强化学习方法相互结合。例如，Nagabandi 等用基于模型的 RL 方法，初始化免模型的 RL 过程。它的好处是，在降低样本复杂性的同时，还能让智能体在训练过程中获得更多的回报。通过参考基于模型的强化学习，Oh 等将值函数用于模型动力学的估计中。该方法在一定程度上能学到系统动力学模型。因此，它能对未来状态的值函数进行估计，用于未来状态的短期预测，并根据预测结果再进行规划。

目前，强化学习已经在许多领域取得了重要进展。2015 年，DeepMind 的 Mnih 等研究员在《自然》杂志上发表论文"Human-level control through deep reinforcement learning"（通过深度增强学习的人类水平控制）。该论文提出，结合深度学习（DL）技术和强化学习（RL）思想的模型 Deep Q-Network(DQN)，能在 Atari 游戏平台上展示出超越人类水平的表现。自此以后，结合 DL 与 RL 的深度强化学习 DRL 迅速成为人工智能界的热点方向。不单单是在视频游戏领域上，在棋类游戏上，DeepMind 开发的 AlphaGo 先后击败了两位世界围棋冠军李世石和柯洁，而之后开发的 AlphaGo Zero 又击败了 AlphaGo；GPS（Guided Policy Search，有指导的策略搜索）算法可以控制复杂的机械进行操作；OpenAI 等通过深度强化学习和 Sim to Real(模拟到现实)的方法，训练机械臂玩魔方，灵活性堪比人类；Mao 等利用标准策略梯度法调配网络资源；Google 公司利用强化学习方法来降低其数据中心的能耗；Jaques 等结合 DQN(Deep Q-Network，基于深度学习的 Q-learning 算法)和机器学习，对机器学习算法进行自动调参；Dhingra 等将强化学习应用于对话系统中，用于训练具有对话能力的个性化智能体。DeepMind 负责 AlphaGo 项目的研究员 David Silver 提出了"AI = RL + DL"的观点。他认为，结合了 DL 的表示能力与 RL 的推理能力的 DRL 将会是人工智能的终极答案之一。

2.1.2　模仿学习

在经典任务设置中，强化学习能获得的反馈信息，一般只有多步决策后的累计奖赏。但在限时任务中，却有条件获得人类专家的决策过程范例或示例，如在学钢琴时能得到钢琴老师的弹奏示范。从这样的范例中学习，被称为"模仿学习"，也被称为"学徒学习"。

模仿学习技术旨在模仿给定任务中的人类行为，通过学习观察价值和动作之间的映射关系，对智能体进行训练。模仿学习能够让智能体从示教中学习并独立执行任务。实际上，关于模仿学习的研究已经持续了较长时间，但直到最近，由于计算能力的日渐强大和传感技术的日益廉价、快速，以及人们对智能应用程序的需求不断增加，该领域才逐渐受到人们的关注。这为许多依赖于实时感知和反应的人工智能应用，如类人机器人、农业人工智能、自动驾驶、人机交互和计算机游戏等提供了新的研究思路。

在人机协同情形下，强化学习应侧重于提升样本有效性。相比于传统局限于交互方式的学习算法，DQfD(Deep Q-learning from Demonstrations，基于示教的深度 Q 学习)等模仿学习算法更契合这一目标。模仿学习的目标是以最少的专家知识来引导执行复杂的任务。它无须针对任务进行显式编程或人为设计奖励功能，而可以将复杂的讲授任务过程缩减成提供示范的问题。

模仿学习鼓励智能体在不与环境交互的前提下学习知识，这种学习在自动驾驶车辆避障、医学辅助术前诊断等交互成本偏高的场景中具有很好的应用前景。近年来，有学者提出了基于不完美专家数据的模仿学习算法如 RLfD（Reinforcement Learning from Demonstration，基于示教的强化学习）、在软约束下的 RLfD 以及基于 GAIL（Generative Adversarial Imitation Learning，生成对抗模仿学习）算法的改进，这些方法在不同程度上提升了模仿学习范式的泛化能力，降低了对应用场景的要求，同时提升了强化学习算法的样本使用效率。

模仿学习也被认为是提高强化学习学习效率的重要手段，目前在机器人领域被广泛使用。不过，单纯使用模仿学习的效果非常依赖于专家数据的质量。例如，在自动驾驶中，专家数据可能总保持良好的驾驶习惯，但缺乏罕见紧急情况下的人类反应，这使得智能体无法学习特定驾驶情形下的处理能力，安全驾驶也就无从谈起。而模仿学习方法将问题直接转化为监督学习的问题，降低了学习难度，一定程度上提高了样本的使用效率。尽管这类算法能够加速学习过程，但缺陷在于表现不会胜过专家示教数据。基于最小化分布差异的示教学习如今崭露头角，尽管仍然存在如分布度量近似计算损失的性能等问题，但对比基于标准强化学习、逆强化学习算法而言，它具有更高的数据利用率、更低的计算复杂度、更稳定以及更快速的学习效率，因此是发展的热门方向。

随着生成对抗网络（GAN）的提出，隐式建模了真实分布和模型分布之间的距离，从而使得 GAN 拥有了根据已有样本生成更多样本的能力。此后，许多学者提出了基于 GAN 的模仿学习算法。相对于直接从专家数据中获取关于策略和环境的信息，2016 年，Ho 提出了 GAIL 算法，并在许多连续控制任务中取得了很好的表现。在 GAIL 算法当中，策略网络对应于 GAN 中的生成器，用于根据状态来得到动作，判别网络用于判别一个状态动作对是由专家数据产生的还是由策略产生的，两者相互对抗。在专家数据量足够的前提下，GAIL 算法可以得到一个较好的策略网络和判别网络。它绕开了中间的逆强化学习过程，直接从数据中学习策略。生成对抗训练的技巧被广泛使用在拟合判别器以及估计状态和动作的分布等算法的重要环节中。就专家数据而言，GAIL 算法通常具有相当高的样本效率。但是，就训练期间的环境交互而言，它并不能特别有效地利用样本。与基于模型的方法相比，它通常需要更多的环境交互。

2017 年，Hausman 等人在 GAIL 算法的基础上提出了多模态生成对抗模仿学习方法，该方法能够在非结构化的示教数据中学习，并且能够在不同环境下进行模仿学习，以适应不同类型的任务，一定程度上提高了模型的鲁棒性。

基于行为克隆的想法，有学者提出了从示范中进行深度 Q 学习的方法（DQfD），尝试通过加入时序差分和正则化损失来平衡专家数据，加速学习过程。该方法中的奖励信号并不反馈给专家数据，而是反馈给 Q 学习过程。监督损失能够诱导策略去模仿专家的行为，时序差分损失能够使策略的价值函数在贝尔曼方程的限制下保持合理性，而针对网络权重的正则化损失和偏置防止了在小的专家数据集上的过拟合。该方法只在专家数据上进行预训练，不与环境交互，可获得完全模仿专家数据的策略和价值函数，性能相较于 DQN 有所提升，也是强化学习范式下利用专家数据的思路。但在人机协同的开放情形下，DQfD 往往难以学到较为复杂的决策过程，也难以区分专家数据的质量好坏，实际部署的效果并不突出。

Hester 等人以类似的思路将 DDPG（Deep Deterministic Policy Gradient，深度确定性策略梯度）算法与专家数据相结合，构建出了 DDPGfD 算法。Nair 等人后续也提出了类似于 DQfD 和 DDPGfD 的算法,该算法在 DDPG 算法的基础上增加了示教数据经验回放缓冲区(Demonstration Replay Buffer),利用最小二乘损失训练策略网络,同时将强化学习中已有的损失函数与视角数据中的最小二乘损失相结合,使得策略网络去学习专家数据中的动作。该算法还引入了 Q 值过滤机制,以便让策略网络在仅当专家示教数据优于策略采集的数据时,才利用专家示教数据训练中的最小二乘损失。另外,为了更好地学习示教数据,重置环境状态为示教数据中的状态也是一种模仿学习的机制。

除了引入过滤机制和重置环境两种比较经典的算法外,有学者还提出了第三人称模仿学习。鉴于许多模仿学习的方法都存在第一人称专家数据的局限性,因此通过无监督的第三人称的示教数据进行学习,让智能体通过观察其他人达成目标的过程来达到模仿专家的效果。这种学习方式从想法上与示教学习的目标不谋而合,同时也方便使用蒸馏学习等方法进行优化,有利于跨领域进行算法层面的优化和集成。

但是,目前的模仿学习仍然存在一些难题。数据获取是首要难题,比如通过专家示例轨迹进行训练学习的模仿学习算法,其性能很大程度取决于专家样本的好坏。

作为近年提出的高效模仿学习算法,生成对抗模仿学习很自然地利用了深度学习中的生成对抗思想,在判别器奖励上嵌入了生成对抗网络,以指导智能体策略向专家策略的方向逼近,反复生成对抗后来实现对专家策略的模仿。与生成对抗相似,模仿的过程是逐步指导,循序渐进以实现性能最优。然而,其思路也继承了生成对抗网络的局限性,在平衡判别器与生成器上存在折中的困难。

虽然模仿学习的仿真平台(如自动驾驶平台)能够高度还原真实场景,但与现实场景仍然存在很大的差距,导致难以对多任务场景的课程进行模仿学习。一种解决办法是借鉴数字孪生、平行学习的思想,减小从仿真环境到现实世界的语义鸿沟(Sim2Real Gap)。也可加入语义分割的辅助任务,通过在线交互来加强模型对场景的理解和修正对模型的预测,从而进一步在线模仿强化学习,真正实现模仿学习算法在自主驾驶、工业运维、疾病诊断等领域的应用落地。

2.1.3 逆强化学习

逆强化学习是在给定策略或可观察到的行为的前提下,推断奖励函数的问题。它和强化学习在思路上是相反的,强化学习专注于根据收到的奖励信号来学习智能体在任务上的行为。总体来说,逆强化学习既被视为一种问题,又被视为一类方法。逆强化学习面临的主要问题和主要挑战,包括执行准确推理的难度和可推广性、对先验知识的敏感性以及解决方案的复杂度随问题规模非线性增长。

具体来说,逆强化学习是指在给定一个策略(Optimal or Not)或者一些操作示范的前提下,反向推导出马尔可夫决策过程的奖励函数,让智能体通过专家示范(Expert Trajectories)来学习如何决策复杂问题的一种算法。它使用观察到的一个智能体的行为对另一个智能体的偏好进行建模,从而避免强化学习中常被诟病的人为设定奖励函数方法。

逆强化学习具有以下优势:

(1)无须人为设定奖励函数。预先设定奖励函数的要求将强化学习的实用性、最优控制理论限制在一定范围内,然而逆强化学习则可以扩展强化学习的适用性,并减少任务说明的人为设计,前提是可以提供所需行为的策略或演示。

（2）可以提升泛化性能。奖励函数用简洁的形式来表示一个智能体的偏好，并且同样适用于另一个同类智能体。如果目标主体和其他主体共享相同的环境和目标，那么就可以使用原有学习的奖励函数，即使是主体的环境略有所不同，逆强化学习也可以提供有效帮助。

（3）逆强化学习的潜在应用广泛。近年来，逆强化学习吸引了人工智能、心理学、控制论、机器学习等领域的众多科研人员，尤其因为它将机器学习的范围扩展到了不容易指定奖励函数，并且需要了解所观察任务的应用当中。它在通过观察他人进行学习的受控环境当中更能发挥作用，如洞察多机器人巡逻、模仿学习以及在分类任务中的特殊协作。也有学者表示逆强化学习在提供人类和动物行为的计算模型方面非常具有潜力，因为这些模型非常难以指定。

如果用数学的形式来表示逆强化学习的思想，那么它可以归结为最大边际化问题。根据这个思想发展的算法包括最大边缘规划（Maximum Margin Planning，MMP）方法、学徒学习、结构化分类和神经逆强化学习等。

最大边际化的最大缺点是，很多时候不存在单独的奖励函数，而是存在歧义，学到的奖励函数具有随机性。也就是说，它使得专家示例行为既是最优的又比其他任何行为好很多，或者有很多不同的奖励函数会导致相同的专家策略。

为了克服这种问题，有学者提出了基于模型概率的方法，并利用概率模型发展出了很多逆强化学习算法，如最大熵的逆强化学习、相对熵的逆强化学习、最大熵的深度逆强化学习、基于策略最优的逆强化学习等。另外，还有一类比较重要的方法是贝叶斯方法，它将轨迹当中的状态—动作对视为观察结果，以促进贝叶斯更新候选奖励函数的先验分布。这种方法为逆强化学习提供了一种不同但有效的思路，并且在这种方法当中，奖励函数通常没有预设的固定结构。此外，诸如分类和回归之类的经典机器学习框架也在逆强化学习中发挥了重要的作用，但这类方法也同时受到了逆强化学习并非直接监督的影响。尽管如此，逆强化学习依然可以纳入此框架。

2.1.4　离线强化学习

模仿学习在专家数据中习得的策略是一个基于相关性的映射，亦称为模式识别器（Pattern Recognier）。逆强化学习在专家数据中推断出行为背后的意图（Intent），再通过标准的强化学习范式与环境交互，习得的策略是一个基于决策的映射，亦称为决策引擎（Decision-making Engines）。由于这两者都需要与环境进行在线交互（Online Interaction），在医疗、推荐、问答、昂贵的机械设备等交互代价高昂的现实应用中，就无法使用需要这种额外交互的学习技术，因此离线强化学习算法的研究应运而生。

离线强化学习是一种只用静态数据集的学习技术，不与代价高昂的环境发生任何交互，而是基于内嵌某种准则的奖励函数，从中习得一个具有决策特性的策略。离线强化学习与模仿学习中的行为克隆的区别在于：前者的监督信息是内嵌某种准则的奖励函数，具有序列决策的特性，策略的目标是使奖励函数最大；后者的监督信息是专家的动作标签，具有直接模仿的特性，策略的目标是对标签的最大似然。

使用离线强化学习时，能从静态数据集中获得一个使奖励最大的策略，因而可以加速强化学习落地到一些更为现实的应用场景。例如：在金融领域里，学习不依赖于因为在线交互会产生巨大损失的策略；在健康医疗领域里，可避免因在线交互的诊治方案导致的不良反应等。这也意味着，不需要为了应用强化算法而构建一个高仿真度的虚拟环境。因此，这是一个有极大发展潜力的研究方向。

离线强化学习提供了将强化学习——传统上被视为一种基本的主动学习范式转变为数据驱动学科的可能性。因此，它可以受益于一系列监督学习相关的应用领域。然而，实现这一点需要新的创新，这些创新将需要更为复杂的统计方法，并需要将它们与强化学习中传统研究的顺序决策基础相结合。例如：标准非策略强化学习算法通常侧重于动态规划方法，该方法可以利用非策略数据；重要性抽样方法可以合并来自不同抽样分布的样本。

然而，当扩展到复杂的高维函数逼近器时，标准非策略强化学习和重要性抽样方法都会遇到困难，如深层神经网络、高维状态或观察空间以及时间扩展任务。因此，这两类标准的非策略训练方法通常不适用于现代深度强化学习中典型研究的复杂领域。

目前研究者们通过策略约束或不确定性估计，对离线强化学习算法提出了一些改进，这些改进考虑了分布转移的统计信息。相关的公式通过明确说明离线强化学习算法中的关键挑战，即学习策略和行为策略之间的差异导致的分布变化，期望缓解早期方法的缺点。为解决分布转移和促进泛化而开发的各类方法，包括因果推理、不确定性估计、密度估计和生成建模、分布稳健性和不变性等，具有能帮助改进离线强化学习算法的性能。更广泛地说，旨在估计和解决分布转移、约束分布（如各种形式的信任区域）以及评估样本的分布支持的方法都可能与开发离线强化学习的改进方法相关。

事实上，尽管架构和模型的改进推动了目前预测或学习性能的快速提高，但数据集的规模和多样性不断增加——特别是在现实世界的应用中仍是推动进步的重要因素。在实际应用中，收集大型、多样、具有代表性且标记良好的数据集通常比使用最先进的方法重要得多。然而，在大多数强化学习方法使用的标准环境中，收集大型和多样的数据集通常是不切实际的。在许多应用中，包括安全关键领域（如驾驶）和人机交互领域（如对话系统），它在时间和金钱上的成本都非常高昂。因此，开发新一代数据驱动的强化学习可能会开启强化学习进步的新时代，既可以将其应用于一系列以前不适合此类方法的现实问题，也可以实现当前的应用。

2.1.5 研究难点与未来建议

在目前的人机协同知识学习领域，仍存在需要解决的问题。

在深度强化学习领域，数据利用率是一个难题。在深度强化学习的学习过程中，智能体与环境交互产生数据，用这些数据进行学习。目前无模型的深度强化学习在改善策略时可以分为当前策略或同策略（On-policy）和异策略（Off-policy）。异策略算法数据利用率高，可以使用历史数据，而且可以同时学习多个技能的策略，但是稳定性差。同策略算法在学习过程中无法重新利用历史数据，因为每次行动策略更新后，之前的数据就非当前策略，而是异策略的数据，但是其稳定性比异策略强。目前有些研究试图结合两者。某些领域如真实的机器人环境采样成本昂贵，即使是异策略的强化学习算法其数据利用率也不够高。

奖励函数的设计是深度强化学习的另一个难题。对于某些任务来说，奖励函数很难设计。但奖励函数对于有效地评估策略的优劣十分关键。好的奖励函数一般都是人类专家设计的,对于复杂的决策问题,即使人类专家也难以设计出好的奖励函数。

面对强化学习面临的一系列挑战,目前也有很多值得发展的方向。例如,基于模型的强化学习(Model-based Reinforcement Learning)有着比异策略强化学习方法更高的数据利用率。基于模型的强化学习通常会先收集数据,学习一个动力学模型,之后基于模型学习策略。对于有些任务,学习一个好的模型比学习一个好的策略要容易。

此外,模型允许重新学习,在任务变更时,可以重新学习一个模型。模型甚至允许某些在现实世界中根本不可能的数据收集,例如将环境重置为某个精确的状态,采取不同的行动观测后继状态。

强化学习还有很多值得探讨的研究方向。首先,基于深度强化学习的框架,需要探索合理地结合基于模型和无模型的方法,包括基于值函数和策略梯度的深度策略网络,训练和获取最终的机器直觉推理策略网络,并克服解决梯度波动、收敛速度和探索效率的问题。其次,研究将人类与机器智能有机结合,采用基于模型的强化学习算法,构建鲁棒性强、分析层次深、泛化能力好的系统,为人机协同混合智能提供高效通用的算法和模型。

在模仿学习领域,数据获取是首要难题。模仿学习算法通过专家示例轨迹进行训练学习,其性能严重依赖于专家样本。

最近,一种高效的模仿学习算法即生成对抗模仿学习被提出。基于生成对抗网络的判别器奖励会按专家策略的方向来优化智能体策略,最终实现模仿专家策略的目的。然而,模仿的过程不会立刻实现,而需要循序渐进式的指导,才能保证模仿到位,不产生损失,实现性能最优;同时,受限于生成对抗网络框架的局限性,平衡判别器与生成器之间的优化也是算法实现的关键所在。

虽然模仿学习的现有仿真平台已经能够高度还原或逼近真实场景,但与现实场景相比,差距依然不小。它难以对多任务场景的课程进行模仿学习。可能的解决方案是,要么借鉴数字孪生的思想,减小仿真环境到现实世界的鸿沟,要么加入语义分割的辅助任务来加强模型对场景的理解。此外,可通过在线交互,继续利用在线的模仿强化学习来修正模型预测,从而真正实现模仿学习算法在自主驾驶、工业运维、疾病诊断等领域的应用落地。

在逆强化学习领域,少有方法可证明分析其技术的样本或时间复杂度,并将其与其他方法比较。另外,对于逆强化学习方法的复杂性和准确性,现如今普遍缺乏理论指导,并且大多数侧重于经验比较来提升性能。有一个比较关键的缺点是,现有的方法集很难合理且高效地扩展到连续的状态或动作空间,这一定程度上限制了逆强化学习的发展和实际应用。另外,逆强化学习的许多方法都依赖于参数估计技术。目前的趋势表明,元启发式算法可以有效地估计最佳参数,如杜鹃搜索算法(也称布谷鸟搜索算法)、粒子群优化算法、萤火虫算法等都是一些比较著名的元启发式算法。元启发式算法的优势不依赖于凸性(即寻找全局最优解和唯一解需要的理想约束条件),而是可以相对快速地搜索一般空间,并且致力于找到全局最优解。因此,元启发式算法也为逆强化学习的发展提供了新的思路。模仿学习和逆强化学习内生的目标一致性和流程上的相似性,也使得两种方法水乳交融,互相补益。

离线强化学习技术蕴含巨大发展潜力的同时,也伴随着一些亟待解决的关键挑战。第一,禁止与环境的交互,意味着限制了智能体对高奖励区域的探索,若静态数据集中不包含高奖励的样本,则学习出来的策略在真实环境中应用,难以保证卓越的性能表现,因此静态数据集的构成需要均匀地包含高奖励的样本。第二，从真实交互收集得到的静态数据集中习得策略，同样需要解决分布偏移（Distribution Shift）的问题，即如果遇到了静态数据集中没有出现过的样本，该如何处理？这本质上是一个反事实推断的问题。分布偏移中的"分布"，可以看作是状态边际分布、动作分布、状态—动作的联合分布的偏移。对于分布偏移的处理，两者的出发点不尽相同。在标准的监督学习如模仿学习中，假设数据独立同分布，其目的是希望通过拟合数据得到的模型分布，对于真实分布来说具有良好的表现性能与泛化性，以解决分布偏移的问题。而通过序列决策建模的离线强化学习，则希望在静态数据集上得到一个在真实测试环境中稍微不同，但比数据集表现稍好的策略。第三，如何从静态数据集中训练出来的策略更好地与专家交互，而不是与环境交互，并融合专家的反馈进行持续的增量学习（Incremental Learning）。

　　为了应对离线强化学习的这些挑战，目前有许多前沿研究正在进行探索。首先，针对无法探索的挑战，在静态数据集比较不错的情况下，使用异策略相关的深度 Q 学习方法，如果不交互，也能取得与在线交互时相当的性能。其次，对于分布偏移这个问题，目前有两大类研究方向，分别是基于策略约束（Policy-constrained）与基于不确定性（Uncertainty-based）。前者通过限制目标策略（Target Policy）与静态数据集中抽象出来的行为策略（Behavior Policy）的距离来减轻分布偏移的影响；后者通过估计策略学习过程中 Q 值函数的不确定性来检测分布偏移的程度。尽管如此，用何种分布形式、距离度量来表述目标策略与行为策略以及近似最小化这种距离度量的具体实现方式来实施基于策略约束的方法，仍需要探索。而基于不确定性估计本身，如何选择更富含信息的不确定性监督来源，又是如何实施的，也是亟待探索的方向。

2.1.6　人机协同知识学习的意义

　　传统的知识学习算法大多利用机器的海量储存能力与强大的运算能力进行目标建模，在此基础上搭建的机器智能严格依赖于事先设定的模型架构，容易受到计算方法的制约，导致模型的泛化性与可扩展性欠佳。人机协同的知识学习方法打破了传统机器智能中的诸多限制，将人类智能赋予网络模型，提供适用于复杂开放环境的任务学习能力，构造一种人在回路的混合增强智能。

　　通过在知识学习过程中引入人为干预，将专家指导更好地融入智能体的学习过程中，可有效学习目标任务场景下的专家策略，构建人在回路的知识演化学习新范式。通过引入强化学习方法，使得智能体在与环境的交互过程中要么达成回报最大化，要么实现特定的学习目标，进而将专家指导更好地融入智能体的学习过程中；离线强化学习的研究可将强化学习转变为数据驱动学科，在监督学习领域的应用前景广阔。同时，通过模仿学习实现对给定任务中专家行为的克隆，进而在特定环境下充分发挥人类专家决策范例的作用；通过对逆强化学习算法的研究利用，可以实现对奖励函数的推断。

　　人机协同知识学习的应用可以在很大程度上保障智能制造、智慧城市、医疗健康等行业的安全性，提升系统工作效率，在机器人技术、工业生产、金融以及其他领域的应用前景广阔，正在受到持续的关注。

2.2 　 在线知识演化

动态场景中，人机协同模型所面对的数据与任务增量式更新，传统的思路是针对新数据、新任务对模型进行再训练，但实际场景中可用于在线学习的新数据样本通常非常少，导致模型难以构建和训练。并且，新数据可能与已有数据分布不一致，直接再训练模型往往忽视了此类分布差异，会导致顾此失彼，不可避免地影响人机协同模型的整体性能。

因此，在人机协同的混合增强智能规划中，有必要研究在线知识演化算法，结合新任务对已有知识进行推演，以提升人机协同模型泛化能力和多任务适应能力。本节将针对以上问题，介绍在线知识演化中的三项关键的基础理论及相应规划方案，包括小样本弱监督自学习、领域自适应与迁移学习和持续学习。

2.2.1　小样本弱监督自学习

小样本学习（Few-Shot Learning，FSL）要求机器仅利用少量样本学习解决问题的模型。在小样本学习问题中，样本数量少且标记信息（有监督信息）少，容易导致深度神经网络模型在训练时过拟合。因此，小样本学习的关键是从少量样本中学习出足量的有效信息。

基于监督学习的机器学习方法在很多任务中取得了巨大成功，但对数据（尤其是图像分割类任务数据）进行标注的过程十分耗时耗力，人力成本较高，许多任务难以获取到完整的标签信息进行有监督训练。因此，相比依赖大量标注数据的监督学习，在不完全监督、不确切监督、不精确监督等弱监督条件下进行自主学习是未来深度模型学习范式势在必行的发展方向之一。进一步地，在小体量数据成本情形下，利用有限的训练数据量实现模型自主学习的弱监督学习方法，由于其成本更低且灵活性更高，因此更具研究价值。此外，通过合适的查询策略，选择信息量相对较大的未标注数据交予专家标记，以及利用人机协同的主动学习、以尽可能少的高质量标注数据训练高性能的模型，都是小样本学习的可行策略。

在小样本学习问题中，引入先验知识可以解决不可靠的经验损失最小化问题。现有的小样本学习方法分别从数据、模型和算法方面提出了基于先验知识处理这一核心问题的解决方案。

从数据方面考虑的方法在使用先验知识对训练数据集 D_{train} 进行数据增强时，会将 D_{train} 中数据样本的数量从 I 扩充到 $\tilde{I}(\tilde{I} \gg I)$。在获取到足够多的扩增数据之后，即可采用常规的机器学习模型和算法学习增强数据，从而获得更加精确的经验损失 h_I。常用的数据变换的方法包括：

（1）从数据集中变化数据，可以利用传统的机器学习算法。例如，构造一个函数将不同类别之间的变化施加到原始样本中从而增加样本数量。

（2）充分利用弱标签或无标签数据，这两类数据都相对容易获取，可以通过对完全监督标签数据进行学习来构造预测器，给弱标签或无标签数据提供更为完善且易学习的标签，再将这些数据加入原始数据集。

（3）利用与目标数据集相似但更为庞大的数据集进行数据生成，如利用 GAN 来进行数据生成。

从模型方面考虑的方法使用先验知识来约束假设空间 $\mathcal{H}$，从而获得比图 2.2 - 1(a)更小的假设空间 $\widetilde{\mathcal{H}}$。如图 2.2 - 1(b)所示，灰色区域将不在考虑的优化范围内，因为根据先验知识，这些区域 h^* 包含最佳的模型概率很小。对于更小的假设空间 $\widetilde{\mathcal{H}}$，只用少量样本 D_{train} 即可学习到可靠的 h_I。常见的基于模型的小样本学习方法包括多任务学习（Multitask Learning）、嵌入学习（Embedding Learning）、外部记忆学习（Learning with External Memory）以及基于生成模型方法。多任务学习方法中包含多个相关任务和对应数据集，每个任务数据集中样本数量可多可少。在训练模型时，共同学习这些任务，从而可以利用别的任务参数（模型）来对目标参数（模型）进行约束，即达到了约束假设空间的目的。嵌入学习通过构建一个函数将所有样本转换到一个低维空间中，使得相似的样本更为接近，不相似的样本更容易区分，从而可以在低维空间中构建一个受约束的更小假设空间。外部记忆学习通过从 D_{train} 中提取知识并将其存储在外部记忆中，每一个新的测试样本 x_{test} 采用从外部记忆中提取内容的加权平均值来表示。这限制了 x_{test} 只能用外部记忆中的内容来表示，从而减小了假设空间。基于生成模型的方法先让生成模型从其他大规模数据集中学习先验知识，该先验知识在生成模型中也称为"隐变量"，从而得到一组先验分布，通过这个先验分布来约束后验分布起到限制假设空间大小的作用。

从算法方面考虑的方法使用先验知识搜索 θ，从而获得假设空间 $\mathcal{H}$ 中最优参数模型 h^*。先验知识通过改变搜索策略从而获得更好的初始参数（图 2.2 - 1(c)中的小三角区域）或者引导搜索步骤（图 2.2 - 1(c)中的粗虚线箭头部分）。后者产生的搜索步骤会受到先验知识和经验损失最小化器的影响。图 2.2 - 1 中，app 表示近似，est 表示估计。

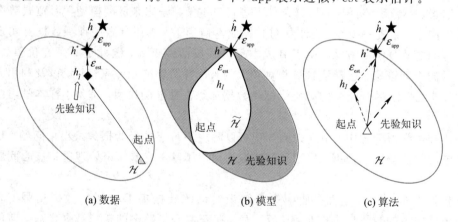

(a) 数据　　　　　　　　(b) 模型　　　　　　　　(c) 算法

图 2.2 - 1　从不同方面解决小样本学习问题的方法

（图片来源：WANG Y, YAO Q, KWOK J, et al. Generalizing from a few examples: a survey on few-shot learning[J]. ACM Computing Surveys, 2020, 53: 1 - 34.）

在数据驱动的监督式学习任务中，样本的多样性对增强模型的泛化性和抵抗噪声的鲁棒性起着关键的作用。在实际应用中，不可避免存在人工错误标注甚至恶意标注，对抗样本以及长尾分布的样本数据也在很大程度上会影响模型的性能。因此，尽可能地减少标注成本是一项亟须解决的挑战。作为机器学习的一个子领域，主动学习旨在通过让模型主动去优先选择尽可能少且最具有价值的无标注样本来进行标注,使模型达到所期望的性能。
主动学习的一般流程如图 2.2-2 所示。它从未标记样本集中对样本进行查询,通过选择函
数采样出最具有代表性的无标注样本让具有领域知识的专家进行标注,随后将标注后的样
本加入已有的标记样本集中,构成新的样本集让模型学习,如此往复循环迭代。理想情况
下,在每次迭代中,专家对部分样本进行标记,则标记样本集不断扩大,其样本数不断增
加,模型的性能也会随之提升。主动学习在各个领域中都有所应用,在强依赖于大量标注
的视觉任务中尤为显著,如目标检测、语义分割、场景人群密度估计等;在人机协同的智
能系统中,可让智能体获得对场景学得更好的主动感知能力;在教育领域,多智能体的智
能问答系统以及利用主动目标检测与识别技术的捉迷藏系统可以在早教互娱中增加趣味性
及多元化的教育体验。

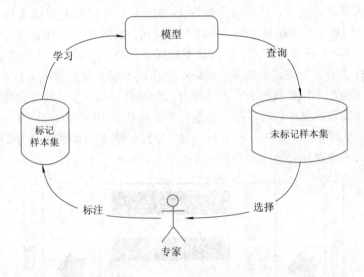

图 2.2-2　主动学习示意图

在主动学习流程中最核心的问题是如何定义样本查询选择函数,即以何种策略去选择
最具有代表性、区分性的样本来进行标注。经典的查询选择函数遵循两大基本准则,即不
确定性准则和差异性准则。例如,基于信息熵选择较高不确定性样本的熵值袋装查询方法
(Entropy Query by Bagging,EQB)、基于投票机制选择预测分歧大的样本委员会投票方
法(Query by Committee,QBC)、基于误差减少的样本查询方法(Expected Error
Reduction,EER)、基于方差减少的样本查询方法(Variance Reduction,VR)、基于密度权
重的样本查询方法(Density-weighted Methods,DM)等。

近年来,与深度神经网络结合的主动学习方法有较好的性能表现,为了克服手工设计
的查询方法泛化能力不足的问题,Konyushkova 等将主动选择策略转化为回归问题进行学
习,让机器自己根据学到的知识来选择出具有价值的样本进行标注。Sinha 等利用生成对
抗网络学习有标注样本和无标注样本之间在隐空间中的表征,再利用判别器来选择需要进
行标注的样本。Jain 等使用希尔伯特施密特准则估计未标注集合中样本的相关性,从而挑
选出信息量最大的待选样本。Hu 等将主动学习建模为序列马尔可夫决策过程并通过强化
学习的手段来得到一种可迁移的主动学习策略。Bateni 等使用分布式的子模学习方法找到
覆盖率最高且具有代表性的节点。

主动学习体现了人机协同的特点。依赖于人类学习得到的先验知识，主动学习可以让智能体拥有学习并自主选择有价值样本的能力，再通过具有领域知识的专家进行标注，让智能体继续学习，实现了人在回路中的智能学习。

在样本生成方法中，目前较为主流的方法是生成式对抗网络模型(GAN)。作为深度学习领域的研究热点，GAN一经提出就受到了学术界和工业界的重视。其利用生成器与判别器的互相博弈，不仅可以避免复杂的计算，而且生成的图像质量也更好。作为一种无监督模型，GAN已成为深度学习领域的一个重要分支，极大地促进了图像修复、图像到图像翻译、图像合成等领域的发展。GAN强大的生成能力可以为深度学习模型提供数据支持，并基于生成对抗机理设计弱监督范式的自学习模型，来缓解样本量少质劣造成的模型性能下降，但其在实际应用过程中也面临诸多挑战。大多数用于图像生成的GAN依赖于特定的数据集或预先训练的模型，其在很大程度上依赖于大量的数据集或先验知识来完成训练；难以收敛等问题亦严重阻碍了GAN的广泛应用。实际任务中通常难以获得足够的高质量数据来满足GAN的训练需求，如何从少数样本(在极端情况下仅有单个样本)中有效地学习鲁棒特征成为一个关键的挑战。面向小数据成本需求设计生成对抗模型，其难点在于生成对抗式结构在小体量数据集下不稳定且目标函数难以收敛，模型往往难以从较少数据量中挖掘出高质量的鲁棒特征。进一步地，在处理基于ROI(Region of Interest)的图像生成任务时，模型因无法有效区分前景与背景，导致最终无法生成高质量的结果。小样本弱监督自学习未来值得探究的方向归纳如图2.2-3所示。

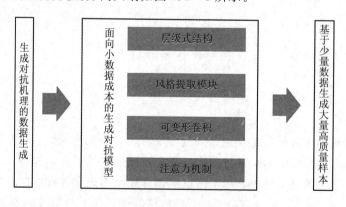

图 2.2-3 基于生成对抗机理的弱监督自学习框架

（1）层级式结构设计。如何充分有效地从小样本中提取出可供学习的鲁棒特征，并生成兼具真实性与多样性的样本，是一个具有关键意义也富有挑战性的研究问题。在GAN网络中引入层级式的金字塔结构，不同模块负责不同尺度图像块的数据分布学习，可以简洁且高效地应对上述挑战。建立具有不同尺度子结构的GAN模型，以各个子结构分别承担对图像不同尺度语义信息的理解，并研究子结构间分工、耦合、信息传递的关联机制以合理高效地组织成紧密整体，保证在少数据量情形下也能实现对样本特征的充分提炼。针对模型无法区分前景与背景的难题，同时引入两个不同的隐变量分别负责前景与背景部分的生成。同时，考虑到前景与背景生成结果的差异化要求，采用并行独立的层级式结构分别用于生成前景与背景。进一步，为了保证不同层级之间特征信息交互的质量与生成图像的多样性，研究了针对不同尺度子结构的归一化方法及数据增强技术。前景分支以从完整样本中分离出来的前景部分作为学习目标，在该分支中，为了保证模型在生成多样性形态变化的同时保留原有正确的语义结构，可基于示例标准化（Instance Normalization）设计轻量级前景分支信息提取模块，以获得经过数据增强后的原始图像蕴含的深层次风格信息。

（2）风格提取模块设计。为最大化生成样本的多样性，设计了风格提取模块，跟随整体模型一起完成端到端的训练而无须预训练。风格提取模块的输入由单张自然图像样本经过常规数据增强后得到，输出的是一个系数张量和一个偏置张量，并作用在原始样本的数据流上。该模块将经数据增强后的原始图像转化为风格信息以供模型学习，指导模型在生成多样性形态变化的同时保留原有正确的语义结构。

（3）可变形卷积和注意力机制设计。可变形卷积使用附加偏移量以增加模块中的空间采样位置，是一种简单高效的建模方法。引入可变形卷积层，可减轻数据增强带来的噪声干扰。同时，引入通道注意力机制，对通道间的依赖关系进行建模，以引导模型更关注目标本身而忽略其他干扰因素的影响，从而提升模型的稳定性与自适应能力。

此外，基于主动学习的人机协同算法设计也值得重视。针对人工手动标注标签成本较高的问题，研究基于不确定性抽样查询策略的主动学习方法，基于数据跨域相似性度量实时更新查询策略的目标函数，实现主动学习过程中高价值样本的优先标注。研究基于图神经网络的半监督分类方法，通过代价最小的路径对标签进行传播，弥补标记样本量不足的缺陷。针对流式新增样本中带标签样本相对较少的问题，研究基于 Laplace 回归与主动学习的大数据流分类算法，通过阈值判断当前数据流的标记样本量，有效提高数据流的分类准确率。

2.2.2　领域自适应与迁移学习

随着物联网、互联网等技术的广泛应用，各行业新数据大量涌现，由于实际场景的限制（标签代价昂贵、标签样本不可得等），往往无法获得足量的带标签数据用于训练复杂模型，因此研究利用已有标签数据来辅助无标签新数据进行学习任务的迁移学习（Transfer Learning，TL）已成为机器学习的新热点。在机器视觉、医疗诊断等诸多实际应用问题中，已有标签数据和无标签新数据往往并不服从相同分布，即数据存在异构，这种情况阻碍了知识的跨域迁移与演化。领域自适应（Domain Adaptation，DA）是对跨域异构分布数据知识迁移和复用的关键技术，通过从不同分布的辅助领域中迁移标注数据或知识结构，来改进目标领域任务的学习效果。

由于源域和目标域之间的数据分布存在差异，DA 方法主要通过调整样本重要性（Re-weighting）或匹配特征表示来对齐它们的数据分布。当前研究中，基于特征的领域自适应方法最为普遍，这些方法通过学习领域不变特征表示使得源特征和目标特征更加接近。在衡量源—目标数据分布差异时，常用的距离度量有最大平均差异（Maximum Mean Difference，MMD）、Wasserstein 距离（也称为推土机距离）和 Hausdorff（豪斯多夫）距离。近年来机器学习领域的发展十分迅速，研究者们正一步步完善相关的理论。许多新兴的算法和模型，如元学习、持续学习、增量学习等已在计算机视觉、自然语言处理等领域取得了不错的效果。可将其与迁移学习进一步结合，提升模型自学习能力，使其学会自主选择从哪个源领域中进行知识迁移、如何处理不断更新的增量数据以及如何实现模型的在线动态监测和持续学习。这些新兴技术的应用能极大提升迁移模型自适应能力，更贴合真实场景中的应用。

根据特征匹配方式的不同，可将领域自适应方法分为浅层方法（Shallow DA）和深度方法（Deep DA）。前者将源数据和目标数据映射到共享子空间中来减小它们的分布差异；后者采用卷积神经网络提取不变性特征，通过减小统计学意义上的矩匹配损失（Moment Matching Loss）或对抗损失（Adversarial Loss，借用 GAN 的核心思想）进行训练。近年来，许多研究都集中在设计新的 GAN 网络结构或添加更多的 GAN 组件上。例如：Russo 等提出了对称双向自适应 GAN；Chen 等使用两个对抗式迁移学习网络；对抗残差变换网络（ARTN）利用残差连接共享特征，重构对抗损失；Kurmi 等引入注意力机制评估图像各区域的确定性，并在分类时关注高确定性区域。

当前 DA 方法的基本思想都是从不同任务中提取源域与目标域的相似性关系，通常相似性关系由人类专家基于先验知识构建，然而面对真实的多任务场景这种方法往往无法奏效。而预训练模型则难以完全模拟复杂多变的真实场景，历史经验与知识不再完全适用。

因此，考虑更为复杂的 TL 任务要合适一些，如部分迁移学习（Partial TL）（也称为开放集迁移学习，即 Open-set TL，源数据和目标数据仅共享特征空间或标签空间中的一部分）和在线迁移学习（Online TL，OTL）（目标域数据以数据流形式动态更新）。其中的挑战性问题主要可分为小样本学习和在线迁移学习。在开放场景中新样本数据不断积累与更新，极有可能是在增量数据流中出现以前从未见过的数据，而此类数据积累较少，不可避免地面临稀缺难题。此外，在没有人工监督的情况下，这些新数据对算法和模型来说是未知的，即带标记数据在这样的增量数据流中非常有限。因此，没有足够的新数据来训练迁移学习模型。综上所述，利用少量增量数据进行知识迁移是非常困难的，小样本迁移策略有待进一步深入研究。

除此以外，机器人领域需要考虑的强化迁移学习也是迁移学习亟待解决的难题之一。受安全、效率、成本等问题限制，机器人算法的训练通常在模拟环境中进行，但模拟与现实之间存在"差距"，而控制行为均在模拟环境中训练产生，因此，机器人的行为与动作可能难以对现实环境中的变化作出适当的反应。在机器人领域，从模拟到现实（Simulation to Reality，sim2real）的迁移十分重要，它属于强化学习的一个分支，同时也是迁移学习的一类典型工作。现如今，机器人的强化迁移学习的进展大体可以分为以下几个方面：

（1）缩小模拟和现实的差距。机器人在模拟环境中进行训练时，并不能完全模拟真实环境中存在的摩擦力、接触力等物理因素，因为其只能使用有限的参数进行模拟，在对真实环境的模拟上存在一定的误差。目前已有研究通过模型来预测模拟环境与真实环境之间的差距，利用机器人在真实环境中的数据对该模型进行训练，以缩小训练策略产生的控制行为在真实环境中的误差，提升机器人在真实环境中的适应性。

（2）随机化处理策略训练。在模拟环境中，可生成大量的仿真数据对机器人进行训练。传统方法一般基于固定的动作、状态训练模型，有研究提出对模拟环境中的视觉信息或者物理参数进行随机化，使机器人在训练时学习到更具有鲁棒性的策略，即适应性更强的策略，以应对真实环境中的动态变化。

（3）提高策略质量，利用强化学习和变分推理学习技能的嵌入空间，之后将这些技能在真实机器人上迁移和组合实现。

2.2.3　持续学习

人类除了具有小样本学习的能力，还能够在学习的过程中不断积累过去学习的知识，并且随着学习知识的增加，变得越来越善于学习。这种不断学习新任务的能力使得人类能够面对多样化的环境，解决各种复杂的问题。受到人类这种学习能力的启发，持续学习(Continual Learning)方法被提出，旨在让机器具备不断从新样本中学习新知识的能力。

持续学习又称为终身学习(Lifelong Learning)或增量学习(Incremental Learning)，其目的是在学习新任务的同时，减少或者避免对旧任务的知识产生灾难性遗忘。灾难性遗忘的主因是赋予了数据分布是固定或平稳的、训练样本是独立同分布的这样的强假设。结果，模型始终能看到所有任务相同的数据。

但是，当数据转换成连续的数据流时，训练数据的分布将变得非常不稳定。模型从非平稳的数据中持续不断获取知识时，新知识的学习可能会影响模型对旧知识的记忆，导致模型在旧任务上的性能急剧下降，甚至直接失效，即在旧知识的记忆上出现了灾难性遗忘。要解决这一问题，模型既要有从新数据中融合新知识和提炼已有知识的能力，又要学会防止新输入对已有知识的记忆产生明显的遗忘。现有的持续学习方法可以分为三类：基于回放的方法(Replay-based Method)、基于正则化的方法(Regularization-based Method)以及基于扩展的方法(Expansion-based Method)。另外，在脉冲神经网络的研究中，可以通过基于脉冲神经机制和突触可塑性两个角度实现持续学习。

基于回放的方法在一个模型学习新任务时，通过对旧任务数据进行回顾学习，来避免对旧知识的遗忘。因此，它需要有大量的内存存储各个任务的数据。然而，在实际应用中，这难以满足持续增长的存储需求。所以，基于回放的方法主要研究如何尽量减少存储量。第一种方法是从每个任务的训练数据中挑选最具代表性的数据，用这部分数据来替代每个任务的整体数据。挑选代表性的数据包括选择与平均样本特征最相近的样本或者基于梯度选择样本。为了减少数据的存储量，Rolnick 和 Castro 等人采用动态地调整旧任务数据保留数量的方法。第二种方法是存储训练样本的特征，而不是存储数据本身。例如，在图像分类任务中，为每一个类别存储一个代表特征向量。第三种方法是训练一个生成对抗神经网络，用来生成与旧任务数据相似的样本，因为一个生成网络参数的存储量远远小于所有的训练数据的存储量。基于回放的方法往往使模型偏向于最近学习的任务，随着任务数量的增加，模型性能会逐渐下降。

基于正则化的方法在学习新任务时，通过正则化来惩罚新学习模型的网络参数与旧模型网络参数的差距，以防止遗忘。这类方法在学习新任务时只允许模型的部分参数在一定范围内变化，虽然在一定程度上可以避免遗忘，但是也会限制模型适应新任务的能力。基于正则化的方法有两种：一种是基于蒸馏损失的方法，即输入同样的新任务数据，使旧模型和新模型的输入尽可能接近；另一种是基于正则化的方法，即先计算模型中对于旧任务最重要的参数，然后降低这些重要参数的学习率，在学习新任务时使这些重要参数的变化量尽可能小，经典的方法包括 Elastic Weight Consolidation(EWC)、Synaptic Intelligence (SI)、Memory Aware Synapses(MAS)等。

基于扩展的方法通常将一个网络模型分为全局模块和任务特定型模块，在持续学习的过程中，为每个任务学习一个任务特定型模块。在测试阶段，根据任务的标志调用该任务对应的网络模块。这种方法使模型的网络结构随着任务的增加而不断扩展。同样，不断扩展的网络规模也使得模型所需存储空间不断增大、模型所需的计算资源不断增大。

在持续学习的过程中只需要少量样本就能完成新任务学习的研究，被称为持续小样本学习。相较于一般的持续学习问题需要解决灾难性遗忘问题，持续小样本学习还需要解决两个额外的问题：① 如何通过少量样本学习到新任务的泛化性特征；② 如何避免模型对新任务的少量样本过拟合。

第一个持续小样本学习方法是 TOPIC 方法，用于解决小样本类增量学习问题（Few-shot Class-incremental Learning，FSCIL），即在解决分类问题时，如何通过学习少量新类别任务数据，即可在不遗忘旧类别的同时，学会分类属于新类别的样本。TOPIC 方法中用 Neural Gas(NG) 网络学习由不同类别数据形成的特征流形的拓扑结构，并将学习到的结构存储为知识。TOPIC 通过稳定 NG 中旧任务的拓扑结构来减轻对旧任务的遗忘，并通过增加 NG 的结构，使得模型可以用少量新类别样本学习新任务的表示。基于 FSCIL 的问题设定，Chen 等人提出了一种基于深度嵌入空间的非参数方法，他们将每个任务的知识量化为参考向量，在每个新任务学习时，使用少量训练样本为该任务添加新的参考向量。Zhu 等人提出了增量原型学习方案，用于显示学习各个任务的可扩展的特征表示，从而促进后续的增量任务学习。他们使用随机事件选择策略，通过强制特征适应各种随机模拟的增量学习过程来增强特征表示的可扩展性。此外，他们引入一种自我提升的原型细化机制，通过利用新任务原型和旧任务原型表示之间的关系矩阵来更新现有原型。这一机制在增强新任务原型的表达能力的同时保持了旧任务原型之间的关系特征。Kukleva 等人则提出了一个包含三阶段的框架用于小样本的增量学习。在第一个阶段，他们学习基类任务，每个任务包含较多样本。在第二个阶段，他们从新任务的少数样本中学习分类器。在第三个阶段，他们对所有类别的分类器进行校准。

当前，小样本持续学习方法还处于刚开始研究阶段，已有工作主要集中在研究分类问题上。Perez-Rua 等在 2020 年提出 ONCE(Opened Centerxlet) 方法，首次将持续小样本学习的思想引入到物体检测问题中。Ganea 等于 2021 年提出 iMTFA (Incremental Mask Two-stage Fine-tuning Approach) 方法，首次将持续小样本学习的思想引入到实例分割问题中。在生成问题方面，还未有基于持续小样本学习的图像生成模型研究。

脉冲神经网络的研究中，基于脉冲神经机制和突触可塑性也能实现持续学习。其训练方法主要包括：

(1) 基于深度学习网络转换的方法。其核心思想是在给定任务下，获得一个和目标深度神经网络具有相同输入输出映射的脉冲神经网络。该方法通过权重调整和归一化方法，将性能良好的深度学习网络转换为脉冲神经网络，将输出神经元的特征与脉冲神经元的功能（如不应期、膜阈值、泄漏时间常数等）进行匹配。一些学者通过将噪声与 Leaky ReLU 作为约束引入深度神经网络的训练过程，实现了最佳放电率的确定，进一步降低了转化过程中模型的性能损失。目前该类方法已被应用于图像识别任务中并取得了脉冲神经网络中的最佳精度，但其分类性能仍然稍逊于最先进的深度学习网络。学者们详细研究了这一现象并发现，在使用双曲正切或归一化指数函数作为非线性神经元的激活函数，神经元的输出可为正也可为负，但是脉冲神经元中不存在负值，这一区别最终导致了分类性能的丢失。同时，通过转化获得的脉冲神经网络结构较为复杂，脉冲信号在前向传播过程中所需要的时间更长，导致训练所获得模型的推理延迟以及能耗极大增加。

（2）基于脉冲的模型训练方法。通过转化的方法虽然可以获得当前最佳的性能表现，但其转化过程欠缺生物合理性且计算效率低，失去了脉冲神经网络的稀疏性和效率优势。而直接通过时间信息进行训练虽然会损失部分性能，却可以最大化发挥脉冲神经网络的优势，而当前研究人员主要采用无监督和有监督两种方式对其进行训练。早期在无监督学习方面的工作，实现了单层脉冲神经网络中利用脉冲时间依赖的可塑性（Spike Timing Dependent Plasticity，STDP）。此后，相关学者一直致力于提出基于脉冲序列且类似于误差反向传播的全局训练方法，以实现大规模、深层次脉冲神经网络的监督学习。另一方面，在神经计算科学的启发下，基于生物可解释性的无监督脉冲神经网络局部训练方法也获得了一部分学者的关注。通过局部学习，能使突触存储与模型输出紧密结合。该架构与人脑有些类似，也能简单部署于节能芯片。Diehl 等人曾尝试搭建了基于脉冲神经网络的无监督学习模型。经实验验证，该模型在字符识别数据集，即 MNIST（Mixed National Institude of Standards and Techonlogy）数据库的精度能达到与深度学习相似的性能。

（3）基于反馈的模型训练方法。将局部学习推广到常见的多层复杂任务，对脉冲神经网络来说，是一项非常困难的工作。其原因在于，随着模型层数的深入，神经元放电率必然会逐层降低，结果会使得前向脉冲传播消失，从而使更深层的网络实际得不到训练。要预防这类问题的出现，一些科研工作者认为，可以考虑将多层脉冲神经网络的局部脉冲学习模式进行分层和逐层训练，再利用全局学习策略实现反向传播学习，最终实现相应的预测任务。一般来说，将局部与全局学习相结合的方法具有好的可行性，但由于付出了额外的代价，它的任务性能仍难以超越转换的方法。另外，最新研究发现，利用深度脉冲神经网络在反向传播误差信号的随机投影还可以进一步提升学习效率。这类利用反馈的学习方法仍可做更多探索，以改进其在大规模数据集上的学习性能。

此外，考虑如何保持脉冲神经网络的非易失性（Non-volatile，也可以理解为持续学习）也是近年来学者们关注的研究热点之一。非易失性技术是一种受生物突触启发的方法，它充分利用了生物突触的突触效能及突触可塑性两个关键特征，其中突触效能是根据输入脉冲产生输出的现象，突触可塑性是根据特定的学习规则调整突触权重的能力。遗憾的是，尽管理论上很有前景，以突触可塑性为基础构建的脉冲神经网络在性能上仍然普遍弱于人工神经网络尤其是深度神经网络。目前，通用且高效的学习算法仍处于探索阶段。

2.2.4　研究难点与未来建议

目前，生成网络本身的生成效果缺乏足够的解释，模型可靠性及可控性较差；模型在训练过程中很难保证持续取得进展，学习过程容易发生崩溃，生成器退化导致生成结果相似度过高，从而无法继续学习；当前算法尚未考虑在时间维度进行小样本的预测学习及生成，仅针对静态数据进行生成补充工作。

未来值得研究的内容包括：① 需进一步加强生成对抗网络与可解释性研究的结合，解剖内部神经元与生成内容的关系，提升模型的可解释性和稳健性；② 针对现有网络架构做出改进，使得模型获得更好的样本质量与更快的收敛效果；③ 针对时序小样本数据学习展开研究，在现有算法的基础上实现动态连续场景下对小样本时序数据的预测学习，进一步拓宽应用范围，提升学习效果。

另外，在领域自适应迁移学习方面，预训练模型难以完全模拟复杂多变的真实场景，历史经验与知识不再完全适用，故在实际应用中需针对场景和任务对其进行在线更新，使其具有像人类一样的自学习能力，进而实现知识迁移与演化。在实际场景中，往往无法快速获得足量的带标签新数据用于训练复杂模型，数据质量难以保证，同时新场景新任务中的数据分布也可能完全未知。这些问题极大地阻碍了知识的跨域迁移与演化，导致预训练模型直接迁移失效、新模型难以构建且难以训练等问题，因此亟须研究与探索在线自适应迁移学习与知识演化。图2.2-4所示为基于领域自适应的知识迁移理论与方法框架。

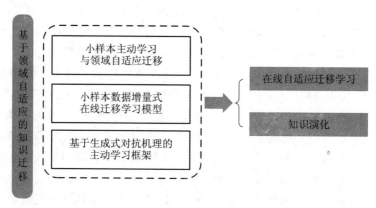

图2.2-4 基于领域自适应的知识迁移理论与方法研究框架

基于领域自适应的知识迁移包括但不限于以下技术：

（1）小样本主动学习与领域自适应迁移。针对新样本标注数据稀缺的问题，研究小样本主动学习与领域自适应迁移方法，设计经验与知识交互的主动学习模型，在新场景中引入小范围的人工监督，根据已标记的小样本目标域数据进行推断、预测，并挖掘源域标签数据中的先验知识和深层特征，设计源—目标间的全阶次非线性相关性度量，建立域间数据元分布迁移机制，利用源域模型的自适应迁移提升无标签目标域的学习效果。

（2）小样本数据增量式在线迁移学习模型。传统迁移学习采用离线方式进行，大部分任务假设源域和目标域数据均直接给出，但真实应用中目标域数据往往以数据流形式不断积累、更新，大部分迁移学习方法将不再适用。未来需研究基于知识图的小样本迁移学习方法，以加速模型训练，建立结构化知识图与样本间语义关联的映射关系，结合深层迁移网络构建自适应传播节点信息的图网络，设计目标域弱监督基础模型的学习与训练模式，搭建满足动态环境下任务需求的实时在线迁移模型。

（3）基于生成式对抗机理的主动学习框架。针对高动态、复杂场景下模型难以收敛的问题，未来的一个研究方向是探索生成对抗式迁移模型的稳定化训练方法，构建迁移熵度量样本的不确定性和差异性信息，建立查询机制选择性获取高质量、高价值数据，并构造样本特征约束，以规范主动学习模型优化方向，保证模型的迁移能力与收敛速度。

目前，持续学习领域方面的研究仍然处于起步阶段。持续学习领域未来规划及探索可以考虑以下四个方向：

（1）当前的持续学习场景框架并不完善，从真实场景中抽象出来的各类持续学习问题通常带有过多的约束与限制。为了促进整个持续学习社区更为稳健地发展，可建立统一的更加贴近真实的持续学习场景设置，并在实验阶段实现多场景的测试工作。

（2）在持续学习过程中，新模型总是在旧模型的基础上进行参数更新，然而该方案并未实现效果提升。为此，未来应建立相应指标来衡量持续学习算法对于新任务的贡献，平衡模型对旧任务的遗忘以及新任务的学习。

（3）未来持续学习模型应适用于多任务学习，为此结合多任务学习领域中对于知识共享的讨论，进一步促进持续学习方向的发展。

（4）当前的持续学习研究依然缺少理论基础，应探究如何从根本上解决模型的灾难性遗忘问题。

2.2.5　在线知识演化的意义

首先，真实应用场景往往是复杂且动态变化的，已有的人机协同模型在学习过程中难以兼顾新旧任务，往往不具备持续学习能力，鲁棒性差，难以自适应地演化与进化。这潜在阻碍了深度神经网络在开放环境中的使用。因此，有必要构造知识在线演化学习框架，使得神经网络在持续学习新增样本的同时有效总结历史经验，令其具有更高的泛化性能与智能程度。

其次，通过设计针对小样本的生成对抗网络算法，对样本信息进行充分挖掘，从而为应用场景中的模型训练提供数据补充。这样可以解决在开放动态环境下，部分类别样本缺失不足导致的模型训练困难问题。另外，对辅助领域中的标注数据或知识结构进行自适应迁移，还可以实现对目标任务领域学习效果的改进。除此以外，可以利用持续学习方法减少灾难性遗忘的发生，提升模型针对动态变化环境的适应能力。

在线知识演化在工业检测、疾病诊断、公共安防等复杂动态工作场景下有着巨大的发展前景。它可以很好地应对外界环境变化带来的干扰，保障智能系统的安全性和鲁棒性，提升模型利用效率，减少资源浪费。

2.3　动态自适应人机协同

除了与获得的数据进行交互、协同和演化以外，人机协同也需要考虑与实际机器如自动驾驶车辆、机械臂等进行交互协同。在人机协同混合增强智能的应用落地中，应考虑提高机器对复杂动态环境或情景的适应性，以及提高处理和自主学习非完整、非结构化动态信息的能力，并实现稳健的混合增强智能。

人机智能协同的主要研究方向是以人机交互的智能系统为目标，考虑将生物智能与人工智能进行混合智能增强和协同，以及在人机智能协同系统中实现相应的智能行为。现有的人机协同混合智能增强理论主要以目前流行的信息技术和生物医学工程为基础，围绕生物智能与人工智能如何协同和增强，着重研究多源感觉、知觉与运动信息的获取以及相关的计算。常见的方法包括使用摄像头、多传感器、脑电仪器、肌肉电仪器等来采集使用者的信息，以实现自适应的人机协调。

本节将针对以上内容，介绍动态自适应人机协同的框架、模型与控制系统、关键技术及相应的建议。

2.3.1　人机协同系统框架

人机协同是指操作人员和智能控制系统同时在线、协同完成控制任务，是人、机器和计算机的智能结合，主要分为感知层、决策层和执行层，如图 2.3 - 1 所示。

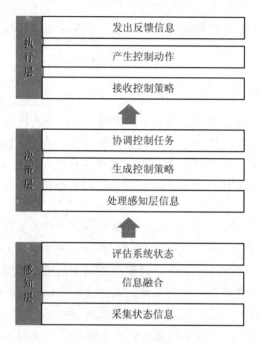

图 2.3 - 1　人机协同系统架构

如胡云峰等文献中所述，感知层通过多种传感器采集多维空间下人机工作环境的各种状态信息，并通过信息融合技术实时评估系统的状态；决策层根据感知层采集的信息，生成控制策略，协调分配人和机器各自的控制任务；执行层根据决策层输出的控制策略，生成相应的控制动作，并向操作人员发出反馈信息。

人机协同系统的关键在于分配人与机器的任务，按照机器自主等级依次可分为三类：

（1）增强操作人员感知能力的智能辅助系统；

（2）基于特定场景的人机控制权利切换系统；

（3）人机协同控制的控制权动态分配系统。

其中，如何实现控制权的动态分配是人机协同系统的关键。一般的操作简单、重复性高的任务由机器完成，而特殊的、复杂度高的任务由操作人员完成。在控制过程中，机器通过感知工作环境来调整其自身的自主性，并向操作人员发出相应的信号，提醒其控制权即将出现变更。机器对工作环境进行感知后作出的判断分为两种情况：机器能完成当前任务和机器不能完成当前任务。当机器能完成当前任务时，操作人员则不参与控制工作或参与度较低。当机器不能完成当前任务时，则有两种情况：机器完全无法完成当前任务和机器需要操作人员的辅助来完成当前任务。当机器完全无法完成当前任务时，机器将控制权转交给操作人员。当需要操作人员进行辅助时，机器向操作人员发出求助信号。在由操作人员进行控制任务时，机器根据其对工作环境的实时判断或根据操作人员向机器发出的信号来调整自身的自主等级。

2.3.2　人机协同模型与控制系统

人机协同系统的构建包括人机系统建模、物理人机交互建模和认知人机交互建模三大模块，如图 2.3-2 所示。

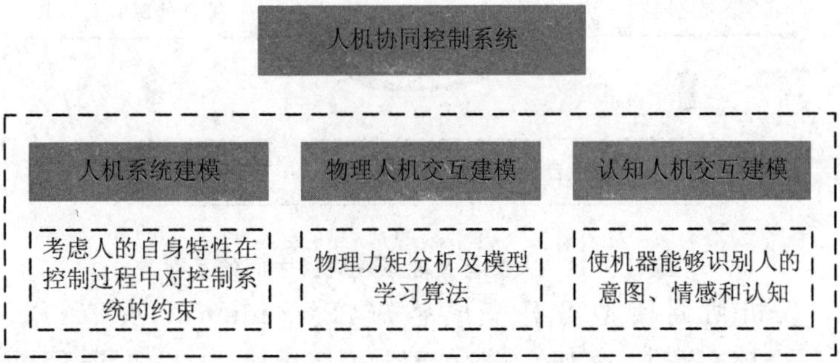

图 2.3-2　人机协同控制系统

人机系统建模需要考虑动力学、运动学约束以及人体模型。由于需要人在控制过程中的参与，系统必须符合人的运动控制和学习机制，并考虑人的能量消耗问题。

要建立一个物理人机交互模型，需要考虑实际的物理力矩分析如人与机器的阻尼模型和交互力矩模型以及模型学习算法等。另外，从交互方式的关系来考虑，物理人机交互方式既有主从控制模式，也有协作学习模式。在主从控制模式中，机器的独立自主能力设定较弱，它的主要功能是执行和协同控制人员发布的指令及规划好的任务。而在协作学习模式中，人和机器需要共同协作来完成目标任务。机器需要识别人的意图，以此方式参与到任务的规划中。同时，通过学习的方式将人的经验内嵌到模型中，以为后续的任务规划和执行提供基本模型参考。在协作学习模式中，机器自主性更强，能主动辅助人完成任务。

建立认知人机交互模型的目的是，从认知心理学角度出发，让机器能够学会主动识别人类的意图(简单难度)、情感(中等难度)和认知(高等难度)等。然后，找到合适办法来将这些元素按可学习的模式量化成相应的样本。直观来讲，认知人机交互模型可以有教师学生模式和权力相等的协同模式。在教师学生模式中，机器通过向人类学习来不断优化自身的控制算法和模型。而在协同模式中，机器需要准确识别人的意图，代替人类进行控制决策。

1. 人机协同模型的特点

自适应人机协同的另一大研究方向是基于人机协同理论对其建立人机协同模型，进而构建人机协同混合增强智能系统。

按人机协同混合智能增强分类，人机协同模型一般指人在回路，因为人类与智能系统或机器之间可以形成强的优势互补(见图 2.3-3)。它的互补性包含两层意思：① 人类是容易犯错的，在视觉、感觉、知觉、决策与操控行为等方面容易受内在心理和生理状态及环境的影响，在复杂工况下未经反复训练时更容易失误，而智能系统往往较少被这些因素影响；② 机器对常识问题的理解、学习的泛化和自适应能力都远低于人类，一些问题目前还没找到形式化成机器可理解的办法。所以，将人类与机器或智能系统形成人在回路的人机协同混合智能系统，实现双向信息交流、反馈与控制，往往能获得 1 加 1 大于 2 的能力提升。

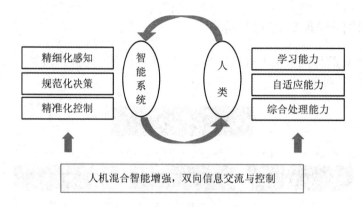

图 2.3－3　人类与智能系统(机)之间的互补

一般来说，人机协同模型可分解成感知（Perception）、决策（Decision）和执行（Manipulation）三个核心模块。例如，在智能驾驶汽车领域，人机协同模型又可再细分为对环境的感知、对多传感器信息的融合与集成、高精度地图生成与车辆定位、智能决策与路径规划、控制和执行、信息安全等核心技术。

2. 人机协同建模方法

根据人在系统中的协作程度，人机协同模型在不同领域中有着不同的建模方式。在传统机器人的建模方法中，只需要对机器人进行运动学和动力学建模，如轮式机器人等，因为这种情况并不需要考虑人机协作的部分。其中，运动学约束主要用于控制机器人的平移和旋转，而动力学约束则常用于控制机器人的速度和角速度，从而确保控制器的优化、系统的稳定性和对参数的灵敏度。而在人机协同智能系统中，由于人与机器需要高度协作，因此建模还需要考虑人体模型（见图 2.3－4）。例如，外骨骼机器人是典型的人机协同智能系统，它需要承载穿戴者的重量并带动行走或帮助负重，这往往会对系统的稳定性产生很大影响。因此，在建模时还可以分析人体的步态行为，比如重点考察人在行走时的肢体摆动、左右侧双相支撑和单相支撑等阶段的步态周期，从而实现更好的外骨骼匹配。另外，除了对人机系统进行静态和动态平衡建模外，还应分析人机系统的总能量消耗，以减少不必要的能耗，并提高人机系统的续航能力和工作效率。

图 2.3－4　人机协同智能系统的约束条件

2.3.3　人机协同关键技术

由于人机协同中人和机器相互耦合，状态互相制约，拥有双环并行控制结构，因此需要系统具有更强的智能化能力。其中的关键研究技术包括协同规划、路径规划、协同决策和协同控制(见图 2.3 - 5)。

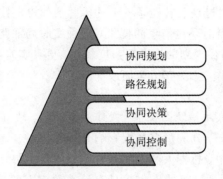

图 2.3 - 5 人机协同关键技术

1) 协同规划

协同规划包括轨迹规划、应急处置规划等。其中,轨迹规划是其核心功能。协同轨迹规划本质上是一个最优控制问题(动态优化问题),基于实时感知的环境信息,综合考虑机器人运动学和动力学、障碍规避和碰撞规避等约束,为机器人规划出时间、空间和任务协同的运动轨迹(见图 2.3 - 6)。

图 2.3 - 6 协同规划模型

2) 路径规划

根据获取环境信息的角度,路径规划方法可分成全局路径规划和局部路径规划两种(见图 2.3 - 7)。其中,在完全了解环境信息的情况下,全局路径规划可实现整体最优的路径规划。然而,它的合理性与对整体环境信息的了解程度,如对一些障碍的位置和几何信

图 2.3 - 7 两种路径规划对比

息的感知程度密切相关。另外，虽然全局规划有较高的准确性，但由于其对环境信息的高度依赖特性，导致它的计算复杂度通常比较高。与全局路径规划不同的是，局部路径规划仅在局部区域进行，它可通过现有智能系统上的传感器和视觉技术实时获取前方障碍物的位置和几何信息。根据对当前环境信息的搜集，这种实时局部路径规划有助于随时动态更新环境模型。因此，局部路径规划的计算复杂度较小，更具实时性和实用性。但是，局部性的不足是易陷入局部较优解，无法获得全局最优路径。

3）协同决策

决策层主要包括操作人决策意图识别、操作决策辅助、轨迹引导、危险事态建模技术、危险预警与控制优先级划分、驾驶员多样性影响分析等。

在人机协同决策过程中，机器人和人类有着不同的优劣势。虽然机器人可以进行规范化决策，对于复杂的数值计算，机器人也更具有计算效率上的优势，但在处理未知、复杂的工况时其决策能力较弱。与机器人或智能系统相反，人类更擅长解决非结构化、无法程序化的问题。因此，在人机共同决策的过程中，通过人和机器之间进行恰当的分工与协作、取长补短往往能获得更好的结果。例如，可根据机器与人类的特性，自适应分配任务给更适合做任务的机器或人类。还可以通过让人和机器对同一个问题都作出决策，最后通过综合或集成评价来得出更为合理的结果。这就是利用了人和机器在解决问题上具有明显的思路、方法和侧重点差异这一特点（见图 2.3-8）。

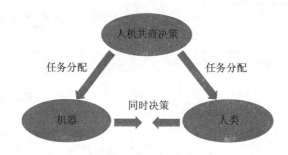

图 2.3-8　人机共商决策模型

然而，要全面实现人机共商决策，需要机器与人类在沟通上有高度的语义对齐。但是，这一点并不容易做到，因为人机之间在交互方式、态势理解和决策判断等方面都存在各自的偏好差异，这导致不同智商的智能体之间在无偏差沟通方面还存在较大的困难。从本质上来说，机器对人类语言还缺乏充分理解。

4）协同控制

协同控制方面，基于协同规划和协同决策的结果，控制机器人沿规划路径运动，协同完成预定任务，是人机合作的最终执行者。在人机协同控制中，人和系统处在同一个环路中，因此，操控动力学具有高度的相互交叉和耦合，表现出双环交叉的特性。不同于传统的操作流程，这种控制方式需要建立一个"人在回路上"的自主协同控制体系，以满足环境开放、相互操作、低人机比和有限资源等需求，并发挥人机能力的互补优势。需要指出的是，人机协同控制研究要解决的难点主要体现在以下几方面：

（1）不同的操作人员具有个性化的操作特征，因此操作可能具有多样性、不确定性、模糊性和非职业性等特性。如何形成满足个性化需求的人机协同控制方法，值得进一步研究。

（2）了解操作人员的当前状态和操作意图，对制定稳定的人机协同控制策略至关重要。如何更高效准确地识别操作人员的状态和意图，有助于人机协同控制。

（3）复杂的环境及恶劣天气情况是人机协同控制的难点。设计全工况、全场景和全天候均鲁棒的人机协同控制方法，值得研究。

（4）人机协同操作是一套"人—机—环境—任务"强耦合的系统，由于测试场景和任务的情况难以完全穷尽，评价准则也复杂多变，因此有必要公平、完备地测试和评价人机协同控制。

2.3.4　研究现状与关键进展

传统的人机协同方法会使用摄像头来捕捉使用者头部的运动状态，通过主动形状模型来进行人脸特征点的定位，再使用几何方法计算头部的姿态估计，从而实现人机协同。但单一的摄像头采集无法保证识别的准确性。Cheng 等通过多传感器实现对操作人员生理指标的监测和当前行为的获取，通过数据集成对使用者的当前状态进行评价。Salazar-Gomez 等提出通过使用者的事件相关电位（Event-related Potential，ERP）来对被操作机器行为进行反馈的方法，实现了人与机器的闭环。Zhuang 等通过采集使用者的肌电信号，来辅助扭矩传感器同步检测使用者的意图，能够很大程度提高意图识别的速度，从而减小人机协同的错误率。

传统的人机协同建模主要集中在飞机和汽车领域。冯悦等将飞行员—飞机闭环控制的研究推广到汽车领域。习慈羊等提出一种汽车—驾驶员模型，该模型通过自适应地调整转向盘转角，使得车辆的实际运动轨迹与预期轨迹的偏差控制在允许的误差范围内。Zhu 等提出，通过模块分解的建模方法，可以更有效地模拟使用者的感知、决策和操作行为。Sheng 等提出一个集成学习框架，使得机器人能够执行人机协同操作任务。此外，通过博弈论来对人机系统进行模型建立也是目前比较流行的方式。例如，Na 等研究了基于博弈论来模拟使用者的人机交互行为。更具体地说，他们利用博弈论里的史坦格均衡理论和动态优化算法，研究了无人车上驾驶员与主动前轮转向系统的交互行为和控制策略。

近年来的趋势是利用人的经验和智慧来弥补智能算法的不足。高振刚等将人工辅助决策和智能算法相结合，从而对突发情况下的轨迹规划问题进行快速反应，充分体现了人机协同的优势。目前，在很多情况下，机器直接做决策的效果已经可以和人类相媲美了，但是在应急情况下，人类做决策的能力依旧无法被取代，这也是自适应人机协同系统决策的优点。Sentouh 等利用操作者作为决策过程中的一环，机器提供现场的信息，而操作者提供处理此类信息所必需的判断能力，从而完成自适应人机协同的决策过程，能够很大程度上提升决策的正确率。人机协同控制的方法多种多样，如张蕊等使用神经网络控制，并考虑到操作者上肢在控制过程中引起的外力的影响，形成了一种人在回路的控制。人机协同控制中另一个关键的问题是人与机器控制权的切换控制。Huang 等提出，当对机器的控制需求超出操作者的能力时，可以让智能系统获取控制权，而当对机器的控制需求超出智能系统的能力范围时，系统最好将控制权移交给操作者。在陈虹等的工作中，当操作者与机器一方不能胜任控制任务时系统会将控制权强制移交给另一方，而双方均能胜任时系统会将控制权自行转移至能力更强的一方。

2.3.5 研究难点与未来建议

目前，自适应人机协同的关键技术中，由于机器的存在会影响操作者的传统认知和决策习惯，如何对人机系统下操作者的认知和决策的理论建模研究尚浅。而对于人机控制切换的研究依然缺少相关的理论基础，对发生切换的场景尚无全面的探讨。

现有的人机协同建模方法很少有将人类的情感结合到模型中的，只有少量的工作着重研究了人类心理变化与人机协同模型的关系。李慧等充分考虑人的生理和心理特性，用心理学理论辅助建立人机系统的模型，并结合人力和机器资源来促进人机协作，从而提高系统的总体效能。

人机协同的理论大部分都还是基于实验的理想环境下，但是现实世界是一个开放环境，开放环境的不确定性和脆弱性体现在混合智能的行为对其影响的不确定性、多样性和复杂性上，如何在理论上进行分析，尚需进行深入研究。混合系统如何评估自身行为的影响机理也不明确，还缺乏数据支持。这些都是人机协同理论今后需要发展的方向。

2.3.6 动态自适应人机协同的意义

现有人机协同系统高度依赖机器学习等人工智能方法，仅适用于静态环境条件，往往无法有效处理开放场景中的动态信息。另外，开放动态场景的切换可能会造成人类情境意识的下降，并进一步影响到理解能力，造成人机系统性能的下降。构造动态自适应人机协同框架，可降低现有算法在应用于人机混合增强智能的典型对象时的风险。

通过构造感知层、决策层和执行层，以实现控制权的动态分配；通过设计人机协同模型，可提升协同控制系统的主动性；通过研究人在回路的协同规划、路径规划、协同决策和协同控制，能赋予机器更高的智能化水平。动态自适应人机协同针对机器人、机械臂、智能穿戴产品与无人机等设备有着非常广泛的应用，可用于提升操作人员的状态检测以及意图辨识的准确度，最大化发挥智能系统的自主学习、自主决策、主动交互、情境感知等能力，产生可观的社会效益。

2.4 人的状态、习性、技能、具身智能(姿态)建模与预测

人机协同中，人扮演了关键的角色。因此，学习和理解人的状态、习性、技能，并实现具身智能如姿态的建模与预测非常重要。

2.4.1 人体模型构建

1. 研究内容

对于自动驾驶汽车，尤其是在城市道路上，通过动态变化的交通场景驾驶是一项极富挑战性的任务。预测周围车辆的驾驶行为在自动驾驶汽车中起着至关重要的作用。图2.4-1为驾驶人模型构建过程。在自动驾驶中，驾驶人行为模型需要充分考虑驾驶人的状态、习性、技能等先验因素。为此，需要建立普适性和个性化两种不同的人体模型。

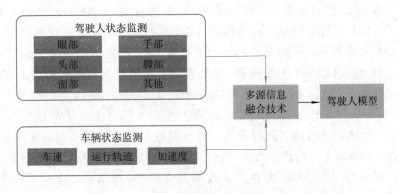

图 2.4-1　驾驶人模型构建过程

1) 普适性人体模型

针对人体建模问题，研究可调通用模型，从人体微观肌肉和人体行为决策的角度描述受控环境中的人体行为，同时考虑到受控系统的不确定性；针对驾驶行为中可完成驾驶任务的共性特征，基于控制工程理论、认知心理学和数据统计分析来提取驾驶行为中的固有属性表述与建模方法，揭示驾驶员对复杂环境的响应机理，探究影响驾驶员对驾驶任务规划与决策的内因，建立驾驶员技能学习过程模型。

此外，可将认知推理方法纳入时间序列学习模型中，通过对非结构化环境的改变进行识别以及对人的行为意向和情感进行分析，以提高对多种信息的综合和理解能力。

2) 个性化人体模型

针对在驾驶过程中驾驶员所具有的复杂性、随机性和易变性，以及驾驶状态、习性和技能等显著个性差异，研究不同场景下的驾驶员行为，包括换道、交叉口通行等其他横向和纵向的驾驶员行为以及更复杂的交通和路况，设计相应的典型工况实验。通过采集不同风格驾驶员在人—车—环境闭环系统下的驾驶数据，利用深度数据挖掘与自学习方法，进一步建立一种在线监测驾驶状态负荷的方法。另外，通过研究不同风格驾驶员的驾驶习性与技能表征，实现差异化的特征变量提取，从而形成具有个性化的驾驶员模型；针对驾驶员建模时的复杂性，建立一个有效的参数估计方法，从而降低巨大的计算成本；针对驾驶员模型中的分类问题，研究人在环回路时人机协作中通用的驾驶员分类及分类方法，构建基于海量驾驶数据的驾驶员分类模型。针对驾驶员模型的鲁棒性、稳定性问题，研究基于高斯隐马尔可夫模型（Hidden Markov Model，HMM）与混合智能学习相结合的其他模仿学习算法，促进智能驾驶系统在安全性、舒适性、人性化及个性化等性能上的全面提升。

2. 研究现状与代表研究

大多数传统的驾驶行为预测模型仅适用于特定的交通情况，不能自适应不同的情况，而且很少充分考虑先验驾驶知识。针对上述问题，Geng 等提出了一种新的场景适应方法来解决这些问题，开发了一种新颖的本体模型来对交通场景进行建模。该方法通过隐马尔可夫模型学习了驾驶行为的连续特征，然后构建了一个知识库来制定模型适应策略并根据场景的特征存储先验概率。最后，在考虑后验概率和先验概率的情况下预测目标车辆的未来行为。Geng 等所提出的方法已在自动驾驶汽车上得到评估。对于变道行为，预测时间范围可以平均延长 56%（0.76 s）。同时，长期预测精度可以提高 26% 以上。

另外，在没有足够的数据可用时，驾驶员模型自适应（Driver Model Adaptation，DMA）提供了一种对目标驾驶员进行建模的方法。传统的 DMA 方法在模型层次上运行会受到特定模型结构的限制，不能充分利用历史数据。Lu 等提出了一种新的基于迁移学习（Transfer Learning，TL）的 DMA 框架，来处理驾驶员模型在数据层的自适应问题。在所提出的 DMA 框架下，结合动态时间规整（Dynamic Time Warping，DTW）和局部普鲁克分析（Local Procrustes Analysis，LPA），提出了一种新的 TL 方法 DTW-LPA。

除此以外，个体驾驶员的驾驶行为在个性化驾驶员辅助系统中起着至关重要的作用。Wang 等提出了一种基于学习的个性化驾驶员模型，能够处理非高斯和有界的自然驾驶数据。通过将 HMM 与 BGGMM（有界广义高斯混合模型）相结合，建立了一个 BGGMM-HMM 框架来对驾驶员行为进行建模。Yang 等利用车辆传感数据来研究驾驶员在不同交通场景下的行为，通过将机器学习技术应用于驾驶行为模型的建构，探讨其在驾驶者辨识中的应用。Schnelle 等提出了一种基于人体驾驶模拟器实验的横向和纵向驾驶员模型，可以利用模型数据实现驾驶员行为的辨识。Fang 等提出了一种新颖的多人姿态估计（RMPE）框架，它由对称空间 Transformer 网络（SSTN）、参数化姿态的 NMS（Non-Maximum Suppression，非最大化抑制）和姿态导向的生成器（PGPG）三个组件组成，可以处理不准确的边界框以及进行冗余检测。Newell 等提出了一种关联嵌入方法，可以让网络同时输出检测结果和进行分组分配。该方法还可以很容易地集成到任何最先进的网络架构中，从而进行逐像素预测。

Lu 等提出并比较了三种代表路径跟踪行为的基于随机学习的个性化驾驶员模型。这三个模型的主要框架都是基于高斯过程（GP），区别在于驾驶数据的层次关系。Chen 等提出了一种基于改进的输入输出隐马尔可夫模型（IOHMM）框架的新型随机驾驶员变道模型。首先，针对传统 IOHMM 无法记忆先前数据和描述连续输出的不足加以改进。然后，基于改进的 IOHMM 框架，建立考虑驾驶员在换道过程中的意图和行为的驾驶员换道模型。它可以使用最大似然估计和广义估计最大化方法从收集的换道数据中学习模型参数。最后，将该模型应用于真实的驾驶员换道过程。经验证，该模型在预测本车未来运动情况和估计当前运动状态方面具有良好的性能。

Zhang 等提出了一种基于排队网络模型人类处理器（QN-MHP）的认知计算驱动模型。通过量化关键的警告参数（警告的提前时间、警告可靠性等）对驾驶员在警告中的表现进行评估。在联网车辆系统（CVS）中，该模型通过将其对驾驶员响应时间、响应类型以及制动和转向性能的预测与实验研究中收集的 32 名驾驶员的数据进行比较来验证。Zhao 等提出了一种改进的神经肌肉系统控制驱动模型。该模型假设驾驶员通过间接和直接控制调整方向盘角度，间接控制是指适应驾驶员感知的模型内部参数，直接控制是来自驾驶员触觉反馈的纠正措施。模型的参数来自驾驶模拟器进行的实验中收集的数据。

3. 换道模型和潜在问题

尽管驾驶员人体模型构造有以上研究进展，但驾驶员换道机动随机性大，影响因素复杂。因此，建立一个能够同时描述驾驶员换道意图和操纵行为的驾驶员换道模型具有重要意义。目前已有几种类型的模型来描述变道过程，主要关注点在于驾驶员意图和车辆轨迹预测。其中，基于规则的模型和基于离散选择的模型广泛流行，并被用于模拟微观交通。在基于规则的模型中，对换道原因的评估决定了换道的决策。基于离散选择的模型的车道变换过程由驾驶员作出的几种选择来描述。这两类模型清楚地描述了驾驶员的决策，但没有考虑驾驶员决策的随机性和可变性。为了解决这样的问题，有人提出了人工神经网络（ANN）模型，但该模型需要大量的数据而且模型参数无法解释或难以调整。

2.4.2　姿态估计研究

1. 研究内容

在人机协同的混合增强智能中，除了需要研究驾驶员的行为和意图外，具身智能也值得探索。而如果要通过具身智能来形成人机混合智能，则需要理解肢体的一些表现，如人体姿态。图 2.4-2 为具身智能里的姿态估计。人体姿态估计是针对图像或视频中人体关节（也被称为关键点，如手腕、肘部、颈部等）的定位问题，也可定义为根据图像或视频数据在所有关节姿势空间中针对相应特定姿势的检索问题。本质上，骨架是一组坐标点，可以连接起来以描述人的位置及姿势。骨架中的每一个坐标点可代表相应的人体关节（或关节、关键点），两个坐标点之间的有效连接可代表相对的人体肢体。因此，对人体骨架关键点的检索可以等效于获取图像或视频中人体的姿态信息。

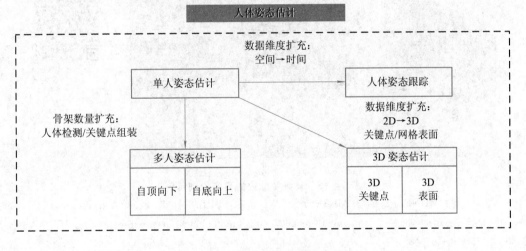

图 2.4-2　具身智能里的姿态估计

2. 研究现状与代表研究

Insafutdinov 等和 Gong 等对未实施基于深度学习的方法的人体姿态估计模型进行了广泛调研。"DeepPose"是第一篇将深度学习应用于人体姿态估计的重要研究文章，其作者 Zhang 等将 AlexNet 的网络架构实现为骨干架构，由五个卷积层、两个全连接层和一个 Softmax 分类器组成，这是第一个流行的骨干架构。在引入 AlexNet 之后，其他机器学习算法如 R-CNN、Fast R-CNN、FPN、Faster R-CNN 和 Mask R-CNN 都被使用作为其他人体姿态估计研究的骨干架构。第二个流行的骨干架构是 VGG。尽管 AlexNet 和 VGG 已经使用了一段时间，但最近在人体姿态估计方面的大多数研究一直在使用 ResNet 作为骨干架构。它不仅解决了梯度消失的问题，而且具有更高的准确性。

关于人体姿态估计的方法很多。举例来说，Shin 等提出了一种手势深度学习系统，即从显示深度信息的输入图像中识别手部姿势的估计。该系统使用卷积神经网络在手掌关节和指尖的帮助下检测 3D 手势，并且分析了二维关节和指尖的位置并确定了深度信息。从实验结果来看，该系统能够从 2D 手部图像中准确估计深度信息。

Wang 等提出了一种简单而有效的自监督学习机制，从丰富的图像中学习人体姿势的所有内在结构。具体来说，该机制涉及两个双重学习任务，即 2D 到 3D 姿态转换和 3D 到 2D 姿态投影。

Yang 等提出了一种基于视觉辅助的实时 3D 人体姿态估计系统 RFID-Pose，对 RFID 相位数据进行校准以缓解相位失真，并采用高精度张量补全丢失的 RFID 数据，然后估计每个肢体的空间旋转角度，并利用旋转角度通过正向运动学技术实时进行人体姿态的重建，其具体示例见图 2.4-3（可扫码看彩图。后同）。

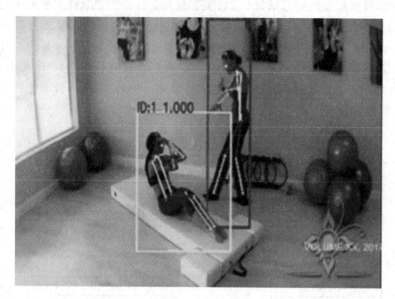

图 2.4-3　具身智能中的姿态识别示例

（图片来源：MUNEA T L，JEMBRE Y Z，WELDEGEBRIEL H T，et al. The progress of human pose estimation：A survey and taxonomy of models applied in 2D human pose estimation[J]. IEEE Access，2020，8：133330-133348.）

研究人体姿态中的常用数据集包括 MPII human pose dataset、COCO 和 LSP，其中以 COCO 和 MPII 使用最多。COCO 是一个非常著名的数据集，它拥有大量的图像。根据数据的来源及姿态估计的目标，人体姿态估计可以细化分解为四个任务：单人姿态估计、多人姿态估计、人体姿态跟踪和 3D 人体姿态估计。

（1）单人姿态估计任务为根据输入人体图像识别所有人体关键点。在深度学习时代，单人姿态估计任务常见的流程为：输入一张含有人体肢体的图片，通过端到端的神经网络输出成比例的空间热度图（通道数为关键点个数），在热度图上进行检索确定关键点位置。经典方法有通过多个子网络进行关键点粗提取到微调的 CPM（Convolutional Pose Machine，卷积姿态机）结合（hourglass）沙漏映射和 U 型网络等。目前在理想环境下，其识别准确度已经趋于饱和。

（2）多人姿态估计任务为识别图中多个行人所有关键点，并进行准确的行人关键点组合。该任务存在自顶向下和自底向上两种方法。

　　① 自顶向下方法：先通过人体检测器识别所有行人位置，再分而治之进行单人姿态估计。其优点在于可直接使用目前较为成熟的单人姿态估计方法，通过个体分割避免关键点的错误组装，单人姿态估计时可利用人体空间特征更精确地寻找关键点，普遍被认为潜力较大。其缺点主要有三方面：其一，如果个体检测任务失败，则后续任务无法完成；其二，模型容易受到目标附近的其他人干扰；其三，其计算量要取决于图像中的人数（见图 2.4-4）。它的运行时间与人数成正比，这意味着对于每次检测，都会运行一个单人姿势估计器。其经典方法包括基于级联式金字塔的 CPN（Cascaded Pyramid Network）、多阶段金字塔网络 MSPN（Multi-stage Pyramid Network）、保留最大解析度进行缩放的 HRNET（High-resolution Network）、高精度实时识别的 AlphaPose 等。

图 2.4-4　具身智能中的多姿态识别示例

　　（图片来源：MUNEA T L, JEMBRE Y Z, WELDEGEBRIEL H T, et al. The progress of human pose estimation: A survey and taxonomy of models applied in 2D human pose estimation[J]. IEEE Access, 2020, 8: 133330-133348.）

　　② 自底向上方法：先寻找图中所有人体关键点再进行精确组装。其优点有：第一，无须人体检测器即可实现多人识别；第二，处理速度不随场景中人数的增多而明显变慢；第三，对肢体遮挡及高密度人群识别等复杂应用场景适用性更好。其缺点为：当人们之间存在大量重叠时，自底向上的方法在对身体部位进行分组时较困难。其经典方法包括采用有向场进行关键点组装的 OpenPose、基于沙漏映射的关联嵌入的（Associative Embedding）、基于关键点组合优化的 DeeperCut 等。

　　（3）人体姿态跟踪任务是数据来源从图像扩展到视频的结果。该任务为对于连续视频中所有行人进行肢体关键点的连续跟踪。相较于仅需识别大体位置的行人跟踪任务，人体姿态跟踪任务的难点在于人体运动带来的关键点会大幅移动（如行走中摆手导致的手部关键点的大幅度摆动同人体总运动趋势存在大幅差异）。针对这一问题，可考虑采用上一帧继承和相似度约束人体关联的 SimplePose 等方法来解决。

（4）3D 人体姿态估计是数据从 2D 平面图像视频数据扩展到 3D 立体数据的结果，难点在于 3D 维度提升带来的数据规模处理和人体模型建模的问题。该工作存在两个分支。第一个是给出人体的 3D 关键点。相比之前的 2D 关键点，这里需要给出每个点的 3D 位置。相关工作中，有将 3D 关键点提取分解为 2D 关键点提取和 3D 投影的，以及利用 2D 特征补全 3D 关键点的。第二个是给出人体的 3D 表面，可认为是更稠密的骨架信息，相关工作有 Densepose 等。

人体姿态估计的应用分布在监控安防、人机交互、医疗保健、体育运动、娱乐应用等多个领域。具体的应用场景包括：复杂场景下（如机场、火车站等）和步态识别技术结合实现行人跟踪与行为判断、不同姿态的穿衣人物合成、自动驾驶领域中的行人意图判断、运动员动作建模与训练指导、婴幼儿与老年人异常行为识别与护理、癫痫的早期发现、手势识别与操控、体感游戏与照片瘦身应用等。随着相关技术从实验室走向工业应用，人体姿态估计逐渐成为人机协同混合智能的一个重要领域，是人机协同方式从笨重控制设备与复杂抽象控制指令走向端到端的手势姿态控制的先决条件。

此外，具身智能不应局限于某种特定的数据类型，理想的具身智能应对不同类型的数据都具备较好的处理和理解能力。因此，人体姿态识别与分析不能只局限于基于骨架提取的行为分析，基于人体行为的图像、视频数据直接进行行为分析与理解也是一个必要且可行的研究方向，如基于外观特征的步态识别。将人体行走图片数据作为输入，提取其中蕴含的步态特征，再通过特征匹配，即能做到身份识别。

步态识别的先驱工作聚焦于步态的特征表达，用模板函数处理步态剪影序列生成特定的步态模板。常见的步态特征模板包括 GEI（Gait Energy Image）、GEnI（Gait Entropy Image）以及 CGI（Chrono Gait Image）等。由于对不同的剪影序列采用相同的模板函数进行处理，因此步态特征的获取对不同剪影数据的自适应性较差。通过拟合训练数据的方式，基于深度学习的特征提取方式能提取到更适用于数据自身特点的特征。巢汉青等提出的步态集合（GaitSet）将步态剪影序列看作一个图像集合，从图像集合中直接学习步态表达。该方法可以充分利用 CNN 的强大学习能力，将整个步态剪影序列的每一帧都作为训练样本。另外，该方法避免了 GEI 中存在的信息损失问题，通过遍历整个图像集合学习不同剪影之间的差异，获取不同个体的行走特征，在多个公开数据集上取得了较好性能。在 2021 年的远距离身份认证比赛（TC4 Competition and Workshop on Human Identification at a Distance）中，GaitSet 被多支队伍采用，前 6 名中，第 2～5 名均采用了基于该网络的方法。GaitSet 的较好性能，证明了通过小片段序列学习步态特征的可能性。

3. 存在问题

人体姿态估计的主要难点可分为主观人体和客观环境两个方面。前者包含人物数目不确定、人物位置不一定、人物尺寸不稳定、肢体遮挡、肢体连接的非刚性、关节大小差异（如人体颈部同手指指节的大小差异）等由人体姿态动作特点及身体特质带来的问题；后者包含服装携带物遮挡、照明及可视度变化、由环境或人群带来的肢体遮挡等客观环境问题。

对于恢复 3D 人体姿态而言，大多数现有方法都侧重于设计一些复杂的约束条件，以根据相应的 2D 人体姿态感知特征或 2D 姿态直接回归预测 3D 人体姿态。然而，由于用于训练的 3D 姿态数据不足以及 2D 空间和 3D 空间之间存在域差距，因此这些方法较难扩展到实际场景。

2.5 脑机接口与脑神经媒体组学

除了人在回路的方式外，人机协同混合增强智能的另一实现途径是基于认知计算的混合增强智能，它依赖于脑机接口和对大脑感知认识方面的进展与突破。其中，脑机接口技术通过对人类的脑神经活动信号进行编解码，构建了人脑与外部世界的双向连接通路。脑机接口接收到的数据在来源上往往比较丰富，且差异大，但或多或少与视听觉相关。因此，可将这些数据的合集笼统称为"多媒体数据"。

多媒体数据形式上多源异构、语义上相互关联，因此，如何综合利用多媒体数据缩短异构鸿沟和语义鸿沟，是促进人机协同混合增强智能研究亟须解决的关键挑战之一。通过脑神经媒体组学，探究如何实现计算机对多媒体内容达到接近人脑认知的语义级理解水平，将实现脑认知神经科学与多媒体信息技术的跨领域交叉研究。而脑机存算一体技术探究了如何采用新型架构对人机混合知识进行计算存储的问题。精准安全脑机则希望进一步融合生物智能和机器智能，实现更安全可靠的混合智能脑机。

本节主要介绍脑机接口与类脑智能、脑神经媒体组学、脑机存算一体技术、精准安全脑机及脑机接口的意义。

2.5.1 脑机接口与类脑智能

目前许多国家都在抓紧脚步开展"脑计划"，如欧盟的 Human Brain Project（HBP，2013）、美国的 Human Connectom Project（HCP，2010）和 BRAIN Initiative（2013）、日本的 Brain/MINDS（2014）、中国的 ChinaBRAIN Project（2015）等。研究者致力于探索如何用"连接脑"取代"模仿脑"，将大脑与机器连接起来实现协同工作。其中，脑机接口技术是实现连接人类大脑与机器的关键技术，其通过对人类的脑神经活动信号进行编解码，继而构建人脑与外部世界的连接通路。

早在 20 世纪末就有关于脑机接口的相关研究，但近些年才逐渐进入大众视野。1999年，来自哈佛大学的 Garrett Stanley 曾试图通过猫的脑电信号来重构图像，并获得了非常不错的成果。自那时起，利用各种脑电信号进行脑机接口研究的论文便不断涌现。比如通过内源性光源成像、功能磁共振成像、双光子成像、多通道电生理记录等方法可以实现从大脑到机器的信号传递；通过光遗传刺激、聚焦超声波刺激、微电刺激可以实现从机器到大脑的信号传递。近年来，脑机接口所使用的传感器已从一开始较为笨重庞大的款式逐渐发展为微型化的、柔性的、低功耗的传感器。2020 年，埃隆·马斯克旗下的脑机接口公司 Neuralink 发布了一款有 1024 个通道的脑机接口芯片，并在发布会上向公众展示了植入该芯片的三只小猪以及芯片的运作情况，该装置实现了对猪行为轨迹的精准预测。

脑机接口提供了一种人脑到机器的通信方式，让两者连接到一起，有潜力实现人机协同的信息和知识的传递。这种传递是双向的，不仅可以从机器监测大脑活动，读取大脑与特定行为相关的信号，还可以将机器上的外部信息反过来传递给大脑。实现这种双向信息传递之后，我们就可以将大脑与现有的信息系统连接到一起，超越原来机器互联的互联网以及万物互联的物联网，进化到大脑互联的"脑联网"。

脑机接口系统的运行流程如图 2.5-1 所示，具体流程如下：

（1）利用侵入或非侵入式设备，脑信号采集模块利用光电采集并实时传输脑神经活动信号。

（2）脑神经信号分析模块结合机器学习与信号处理方法对神经信号进行编码，从神经信号中提取关键特征。

（3）应用模块将神经信号转译为机器指令，实现对接具体的脑机应用。

（4）反馈模块获得环境反馈信息后再作用于大脑。

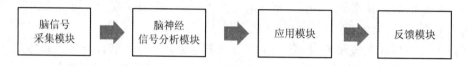

图 2.5-1 脑机接口的运行流程

通过以上四个模块的有机组合，最终可实现脑机接口应用。近年来，基于多模态深度学习算法实现的脑神经信号分析模块在多模态情感脑机接口的基础上也产生了很多有代表性的应用，如结合脑电等生理信号与视频等外部行为信号进行更为鲁棒的情绪识别，基于脑机接口的工作负荷检测和抑郁症客观评估系统等。

机器与人脑有各自擅长的优势领域，机器拥有海量的存储、快速搜索和计算的能力，而人脑拥有强大的感知能力、丰富的常识系统和成熟的归纳演绎推理能力。此时，脑机接口使得人机协同地混合增加智能成为可能，生物智能与机器智能融合后，可以产生一个更加强大的人机协同新智能形态，如图 2.5-2 所示。换句话说，脑机接口可以利用机器实现对人类大脑原有功能的强化，通过将机器上的外部信息传递给大脑或读取大脑相应的反馈，增强或恢复大脑原有的感知、决策、认知、行为等能力。

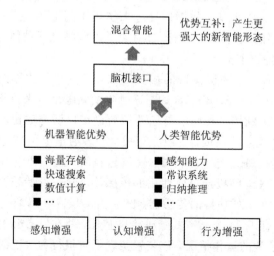

图 2.5-2 人脑混合智能新形态

在感知方面，机器智能可以帮助生物智能增强感知或恢复能力，比如通过机器智能增强老鼠的听视觉感知能力，实现老鼠在环境中的精确导航，或通过机器智能帮助脊髓受损的病人恢复手部知觉。在认知方面，机器智能能够改变、增强生物智能的认知能力，包括记忆、学习能力等。早在 2013 年，科学家就成功在老鼠的大脑中植入了一段虚假的记忆。另外，来自浙江大学潘纲教授的团队在 2016 年完成了一项通过机器智能增强老鼠学习能力的实验，实验证明混合智能的老鼠表现出了更好的迷宫探索能力。在行为方面，机器智能能够帮助生物智能通过意念控制机器，达到增强、恢复生物原本行为能力的效果。浙江大学的研究团队在 2012 年成功实现让猴子通过脑信号控制机械手臂完成抓、握、勾、捏四种手部动作。美国一位四肢瘫痪 15 年的患者通过意念控制机械手，完成了抓取杯子并喝水的行为。2019 年，来自加州大学的研究团队实现了一种神经解码器，通过解析人类说话时的运动学大脑皮层信号以及声音表征，成功将脑电信号转变为可理解的合成语音，并能够以流利的速度输出，准确率达到 90%。2021 年，来自斯坦福大学的研究团队在瘫痪患者的大脑植入了微电极阵列，解析出患者手部书写时的神经运动信号，实时翻译为文字，实现了快速的脑机通信，输出的速度达到惊人的 90 个字符每分钟。

脑机混合智能目前仍存在诸多挑战，包括：如何实时、高通量地获取稳定的脑信号；如何寻找和制造能与生物体长期兼容的电极材料；如何建立神经信号对不同功能脑区信号的编码理论研究；如何解析涉及多脑区功能产生的脑电信号以及如何融合多种脑电信号，完成一个具备更多功能、更为通用的脑机混合智能应用。

未来脑机接口技术仍是打破人机壁垒、实现人机协同混合增强智能的有效手段，可能值得探索的包括但不限于以下技术：

（1）基于便携可穿戴设备的鲁棒脑信号提取：对于脑信号采集，综合成本与安全性的考虑非侵入式的头皮脑电信号（EGG）是目前最主流的信号采集方式。然而，由于复杂脑内外环境和设备的干扰，EEG 常受限于精度而难以实际落地。因此，通过结合深度鲁棒性学习方法解决嘈杂环境下的关键特征提取，可能是增强便携设备的脑信号提取，以及与未来大规模脑机接口落地的重要突破口。

（2）基于人机智能融合框架的混合脑机接口：目前的主要研究路线是将脑机接口的人机共享控制系统分解为人和智能机器两个部分。尽管分离式设计可以大幅降低共享控制系统的难度，但人机共生的关系会因为分离再融合而得不到好的体现。因此，在未来的研究中，设计更为灵巧的人机智能融合结构或框架将是值得研究的方向。另外，在设计过程中，也应该考虑人的影响以及不同人的作用等因素，以实现更高层次的人机混合智能。

（3）基于群体脑机接口的多智能体共享控制：由于现有技术条件的限制，人机协作技术在现阶段以单智能体为主来进行，而现实世界中许多任务需要多个智能体之间通过彼此合作来完成。现在基于脑机的多智能体共享控制方法还处于初级阶段，如何克服多智能体的系统规模大、复杂度高与不确定强等问题，实现基于脑机接口的多智能体共享控制以及群体脑机接口都是未来的热点研究方向。

（4）侵入式的芯片植入技术：Neuralink 的大脑芯片目前已对小猪和猴子进行了植入实验。安装 Neuralink 装置的实验有望推广至有严重脊髓损伤，如四肢瘫痪的人身上。另外，对于那些患有帕金森症的病人，也可以通过植入芯片的电信号来刺激瘫痪者的大脑，并通过提取脑部的思想活动来控制身体运动与操控机器，从而在医疗技术领域实现颠覆性的创新。

2.5.2 脑神经媒体组学

数字技术的进步伴随着海量多媒体数据的出现，多媒体将文本、图像、语音、视频等数据形式紧密混合为一体，使得多媒体数据多源异构且关联复杂。如何让计算机对多媒体数据进行语义分析和关联建模，从而理解语义内容，进一步促进通用人工智能的研究，是当前人机协同混合智能大规模应用领域的重要研究课题之一。

然而，计算机获取的底层视听觉特征，仍无法准确表达多媒体中蕴含的高层语义信息。这一直阻碍着人机协同方向的发展。另外，认知科学研究指出，大脑的生理组织结构决定了它对外界的感知和认知是融合多种模态信息的处理过程。已有研究尝试通过利用脑成像技术记录大脑功能活动区，来量化多媒体理解过程中的脑功能区响应，并利用其中包含的语义信息来指导计算机对多媒体信息的理解。同时，多媒体智能的发展也有助于脑科学研究取得新的突破，如通过设计多媒体或自然刺激下的神经编解码模型，来研究大脑的工作机理。

多媒体内容理解主要面临两大挑战：一是异构鸿沟，指图像、音视频等不同数据的来源、类型和特征表示方式不同，难以统一表征；二是语义鸿沟，指多媒体数据表征和人的认知之间存在差异。因此，如何综合利用多媒体数据，借鉴生物的跨媒体信息表达和处理机制，突破异构鸿沟和语义鸿沟难题，是多媒体内容理解研究亟须解决的关键挑战。

人脑是多媒体信息内容理解的最终判定者，脑科学技术的发展使得人们得以利用非侵入的磁共振功能成像技术（如 fMRI，即功能性核磁共振仪）记录大脑在观看多媒体信息时的活动，这种脑功能活动包含大脑的语义层理解信息。脑神经媒体组学是一个新兴的研究方向，它通过多媒体刺激下 fMRI 图像数据分析获得反映脑功能认知的可计算特征，并利用机器学习理论，实现大脑反应信息对多媒体视听觉特征的指导、优化和融合，以提高计算机对于多媒体内容的理解能力，从而实现脑认知神经科学与多媒体信息技术的跨领域交叉研究。

脑神经媒体组学研究主要涉及以下三个关键技术：

（1）定位参与多媒体理解的脑功能区。传统脑网络空间分辨率过低，难以满足对大脑的结构和功能描述以及对实施多媒体刺激后刻画内容的需求，因此需要构建高分辨率脑网络。西北工业大学韩军伟教授研究组和美国佐治亚大学研究组联合开发了大脑皮层地标定位系统——DICCCOL（Dense Individualize Common Connectivity-based Cortical Landmarks）。他们利用发现的共性纤维连接端点作为节点，构造有 358 个节点的脑网络，通过纤维模式形状表示对应的功能，实现了高密度、个性化网络节点的精确定位，为有效量化多媒体理解过程中的大脑网络响应提供了保障。

（2）提取多媒体理解的脑功能特征。目前研究人员主要提出了两种脑功能特征：① 通过计算相关性来获取脑区功能连接矩阵，得到的特征能够有效地辨识不同类型的视频；② 利用统计学中的因果分析方法（如 GES、PC 等算法）和贝叶斯理论等分析网络节点间的功能连接，选择在多个个体中一致性较高的连接作为特征。

（3）利用机器学习方法实现脑功能特征对多媒体底层特征的指导和优化。通过指导和优化策略将脑认知信息嵌入多媒体计算方法中，可以提高机器对多媒体内容语义层的理解能力。研究者利用典型相关分析最大化两个特征空间的相关性，实现视频可记忆度预测；

利用高斯过程回归模型(Gaussian Processing Regression，GPR)达到底层视听觉特征空间到脑功能特征空间的映射，实现海量图像的高效检索。

　　脑神经媒体组学研究主要是利用脑科学的研究成果来指导计算机科学的发展，它的基本框架如图 2.5-3 所示。例如，通过提取大脑特定的功能响应区中的脑功能特征，和计算机提取的底层视听觉特征融合在一起得到联合特征，来指导和优化计算机的算法模型，在一定程度上缓解了多媒体内容理解的语义鸿沟问题，启发我们从新的视角认识类脑计算。当前该研究已经在视频分类、视频记忆度预测等方面取得了重要成果。

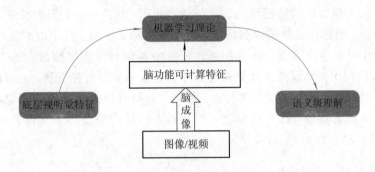

图 2.5-3　脑神经媒体组学基本框架

　　另外，计算机科学研究也能给脑科学研究提供新的线索和启发。近年来，研究人员主要关注于多媒体刺激下神经编解码模型设计，旨在实现大脑理解多媒体工作机制的初步探索，主要表现在以下几方面：

　　(1) 在小脑认知功能探索中，Vinh 等人的研究发现在自然刺激下，小脑 H Ⅷ b/HIX 和 Crus Ⅰ/Ⅱ在视觉注意和情感感知中有重要作用。

　　(2) 在音频特征的脑功能映射与评价研究中，Zhao 等人指出不同类型的音频有其对应的脑功能特征。

　　(3) 在视觉显著性感知的脑功能网络研究中，传统方法一般将"自顶向下"的任务驱动和"自底向上"的刺激驱动独立研究。但在自然环境下，影响视觉显著性的因素很多，单一的任务设计往往难以考虑到所有方面。因此，研究人员开始利用自然范式下的 fMRI 进行脑功能网络的构建，如 Hu 等提出基于两层深度信念网络的 fMRI 特征提取。总的来说，通过基于数据驱动的方式研究大脑的工作机理，脑神经编解码技术既为类脑计算提供了基础，也为深度学习算法提供了理论依据和可解释性。

　　不过，破译大脑理解多媒体技术仍是促进人机协同混合增强智能发展，探索实现通用人工智能的必然道路。所以，未来值得进一步探索研究的方面有：

　　(1) 国际公认的自然刺激处理流程。新兴的自然范式(多媒体刺激)fMRI 具有丰富的刺激类型，利用音视频等自然刺激模拟人脑在日常生活中的认知环境，可以激发传统任务范式间歇性刺激难以激活的认知活动(如情境记忆和空间导航等)，但刺激种类丰富的同时也使得刺激处理流程更复杂和难以控制，需要进一步探究更加成熟的国际公认的自然刺激处理范式。

　　(2) 多媒体认知推理。认知推理是实现大数据到知识，再到智能的关键。而当前多媒体智能系统更多的是基于数据驱动的统计学习方法，仅初步实现了针对图像、文本、语音等的感知和识别，需要进一步探究如何以模仿、顿悟和直觉等弱形式化方法学习非符号知识和经验，推进统计与知识推理与脑认知的融合，提高模型的可解释性与健壮性。例如，利用知识图谱将人的常识知识和推理逻辑与深度学习方法结合，通过将表示学习与图神经网络结合起来，来实现多媒体认知智能。

（3）小样本学习与无监督学习。当前基于数据驱动的深度学习方法大多需要大规模标注数据集，而人类在具备一定的知识储备后，可以通过少量的样本快速学习新知识。受此启发，通过利用来自数据、模型、算法等方面的先验知识，小样本学习致力于解决仅包含少量具有监督信息样本的新任务。这为小样本条件下学习多媒体数据知识提供了新思路。其采用的技术与人机协同的特征统一表征与学习相同。更进一步，无监督学习不需要人工标注的标签信息，通过挖掘数据内在特征，发现样本间的关系。其中以对比学习为代表的自监督学习近年来在多项视觉、语言和语音任务中都取得了重要突破（如 CLIP、ALBEF 等）。因此，可以利用辅助任务从大规模的无标签数据中挖掘监督信息，进行网络训练，从而学习到更丰富的语义表征解决下游任务。所以，如何利用人类的先验知识，指导无监督条件下的多媒体语义理解，提高模型泛化性，是人机协同混合增强智能值得关注的研究方向。

2.5.3 脑机存算一体技术

脑机存算一体技术是采用新型架构对人机混合知识进行计算存储的研究方向。与传统的计算机架构不同，脑机存算一体技术考虑了更多非冯·诺依曼的架构来实现人机协同知识的计算存储框架，如类脑计算、基于忆阻器的存算一体技术等。

1. 类脑计算

类脑计算（Brain-inspired Computing）是仿照生物神经系统的生理结构和内部处理信息的模式来实现数据的存储与计算。该技术集完备的计算理论体系结构、精密的芯片工艺设计以及可信的算法与应用模型于一身，是以神经元和神经突触为基本单元，从结构和功能等方面模拟生物神经系统，进而构建"人造超级大脑"的新型计算形态，其系统如图 2.5 - 4 所示。这也是混合智能协同计算中的重要一环。因此，需要设计一种具有理解、推理、决策、想象等像人脑一样或类似的生物智能，并与高效的搜索、计算、存储等机器智能混合的新一代超级计算机。

图 2.5 - 4　类脑计算系统

经典计算机的架构可追溯至 1945 年科学家冯·诺依曼以大脑为参考提出的冯·诺依曼体系结构。1948 年"人工智能之父"艾伦·图灵提出了用类神经元网络方式构建现代计算机的设想。随着近年来类脑计算的兴起，新型计算机架构不断取得进展，如 2020 年浙江大学牵头成功研制了亿级神经元类脑计算机，这为人类展示了虚拟脑与生物脑相融合的计算前景。

类脑计算中对芯片的设计有两种不同的发展路线。一种依旧是基于冯·诺依曼架构的网络加速器芯片，通过软件来模拟实现神经网络，在串行控制模式下尽可能地设计并行的计算来提升计算效率。另一种则是基于神经形态的新型计算芯片，通过硬件来实现神经网络。它从结构上更像人脑，可以进行大规模的并行计算来获得高能效，同时支持脉冲神经网络。神经形态器件的优势是具有更高的集成密度、更高能效以及基于物理的仿生信息处理能力。

通过模仿大脑结构构建的新一代类脑计算体系有机地结合了计算机和人脑，将其各自在处理信息时的优势互补，有望突破经典的冯·诺依曼体系架构下存储器没有计算能力的限制，实现超大规模的存算一体和低功耗的类脑计算系统，让结构、性能逼近人脑的"人造超级大脑"成为可能。

例如：欧洲人脑计划 SpiNNaker 项目用 100 万个 ARM 微处理器创造出了第一个大规模（约占人脑的 1%）且低功耗的类脑计算模型，可模仿人类大脑中神经元信号的实时传递；IBM 研究团队基于数字 CMOS 设计研发了 TrueNorth 芯片，工艺上达到了 28 nm，拥有大约 100 万个神经元和 2.56 亿个突触；德国研究团队将大量晶片集成在大型硅片上研发了 BrainScaleS，每片晶圆上约有 20 万个神经元和 4900 万个突触；Intel 研发了基于 14 nm CMOS 的 Loihi 芯片，拥有 13.1 万个神经元，在解决图形搜索等较难的优化问题时速度比 CPU 提高 100 倍，但功耗只有 CPU 的 1/1000；瑞士 ETH 和 UZH 研究团队研发了 ROLLS 神经形态处理器，每一个处理器包含 256 个神经元，利用半导体物理来实现高效的神经计算；清华大学研究团队自主研发的 Tianjic 芯片混合了 ANN 和 SNN 的结构，由第一代"天机芯"的 110 nm 制程到第二代 28 nm 的制程，相比于 IBM 的 TrueNorth 芯片，拥有更全面的功能，速度提高了 10%，带宽至少提高了 100 倍，密度提升了 20%，灵活性及可扩展性更强，拥有 4 万个神经元和 1000 万个突触，该成果也被《自然》杂志作为封面文章发表，是世界上首个同时支持脉冲神经网络和人工神经网络的人工智能芯片，也为通用人工智能（Artificial General Intelligence，AGI）的发展打下了坚实基础。

类脑研究发展迅猛，但总体仍处于起步阶段。我国于 2021 年正式启动科技创新 2030——"脑科学与类脑研究"重大项目，将大力开展类脑研究。要实现构建"人造超级大脑"的目标，还需突破多个难点。一方面，世界上单颗类脑芯片仅停留在百万级神经元规模，最大的类脑计算系统也只达到了亿级神经元，而一只小老鼠的大脑神经元数量就达到了 1 亿左右，人脑的神经元数量更是有 600 亿至 1000 亿之多。总体上，基于硬件的类脑计算过程模拟与真实大脑相比仍有较大差距，运算机制和算法研究仍有较大探究空间。它需要进一步融合认知科学、神经及遗传科学、计算机科学和社会学等学科交叉，通过逆向工程推进类脑芯片研究进展，同时加强类脑芯片研制用单晶硅、忆阻器等关键材料对人工神经网络逻辑完备性、计算复杂性、级联、可重构性的影响机制研究。另一方面，人类对大脑神经元如何编码、转导和储存神经信息有较多了解，但尚不了解神经信息如何产生感知觉、情绪、决策和语言等大脑高级认知功能。因此，未来类脑计算的研究仍需多考虑神经模型的结构与设计、计算体系结构、类脑芯片元器件与相应的仿真基础软件设计、基本的自主学习算法与应用等，从这些方面形成进一步突破。

2. 基于忆阻器的存算一体技术

近年来人工智能的发展离不开算力的显著提升，因为只有充足的计算资源才能保证一个模型在海量数据上得到训练。算力的改善与人工智能的历史是如影相随的。

1956 年，包含 512 个运算单元的神经计算机 Mark 1 问世，这是人类历史上第一台基于感知机的神经计算机。1965 年，Gordon Moore 提出了摩尔定律，对芯片性能的发展提出了预测：集成电路芯片上所集成的晶体管的数量每隔 18 个月便会增加一倍。1980 年，以知识库和推理机为子系统的专家系统投入使用。基于当时的主流人工智能编程语言 LISP，运行相应程序的计算机芯片和存储设备被广泛研发制造。1999 年，第一块 GPU Nvidia GeForce 256 问世，算力可达 50 GFLOP。随着 GPU 运算速度的提升，深度学习模型的实现变得可能。2012 年，Geoffrey Hinton 和 Alex Krizhevsky 提出的 AlexNet 在 ImageNet 竞赛中获得冠军。2016 年的一次围棋竞技中，拥有 176 颗 GPU 和 1202 颗 CPU 的 Alpha Go 战胜人类。随着 GPU 算力的提升，人工智能模型的能力逐步增强。

但是，对算力增长的需求并不是始终能得到硬件的支持的。近年来，随着算力实际提升速度逐渐变缓，描述算力增长速度的经典摩尔定律已不再适用。人工智能的硬件平台面临着算力不足和能效过低两大艰巨挑战。

一个原因是，从手机计算机到超级计算机等现代设备，本质上都是存算分离的图灵机。这些现代计算设备的基本计算单元是晶体管。晶体管用"0"和"1"完成各种布尔逻辑运算。晶体管组合形成各种基本的逻辑门单元，成千上万个逻辑门可以组合成复杂的计算单元。晶体管的出现，成为可以代替真空管在电路中功能的元器件，使得集成电路成为可能。集成电路的发展过程中，晶体管数量在不断增多：1971 年，Intel 4004 含 2250 个晶体管；1978 年，Intel 8086 含 3 万个晶体管；1982 年，Intel 80286 含 13 万个晶体管；1989 年，Intel 80486 含 118 万个晶体管；1999 年，AMD K7 含 2200 万个晶体管；2007 年，IBM POWER 6 含 8 亿个晶体管；2017 年，Apple A11 含 43 亿个晶体管；2019 年，华为麒麟 900 含 103 亿个晶体管。集成电路上的晶体管数量在持续增长的同时，晶体管也持续向更小的外观尺寸方向发展：1993 年可实现 $0.6~\mu m$ 工艺，21 世纪初实现了 90 nm 工艺，2009 年实现了 32 nm 工艺；2019 年工艺精度达到了 7 nm，2020 年实现了 5 nm 工艺。集成电路技术的快速发展推动了算力的持续提升。然而，随着先进制程不断微缩，晶体管尺寸受单位面积损耗和制造成本的约束，尺寸缩小逐渐变难。另一方面，绝大多数计算设备都是基于冯·诺依曼架构的，即由运算器、存储器、控制器、输入/输出等基本单元构成。基于冯·诺依曼架构的存算分离模式，在当时来看极大简化了计算机的设计。但由于存储速度远低于计算速度，"存储墙"和"功耗墙"制约了基于存算分离架构系统的发展，未来的目标必然是提升系统算力和能效。

因为传统计算芯片的算力难以满足人工智能对计算的需求，为突破芯片算力瓶颈，在传统计算机架构基础上，多核 CPU/GPU 被研发出来。在运算与内存的关系上，逐步有了近存计算、存内计算和存算一体等算力提升方式。尤其是新型的存算一体芯片期望通过模拟生物大脑的结构和信息处理机制，对器件、电路、架构和算法之间进行协同优化，以显著提高计算效率，在存算一体上实现高算力、高能效计算。所以，突破冯·诺依曼架构的存算一体芯片设计，被认为是当今及未来在算力提升方面的一项重大技术。

忆阻器是存算一体技术中常用器件之一，其电导随脉冲个数的变化而变化，对过去电流和电压之间的关系具有记忆功能，具有非易失、多比特、低功耗的优势。在忆阻器制备成功之前，早期具有学习能力的神经网络是基于可变电阻的。例如：贝尔实验室制造出了由固定电阻构成的神经网络集成电路；加州理工学院的 Mead 等提出了神经形态芯片的概念，通过 CMOS 电路来实现脉冲功能。从时间线来看，1971 年，蔡少棠教授从理论层面外推了对称的非线性电阻、非线性电容和非线性电感之间的概念，从数学一般性的角度推断，忆阻器可以作为一个类似于基本非线性电路元件，连接磁链和电荷；2008 年，惠普实验室首次实验制备忆阻器；2010 年密歇根大学的卢伟教授提出了电子突触，首次实现了非易失连续阻变；2013 年，斯坦福大学的 Wong 等研制出了高速低功耗忆阻器；2017 年，马萨诸塞大学的 Yang 等研究了扩散型忆阻器；2018 年，Strukov 团队构建出忆阻多层感知器网络。

在存算一体架构中采用忆阻器，可以实现基于物理定律的计算方式，增强芯片算力，有益于提升以向量与矩阵乘法为主的人工智能算法的计算效率。2015—2018 年，国际多个团队发表了在存算一体机制上的探索成果。2015 年 UCSB 提出的 12×12 阵列，可以实现 3 个字母的识别任务。2018 年，清华大学实现了 128×8 阵列，能够演示人脸识别；密歇根大学提出了 32×32 阵列，能够演示稀疏编码；中科院微电子所也提出了三维垂直忆阻器阵列来演示三维卷积核的计算。

与传统冯·诺依曼架构中处理器、内存和外存之间依次传递数据的方式不同，存算一体架构采取的是多个存算一体阵列。截至 2018 年，在忆阻器器件开发和存算一体的新计算范式两个方面都取得了突破性的进展，但在完整的存算一体芯片和系统方面仍需突破。

一个困难的地方是，存算一体的新范式是模拟计算，其精度受到复杂机制的影响，无法保证高精度计算的实现。为了解决忆阻器精度不准确的问题，清华大学的吴华强团队提出热交换层和叠层结构的新器件，抑制了忆阻器的离散性和不稳定性，实现了阻态的精准调制。这种新结构可在忆阻器上同时实现多阻态调整、电阻态长时间保持和地工作电流。

忆阻电路设计的核心挑战是：由于源线上累加的电流过大，导致导线电阻上的电压降落变换显著。为解决电压降的问题，清华大学的吴华强团队提出了新型 2T2R 的融合型阵列架构，可将阵列集成规模提升一个数量级，同时大幅减小位线电流。输出电流的相对误差由原来的超过 4% 降为 0.2% 以下，推理计算能效达到 78.4 TOPs/W（Tera Operations Per Second per Watt，1TOPs/W 意味着处理器每秒可进行一万亿次操作），是国际首款全系统集成的忆阻器存算一体芯片。在模型训练方面，提出由片外压力训练和片上自适应训练组成的混合训练架构。在片外压力训练中引入了系统误差模型，构建具有误差耐受性的网络模型，提高了实际硬件系统中的精度。在计算方面，设计了模/数混合的多核并行结构，解决了精度、通用性和能效难以兼得的困境。多阵列忆阻器存算一体系统能够完成多层卷积神经网络，证明了多阵列存算一体计算的可行性、能效和算力优势。

芯片系统在 2015 年第一次实现了 12×12 模拟电路的存算一体阵列，2018 年实现了 1 MB 的数字存算一体宏电路，到 2020 年已可实现 160 KB 的存算一体完整芯片，以及 16 KB 的存算一体完整系统。

存算一体变革性技术将带来从底层硬件到编译器等层面的改变，实现新型计算机系统，但又不需改变现有编程语言。新计算机系统能效将提升 $10^2 \sim 10^3$ 倍以上，达到 1 POPs/W。单芯片算力可以得到有效提升，达到 500 TOPs 或 1 POPs。存算一体芯片设计时需要进行多层次的设计与验证，思路上要软硬协同。整个设计流程涉及器件优化、工艺制造、电路设计及软件开发，最终形成一个异构并行系统。

总体来看，存储带宽已成为算力提升的主要瓶颈，需要全新而非现有技术小改的颠覆性技术才能解决。同时，人工智能对于算力的需求仍然在急速增长，供需矛盾突出。而基于忆阻器技术的存算一体技术有潜力实现算力大幅提升，对工艺要求低，可实现高算力、高能效，如图 2.5-5 所示。未来 5 年，高性能忆阻器以及神经形态器件和集成工艺将进一步发展，支撑芯片系统实现协同设计工具链。未来 10 年，三维集成技术的发展将促进通用存算一体芯片和"大脑"芯片的问世，进一步实现低功耗高能效的智能芯片，在人工智能、类脑计算、脑机接口等领域有巨大的应用前景。

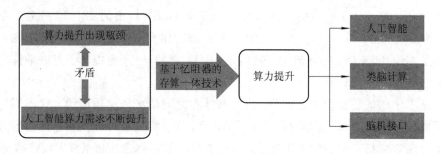

图 2.5-5 忆阻器存算一体技术

2.5.4 精准安全脑机

与类脑计算通过模拟人脑的工作机制或结构来实现智能增强不同，混合智能则更进一步地融合生物智能与机器智能，将机器无法实现而生物具备的智能直接利用起来，以实现更安全可靠的混合智能脑机。

混合智能脑机接口（Brain-Computer Interface，BCI）是指在人脑和电子设备之间，建立不依赖于常规大脑信息输出通路（外周神经和肌肉组织）的全新对外信息交流和控制的技术。脑机接口按照信号来源分类可以分为非侵入式、半侵入式与侵入式三种类型。其中，侵入式脑机接口的实现通常需要借助外科手术，向大脑灰质中植入特定的终端设备（如采集芯片、电子探针等）。侵入式脑机接口虽然可以在时空分辨率上获得更强的信号，在控制层面支持更复杂精确的操作，但是如果以这种方式获得脑电信号则离不开外科手术，手术本身对被采集人有潜在风险。而非侵入式脑机接口的实现则没有这种风险，其主要依赖传感设备在大脑外部进行脑电信号的采集。相对侵入式而言，后者获得的信号数据具有更多噪声，受实验环境的影响更大。但其规避了侵入式手术的风险隐患，且实现成本更低，目

前是国内外科研团队采用的主要研究手段,如图 2.5 - 6 所示。测试主体从脑电图
(Electroencephalogram,EEG)中提出特征后,通过分类用于机械臂的控制。同时,被控制
的设备如轮椅又会反馈信息给测试主体。

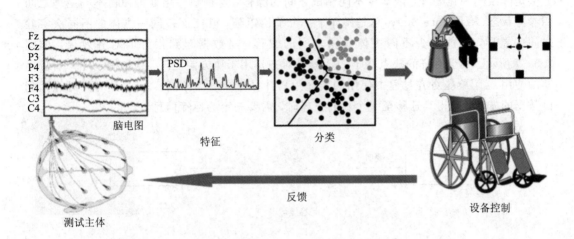

图 2.5 - 6　非侵入式脑机接口控制示例

(图片来源:MILLAN K D R,FERREZ P W,GALAN F,et al. Non-invasive brain-machine
interaction[J]. International Journal of Pattern Recognition and Artificial Intelligence,2008,22(5):
959-972.)

非侵入式脑机接口一般是将电极放在头皮表层,通过脑电场记录技术来采集脑电图。
因为采集得到的大脑信号往往信噪比较低、分辨率较低,所以需要进一步送入信号处理模
块,对信号进行去噪、提纯、增强等操作。实践中信号处理模块通常由三个部分组成。首先
是预处理,其主要目的是分离噪声、提升信号纯度。其次是特征提取,即从电信号中获得
模型需要的特征表达。最后是特征降维,即将数据特征压缩为更稠密的形式,减少计算复
杂度。常见的信号预处理方法包括表面拉普拉斯变换、独立成分分析、奇异值分解或主成
分分析、非负矩阵分解等。特征提取模块主要负责从预处理后的信号中提取有效特征信息
作为后续任务的输入数据。特征提取模块通常使用功率谱估计、双谱分析、幅值检测、方
差分析、魏格纳分布、多窗口傅里叶变换等方法。

迁移学习是混合智能脑机融合系统中非常重要的组成部分。混合智能脑机融合的本质
是将人脑拥有的生物智能同机器智能相结合,这种实质天然地符合迁移学习的目标,即将
在一种环境中学到的知识用在另一个领域中来提高它的泛化性能。混合智能中的迁移学习
主要研究如何将从不同生物实体的脑电信号上学习到的智能信息进行泛化,使之能运用到
其他生物实体的脑电信号上。混合智能迁移学习在实践中会遇到数据漂移(Data Shift)问
题,包括协变量漂移(Covariate Shift)、先验概率漂移(Prior Probability Shift)和概念漂移
(Concept Shift)。因此,实践中最重要的信号处理步骤之一是进行信号数据对齐(Data
Alignment)。常见的数据对齐方式有黎曼对齐(Riemannian Alignment,RA)、欧氏对齐
(Euclidean Alignment,EA)、标签对齐(Label Alignment)等。

利用脑电图的协方差矩阵(Covariance Matrix)半正定的特性,将脑电图数据通过黎曼
对齐映射到黎曼空间中,并定义两个不同源脑电图的协方差矩阵之间的黎曼距离为黎曼流

形上连接它们的最短曲线长度，又称测地线距离（Geodesic Distance）。具体来说，先进行一些静默测试（Resting Trial）以采集非活动状态下的脑电信号作为背景特征，再计算这些静默测试得到的脑电图的平均黎曼距离。最后用平均黎曼距离来对其他测试的脑电信号的协方差矩阵做归一化处理，以减少不同测试之间的漂移。这种归一化处理使得不同主体之间的参考状态（Reference State）总是倾向于一个单位矩阵，既能保持同一主体的不同次实验之间的差异，又能减少不同主体数据之间的漂移，对数据起到很好的对齐效果，如图2.5-7所示。黎曼对齐的缺点在于：① 黎曼对齐作用于协方差矩阵，这限制了下一步分类器的使用；② 黎曼对齐过程中使用的黎曼距离计算复杂度非常高；③ 黎曼对齐对静默测试数据的需求，使得其迁移至一个新的主体时，需要一定的标签信息。

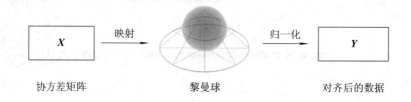

协方差矩阵   黎曼球   对齐后的数据

图 2.5-7　黎曼对齐

为解决这些问题，欧氏对齐采用了简化思想，对同一主体的 N 次测试数据，取其协方差矩阵的算术平均值（Arithmetic Mean）作为对齐依据。数学上容易证明，经过欧氏对齐，N 次实验数据的平均协方差矩阵趋近于单位矩阵，因此不同主体之间的协方差矩阵分布（Distributions of Covariance Matrices）会更相似。相对黎曼对齐来说，欧氏对齐的优点是，不需要静默测试的标签信息监督，同时计算复杂度大大减小。

标签对齐方法则是分别将每个类别下的源主体协方差矩阵中心移至目标主体协方差矩阵的中心。其思想基于一个基本假设，即源标签与目标标签存在部分重合。将这部分重合标签的数据进行中心对齐，剩下的标签随机组合。由于重合标签的分布中心被拉近，因此能达到较好的对齐效果。

尽管研究人员已经在实现精准安全脑机方面取得了一定成果，但其技术发展仍然受限于研发成本高、市场转化率低等问题，将长期面临诸多挑战。为了实现更精准安全的混合智能脑机技术，规避数据窃取、隐私泄露等可能存在的不安全因素，我们还会面临诸多社会层面问题，如法律上的隐私权和知情权问题、设备上的数据安全问题以及伦理问题和公平问题。同时不可忽视的是，当前脑机接口领域尚未形成完善统一的理论框架，同样也缺乏一套客观统一的公平公正的评价体系。未来，我们需要进一步加强"产学研医"的通力合作，促进核心产业发展，尤其是脑电采集底层器件、处理分析设备的研发，并建立起健全脑机接口系统的科学评价标准和伦理标准。

2.5.5　脑机接口的意义

通过实现外部设备与大脑的直接交互，脑机接口技术得以利用视觉、听觉和语言等大脑功能区的信息，这有助于神经系统疾病的诊断和治疗，在医疗健康领域具有广泛的应用场景。例如，通过脑机接口技术的神经可塑性技术，有可能帮助改善或恢复残障群体（如记忆力障碍、阿尔兹海默症、帕金森症等）因疾病而受损的一部分大脑功能（如基础行为能力、认知能力等）。脑的可塑性通常是指经过学习或训练后在神经元之间建立新的连接，从而恢复或代偿脑功能，广义上讲是学习新知识的能力。脑机接口技术可借助可穿戴设备充当这一角色来塑造脑机融合感知，进而有望恢复受损脑功能。

　　然而，由于生物智能体在个体上存在显著差异，以及脑电信号自身的非平稳性，脑机接口系统通常需要针对新用户或新任务进行个性化校准，费时费力。要解决这一问题，一种办法是利用现代机器学习或深度学习根据大数据来学习脑电信号中的规律，从而帮助减少甚至完全消除校准，提高系统准确度和用户体验。值得注意的是，最近研究发现，脑机接口中的机器学习模型容易受到对抗攻击的影响，而脑电信号中包含了个人隐私信息，所以脑机接口系统的安全性和隐私保护是其大规模应用的重要考虑方面。

　　除此以外，在自动驾驶领域，脑机接口可以实现人机混合增强智能，让智能汽车拥有自主感知能力和自主决策能力，做出与人类想法一致的操作。脑机接口还可能在军事上用于提高人类士兵的能力，包括协作以改进决策、辅助人类行动和无人军事行动，对国防安全领域有着重要影响。2021 年 10 月 26 日，美国商务部工业和安全局（BIS）发布了一份关于拟制订规则的预通知，就拟实施的脑机接口技术出口管制征求公众意见。BIS 已将脑机接口确定为一种可能对美国国家安全至关重要的潜在的新兴和基础技术，可能需要考虑在出口和转让（国内）相关数据和算法时进行管制。世界上各大商业巨头正在积极布局脑机接口领域，有助于将基础研究转化为更大的社会效益，为健康人群创建可用的脑机接口程序，从而帮助人们做不能做到的事或预测即将做的事。目前的人工智能技术对于自主体的认知状态研究还不足，若能将自主体的认知系统纳入人工智能系统，通过脑机接口技术创造额外的价值，则对下一代人机协同混合增强智能研究具有重要意义。

本章参考文献

[1]　ABBEEL P，NG A Y. Apprenticeship learning via inverse reinforcement learning [C]. Twenty-first International Conference on Machine Learning，2004.

[2]　ADAM-DARQUE A，GROUILLER F，VASUNG L，et al. fMRI-based neuronal response to new odorants in the newborn brain[J]. Cerebral Cortex，2018，28(8)：2901-2907.

[3]　AGARWAL R，SCHUURMANS D，NOROUZI M. An optimistic perspective on offline reinforcement learning[C]. International Conference on Machine Learning，2020.

[4]　AHMED N，KHAROUB H，MEDJDEN S，et al. A comparative study to assess human machine interaction mechanisms for large scale displays[C]. 2020 IEEE International Conference on Human-Machine Systems (ICHMS)，2020.

[5]　AHN J，HONG S，YOO S，et al. A scalable processing-in-memory accelerator for parallel graph processing [C]. Proceedings of the 42nd Annual International Symposium on Computer Architecture，2015：105-117.

[6]　AKKAYA I，ANDRYCHOWICZ M，CHOCIEJ M，et al. Solving Rubik's cube with a robot hand[J]. arXiv preprint，arXiv：1910.07113，2019.

[7] AKOPYAN F, SAWADA J, CASSIDY A, et al. Truenorth: Design and tool flow of a 65 MW 1 million neuron programmable neurosynaptic chip [J]. IEEE Transactions on Computer-Aided Design of Integrated Circuits and Systems, 2015, 34(10): 1537-1557.

[8] ALJUNDI R, BABILONI F, ELHOSEINY M, et al. Memory aware synapses: Learning what (not) to forget[C]. Proceedings of the European Conference on Computer Vision (ECCV), 2018.

[9] ANKIT A, SENGUPTA A, PANDA P, et al. RESPARC: A reconfigurable and energy-efficient architecture with memristive crossbars for deep spiking neural networks[C]. The 54th Annual Design Automation Conference, ACM, 2017.

[10] ANOKHIN I, SOLOVEV P, KORZHENKOV D, et al. High resolution daytime translation without domain labels[C]. IEEE/CVF Conference on Computer Vision and Pattern Recognition, 2020.

[11] ANUMANCHIPALLI G K, CHARTIER J, CHANG E F. Speech synthesis from neural decoding of spoken sentences[J]. Nature, 2019, 568(7753): 493-498.

[12] ANWANI N, RAJENDRAN B. NormAD-normalized approximate descent based supervised learning rule for spiking neurons [C]. IEEE International Joint Conference on Neural Networks, 2015.

[13] BANSAL S, AKAMETALU A K, JIANG F J, et al. Learning quadrotor dynamics using neural network for flight control[C]. IEEE 55th Conference on Decision & Control, 2016.

[14] BATENI M H, ESFANDIARI H, MIRROKNI V. Optimal distributed submodular optimization via sketching[C]. Proceedings of the 24th ACM SIGKDD International Conference on Knowledge Discovery & Data Mining, 2018.

[15] BATENI P, GOYAL R, MASRANI V, et al. Improved few-shot visual classification [C]. IEEE/CVF Conference on Computer Vision and Pattern Recognition, 2020.

[16] BAYAT F M, PREZIOSO M, CHAKRABARTI B, et al. Implementation of multilayer perceptron network with highly uniform passive memristive crossbar circuits[J]. Nature Communications, 2018, 9(1): 1-7.

[17] BHATTACHARJEE D, KIM S, VIZIER G, et al. DUNIT: Detection-based unsupervised image-to-image translation[C]. IEEE/CVF Conference on Computer Vision and Pattern Recognition, 2020.

[18] BOGERT K, DOSHI P. Scaling expectation-maximization for inverse reinforcement learning to multiple robots under occlusion[C]. Proceedings of the 16th Conference on Autonomous Agents and MultiAgent Systems, 2017: 522-529.

[19] BOULARIAS A, KOBER J, PETERS J. Relative entropy inverse reinforcement learning[C]. International Conference on Artificial Intelligence and Statistics, 2011.

[20] CAI G, WANG Y, ZHOU M, et al. Unsupervised domain adaptation with

adversarial residual transform networks[J]. IEEE Transactions on Neural Network and Learning System, 2019, 31(8): 3073-3086.

[21] CAO Z, MA L, LONG M, et al. Partial adversarial domain adaptation[C]. European Conference on Computer Vision, 2018.

[22] CASANOVA A, PINHEIRO P O, ROSTAMZADEH N, et al. Reinforced active learning for image segmentation [C]. International Conference on Learning Representations, 2020.

[23] CHANG Y T, WANG Q, HUNG W C, et al. Weakly-supervised semantic segmentation via sub-category exploration[C]. IEEE/CVF Conference on Computer Vision and Pattern Recognition, 2020.

[24] CHAO H, WANG K, HE Y, et al. GaitSet: Cross-view gait recognition through utilizing gait as a deep set[J]. IEEE Transactions on Pattern Analysis and Machine Intelligence, 2021, 44(7): 3467-3478.

[25] CHEN C H, RAMANAN D. 3D human pose estimation = 2D pose estimation + matching[C]. IEEE Conference on Computer Vision and Pattern Recognition, 2017.

[26] CHEN J, LI Z, LUO J, et al. Learning a weakly-supervised video actor-action segmentation model with a wise selection[C]. IEEE/CVF Conference on Computer Vision and Pattern Recognition, 2020.

[27] CHEN K, LEE C G. Incremental few-shot learning via vector quantization in deep embedded space[C]. International Conference on Learning Representations, 2020.

[28] CHEN Q, ZHAO W, XU C, et al. An improved IOHMM-Based stochastic driver lane-changing model[J]. IEEE Transactions on Human-Machine Systems, 2021, 51(3): 211-220.

[29] CHEN Z, ZHUANG J, LIANG X, et al. Blending-target domain adaptation by adversarial meta-adaptation networks[C]. IEEE Conference on Computer Vision and Pattern Recognition, 2019.

[30] CHENG Q, WANG W, JIANG X, et al. Assessment of driver mental fatigue using facial landmarks[J]. IEEE Access, 2019, 7: 150423-150434.

[31] CHI P, LI S, XU C, et al. PRIME: A novel processing-in-memory architecture for neural network computation in ReRAM-based main memory [J]. Computer Architecture News, 2016: 27-39.

[32] CHOI Y, UH Y, YOO J, et al. StarGAN v2: Diverse image synthesis for multiple domains[C]. IEEE/CVF Conference on Computer Vision and Pattern Recognition, 2020.

[33] DAI J, QI H, XIONG Y, et al. Deformable convolutional networks[C]. IEEE/CVF International Conference on Computer Vision, 2017.

[34] DAVIES M, SRINIVASA N, LIN T H, et al. Loihi: A neuromorphic manycore processor with on-chip learning[J]. IEEE Micro, 2018, 38(1): 82-99.

[35] DELORME A, MAKEIG S. EEGLAB: An open source toolbox for analysis of

single-trial EEG dynamics including independent component analysis[J]. Journal of Neuroscience Methods, 2004, 134(1): 9-21.

[36] DENG L, WANG G, LI G, et al. Tianjic: A unified and scalable chip bridging spike-based and continuous neural computation[J]. IEEE Journal of Solid-State Circuits, 2020, 55(8): 2228-2246.

[37] DHAR P, SINGH R V, PENG K-C, et al. Learning without memorizing[C]. Proceedings of the IEEE/CVF Conference on Computer Vision and Pattern Recognition (CVPR), 2019.

[38] DHINGRA B, LI L, LI X, et al. Towards end-to-end reinforcement learning of dialogue agents for information access [J]. arXiv preprint, arXiv: 1609. 00777, 2016.

[39] DIEHL P U, MATTHEW C. Unsupervised learning of digit recognition using spike-timing-dependent plasticity[J]. Frontiers in Computational Neuroence, 2015, 9(429): 99.

[40] EVANGELOS S, MIGUEL S, TERESA S G, et al. An event-driven classifier for spiking neural networks fed with synthetic or dynamic vision sensor data[J]. Frontiers in Neuroence, 2017, 11: 350.

[41] FAN J, ZHANG Z, SONG C. Learning integral objects with intra-class discriminator for weakly-supervised semantic segmentation [C]. IEEE/CVF Conference on Computer Vision and Pattern Recognition, 2020.

[42] FAN J, ZHANG Z, TIENIU T, et al. CIAN: Cross-image affinity net for weakly supervised semantic segmentation[C]. AAAI Conference on Artificial Intelligence, 2020.

[43] FANG H S, XIE S, TAI Y W, et al. RMPE: Regional multi-person pose estimation[C]. IEEE International Conference on Computer Vision, 2017.

[44] FINN C, LEVINE S, ABBEEL P. Guided cost learning: Deep inverse optimal control via policy optimization [C]. International Conference on Machine Learning, 2016.

[45] FRAME M, BOYDSTUN A, LOPEZ J. Development of an autonomous manager for dynamic human-machine task allocation in operational surveillance[C]. 1st IEEE International Conference on Human-Machine Systems, 2020.

[46] FUJIMOTO S, MEGER D, PRECUP D. Off-policy deep reinforcement learning without exploration[C]. International Conference on Machine Learning, 2019.

[47] GANEA D A, BOMM B, POPPE R. Incremental few-shot instance segmentation [C]. IEEE/CVF Conference on Computer Vision and Pattern Recognition (CVPR), 2021.

[48] GANZER P D, COLACHIS S C, SCHWEMMER M A, et al. Restoring the sense of touch using a sensorimotor demultiplexing neural interface[J]. Cell, 2020, 181 (4): 763-773. e12.

[49] GAO Y, XU H, LIN J, et al. Reinforcement learning from imperfect demonstrations[J]. arXiv preprint, arXiv: 1802.05313, 2018.

[50] GE M, SONG Q, QIU H, et al. An MDP-Based task allocation model for a class of uncertain human-machine system[C]. 2018 IEEE 8th Annual International Conference on CYBER Technology in Automation, Control, and Intelligent Systems (CYBER), 2018.

[51] GENG X, LIANG H, YU B, et al. A scenario-adaptive driving behavior prediction approach to urban autonomous driving[J]. Applied Sciences, 2017, 7(26): 1-21.

[52] GHARAGOZLOU F, SARAJI G N, MAZLOUMI A, et al. Detecting driver mental fatigue based on EEG alpha power changes during simulated driving[J]. Iranian Journal of Public Health, 2015, 44(12): 1693.

[53] GHASEMIPOUR SK S, ZEMEL R, GU S. A divergence minimization perspective on imitation learning methods[J]. arXiv preprint, arXiv: 1911.02256, 2019.

[54] GHOSH-DASTIDAR S, ADELI H. A new supervised learning algorithm for multiple spiking neural networks with application in epilepsy and seizure detection [J]. Neural Networks, 2009, 22(10): 1419-1431.

[55] GILRA A, GERSTNER W. Predicting non-linear dynamics by stable local learning in a recurrent spiking neural network[J]. eLife. 2017, 6: e28295.

[56] GONG W, ZHANG X, GONZÀLEZ J, et al. Human pose estimation from monocular images: A comprehensive survey[J]. Sensors, 2016, 16(12): 1966.

[57] GOODFELLOW I J, POUGET-ABADIE J, MIRZA M, et al. Generative adversarial networks[C]. Advances in Neural Information Processing Systems, 2014, 3: 2672-2680.

[58] GUO Y, LIU Y, OERLEMANS A, et al. Deep learning for visual understanding: a review[J]. Neurocomputing, 2016, 187: 27-48.

[59] HAN J, ZHANG D, WEN S, et al. Two-stage learning to predict human eye fixations via SDAEs[J]. IEEE Transactions on Cybernetics, 2015, 46(2): 487-498.

[60] HAN X, LIU H, SUN F, et al. Active object detection with multistep action prediction using deep Q-network[J]. IEEE Transactions on Industrial Informatics, 2019, 15(6): 3723-31.

[61] HASSON U, NIR Y, LEVY I, et al. Intersubject synchronization of cortical activity during natural vision[J]. Science, 2004, 303(5664): 1634-1640.

[62] HAUSMAN K, CHEBOTAR Y, SCHAAL S, et al. Multi-modal limitation learning from unstructured demonstrations using generative adversarial nets[C]. Advances in Neural Information Processing Systems, 2017.

[63] HAYES T L, KAFLE K, SHRESTHA R, et al. Remind your neural network to prevent catastrophic forgetting[C]. Proceedings of the European Conference on Computer Vision (ECCV), 2020.

[64] HE H, WU D. Transfer learning for brain-computer interfaces: A Euclidean space data alignment approach[J]. IEEE Transactions on Biomedical Engineering, 2019, 67(2): 399-410.

[65] HE K, ZHANG X, REN S, et al. Deep residual learning for image recognition [C]. IEEE Conference on Computer Vision and Pattern Recognition, 2016.

[66] HE Z, JULIAN R, HEIDEN E, et al. Zero-shot skill composition and simulation-to-real transfer by learning task representations [C]. Advances in Neural Information Processing Systems, 2018.

[67] HESTER T, VECERIK M, PIETQUIN O, et al. Deep Q-learning from demonstrations[C]. 32nd AAAI Conference on Artificial Intelligence, 2018.

[68] HIDAS P. Modelling vehicle interactions in microscopic simulation of merging andweaving[J]. Transportation Research Part C: Emerging Technologies, 2005, 13(1): 37-62.

[69] HO J, ERMON S. Generative adversarial imitation learning [C]. Advances in Neural Information Processing Systems, 2016.

[70] HOCHBERG L R, BACHER D, JAROSIEWICZ B, et al. Reach and grasp by people with tetraplegia using a neurally controlled robotic arm[J]. Nature, 2012, 485(7398): 372-375.

[71] HU S, XIONG Z, QU M, et al. Graph policy network for transferable active learning on graphs[C]. Advances in Neural Information Processing Systems, 2020.

[72] HU X, DENG F, LI K, et al. Bridging low-level features and high-level semantics via fMRI brain imaging for video classification[C]. Proceedings of the 18th ACM international conference on Multimedia, 2010: 451-460.

[73] HU X, HUANG H, PENG B, et al. Latent source mining in FMRI via restricted Boltzmann machine[J]. Human Brain Mapping, 2018, 39(6): 2368-2380.

[74] HU X, LI K, HAN J, et al. Bridging the semantic gap via functional brain imaging[J]. IEEE Transactions on Multimedia, 2011, 14(2): 314-325.

[75] HUANG C, NAGHDY F, DU H, et al. Review on human-machine shared control system of automated vehicles [C]. International Symposium on Autonomous Systems. 2019.

[76] HUANG Y, YANG J, LIAO P, et al. Fusion of facial expressions and EEG for multimodal emotion recognition[J]. Computational Intelligence and Neuroscience, 2017: 2107451.

[77] HUSSEIN A, GABER M M, ELYAN E, et al. Imitation learning: A survey of learning methods[J]. ACM Computing Surveys (CSUR), 2017, 50(2): 1-35.

[78] INSAFUTDINOV E, PISHCHULIN L, ANDRES B, et al. DeeperCut: A deeper, stronger, and faster multi-person pose estimation model[C]. European Conference on Computer Vision. 2016.

[79] INSEL T R, LANDIS S C, COLLINS F S. The NIH brain initiative[J]. Science,

2013，340(6133)：687-688.

[80] ISCEN A，ZHANG J，LAZEBNIK S，et al. Memory-efficient incremental learning through feature adaptation [C]. Proceedings of the European Conference on Computer Vision (ECCV)，2020.

[81] IVANOV A V，SKRIPNIK T. Human-Machine interface with motion capture system for prosthetic control [C]. 2019 IEEE Conference of Russian Young Researchers in Electrical and Electronic Engineering (EIConRus)，2019.

[82] JAIN S，LIU G，GIFFORD D. Information condensing active learning[J]. arXiv preprint，arXiv：2002.07916，2020.

[83] JAQUES N，GU S，TURNER R E，et al. Tuning recurrent neural networks with reinforcement learning[J]. preprint arXiv：1611.02796v9，2017.

[84] JING M，MA X，HUANG W，et al. Reinforcement learning from imperfect demonstrations under soft expert guidance[C]. 34th AAAI Conference on Artificial Intelligence，2020.

[85] JING T，XIA H，DING Z. Adaptively-accumulated knowledge transfer for partial domain adaptation[C]. ACM International Conference on Multimedia，2020.

[86] JO S H，CHANG T，EBONG I，et al. Nanoscale memristor device as synapse in neuromorphic systems[J]. Nano Letters，2010，10(4)：1297-1301.

[87] KEMKER R，KANAN C. FearNet：Brain-inspired model for incremental learning [C]. International Conference on Learning Representations (ICLR)，2018.

[88] KHERADPISHEH S R，GANJTABESH M，THORPE S J，et al. STDP-based spiking deep convolutional neural networks for object recognition [J]. Neural Networks，2018，99：56-67.

[89] KIRKPATRICK J，PASCANU R，RABINOWITZ N，et al. Overcoming catastrophic forgetting in neural networks [J]. National Academy of Sciences，2017，114(13)：3521 - 3526.

[90] KLEIN E，GEIST M，PIOT B，et al. Inverse reinforcement learning through structured classification [C]. Advances in Neural Information Processing Systems，2012.

[91] KONYUSHKOVA K，SZNITMAN R，FUA P. Learning active learning from data [C]. Advances in Neural Information Processing Systems，2017.

[92] KRIEGMAN S，NASAB A M，SHAH D，et al. Scalable sim-to-real transfer of soft robot designs[C]. 2020 3rd IEEE International Conference on Soft Robotics (ROBOSOFT)，2020.

[93] KRIZHEVSKY A，SUTSKEVER I，HINTON G E. ImageNet classification with deep convolutional neural networks[J]. Advances in Neural Information Processing Systems，2012，25：1097-1105.

[94] KROEMER O，NIEKUM S，KONIDARIS G. A review of robot learning for manipulation：Challenges，representations，and algorithms [J]. preprint arXiv：

1907. 03146，2019.

[95]　KUKLEVA A，KUEHNE H，SCHIELE B. Generalized and incremental few-shot learning by explicit learning and calibration without forgetting[C]. IEEE/CVF International Conference on Computer Vision，2021.

[96]　KUMAR A，FU J，SOH M，et al. Stabilizing off-policy Q-learning via bootstrapping error reduction[C]. Advances in Neural Information Processing Systems，2019.

[97]　KURMI V K，KUMAR S，NAMBOODIRI V P. Attending to discriminative certainty for domain adaptation[C]. IEEE Conference on Computer Vision and Pattern Recognition，2019.

[98]　LAN Y T，LIU W，LU B L. Multimodal emotion recognition using deep generalized canonical correlation analysis with an attention mechanism[C]. IEEE International Joint Conference on Neural Networks，2020.

[99]　LEE C，LIU Z，WU L，et al. MaskGAN：Towards diverse and interactive facial image manipulation[C]. IEEE/CVF Conference on Computer Vision and Pattern Recognition，2020.

[100]　LEE C，PANDA P，SRINIVASAN G，et al. Training deep spiking convolutional neural networks with STDP-based unsupervised pre-training followed by supervised fine-tuning[J]. Frontiers in Neuroence，2018，12：435.

[101]　LEE CY，BATRA T，BAIG M H，et al. Sliced Wasserstein discrepancy for unsupervised domain adaptation[C]. IEEE Conference on Computer Vision and Pattern Recognition，2019.

[102]　LEVINES，FINN C，DARRELL T，et al. End-to-end training of deep visuomotor policies[J].　arXiv preprint，arXiv：1504. 00702，2015.

[103]　LI F，DU X，LI J，et al. Research on force control of human-machine interaction based on game theory and PID control[C]. 2018 37th Chinese Control Conference (CCC)，2018.

[104]　LI I，LIU Y，ZANG X. Human-Machine interaction control system of a remote maintenance manipulator for tokamak [C]. 2018 Chinese Automation Congress，2018.

[105]　LI J，SELVARAJU R，GOTMARE A，et al. Align before fuse：Vision and language representation learning with momentum distillation[C]. Advances in Neural Information Processing Systems，2021：9694-9705.

[106]　LI S，LIU C H，LIN Q，et al. Deep residual correction network for partial domain adaptation[J]. IEEE Transactions on Pattern Analysis and Machine Intelligence，2020，43(7)：2329-2344.

[107]　LI S，XIE B，WU J，et al. Simultaneous semantic alignment network for heterogeneous domain adaptation [C]. ACM International Conference on Multimedia，2020.

[108] LI Z, HOIEM D. Learning without forgetting[J]. IEEE Transactions on Pattern Analysis and Machine Intelligence, 2017, 40(12): 2935-2947.

[109] LIU H, WU Y, SUN F. Extreme trust region policy optimization for active object recognition. IEEE transactions on neural networks and learning systems [J]. 2018, 29(6): 2253-2258.

[110] LIU X, ZHANG F, HOU Z, et al. Self-supervised learning: Generative or contrastive[J]. IEEE Transactions on Knowledge and Data Engineering, 2021.

[111] LOPEZ-PAZ D, RANZATO M. Gradient episodic memory for continual learning [C]. Advances in Neural Information Processing Systems, 2017.

[112] LU C, HU F, CAO D, et al. Transfer learning for driver model adaptation in lane-changing scenarios using manifold alignment [J]. IEEE Transactions on Intelligent Transportation Systems, 2020, 21(8): 3281-3293.

[113] LU Y, GAO T, CUI X, et al. Development and evaluation of three learning based personalized driver models for path tracking behaviors[C]. 2020 3rd International Conference on Unmanned Systems, 2020.

[114] LUO L, CHEN L, HU S, et al. Discriminative and geometry-aware unsupervised domain adaptation [J]. IEEE Transactions on Cybernetics, 2020, 50 (9): 3914-3927.

[115] LOU P, WEIS, YAN J, et al. Intelligent perception of CNC machine tools based on human-machine collaboration[C]. 11th International Conference on Intelligent Human-Machine Systems and Cybernetics, 2019.

[116] MAESHIRO T. Hypernetwork model to describe human-machine system of systems[C]. 2018 5th Asia-Pacific World Congress on Computer Science and Engineering, 2018.

[117] MAO H Z, ALIZADEH M, MENACHE I, et al. Resource management with deep reinforcement learning [J]. 15th ACM Workshop on Hot Topics in Networks, 2016: 50-56.

[118] MARTINEZ J, HOSSAIN R, ROMERO J, et al. A simple yet effective baseline for 3D human pose estimation[C]. IEEE International Conference on Computer Vision, 2017.

[119] MASQUELIER, TIMOTHÉE, GUYONNEAU R, et al. Competitive STDP-based spike pattern learning[J]. Neural Computation, 2009, 21(5): 1259.

[120] MEIER K. A mixed-signal universal neuromorphic computing system[C]. IEEE International Electron Devices Meeting, 2015: 4.6.1-4.6.4.

[121] MICHIELI U, ZANUTTIGH P. Knowledge distillation for incremental learning in semantic segmentation[J]. Computer Vision and Image Understanding, 2021, 205: 103167.

[122] MILANI S, TOPIN N, HOUGHTON B, et al. Retrospective analysis of the 2019 mineral competition on sample efficient reinforcement learning[C]. Advances

in Neural Information Processing Systems，2019.

[123] MILLAN K D R，FERREZ P W，GALAN F，et al. Non-invasive brain-machine interaction［J］. International Journal of Pattern Recognition and Artificial Intelligence，2008，22(5)：959-972.

[124] MNIH V，KAVUKCUOGLU K，SILVER D，et al. Human-level control through deep reinforcement learning[J]. Nature，2015，518(7540)：529-533.

[125] MOSTAFA H，RAMESH V，CAUWENBERGHS G. Deep supervised learning using local errors[J]. Frontiers in Neuroence，2018，12：608.

[126] MUNEA T L，JEMBRE Y Z，WELDEGEBRIEL H T，et al. The progress of human pose estimation：A survey and taxonomy of models applied in 2D human pose estimation[J]. IEEE Access，2020，8：133330-133348.

[127] MUSK E. An integrated brain-machine interface platform with thousands of channels[J]. Journal of Medical Internet Research，2019，21(10)：e16194.

[128] NA X X，COLE D J. Application of open-loop stackelberg equilibrium to modeling a driver's interaction with vehicle active steering control in obstacle avoidance[J]. IEEE Transactions on Human-Machine Systems，2017，47(5)：673-685.

[129] NAGABANDI A，KAHN G，FEARING R S，et al. Neural network dynamics for model-based deep reinforcement learning with model-free fine-tuning［C］. IEEE International Conference on Robotics and Automation，2018.

[130] NAIR A，MCGREW B，ANDRYCHOWICZ M，et al. Overcoming exploration in reinforcement learning with demonstrations［C］. 2018 IEEE International Conference on Robotics and Automation，2018.

[131] NEWELL A，HUANG Z，DENG J. Associative Embedding：end-to-end learning for joint detection and grouping[J]. arXiv preprint，arXiv：1611.05424，2016.

[132] NG A Y，RUSSELL S J. Algorithms for inverse reinforcement learning［C］. International Conference on Machine Learning，2000.

[133] OH J，SINGH S，LEE H. Value prediction network［C］. Advances in Neural Information Processing Systems，2017.

[134] OSA T，PAJARINEN J，NEUMANN G，et al. An algorithmic perspective on imitation learning[J]. arXiv preprint，arXiv：1811.06711，2018.

[135] OSBAND I，BLUNDELL C，PRITZEL A，et al. Deep exploration via bootstrapped DQN［C］. Advances in Neural Information Processing Systems，2016.

[136] PACAUX-LEMOINE M P，GADMER Q，RICHARD P. Train remote driving：A human-machine cooperation point of view［C］. 1st IEEE International Conference on Human-Machine Systems，2020.

[137] PAINKRAS E，PLANA L A，GARSIDE J，et al. SpiNNaker：A 1-W 18-core system-on-chip for massively-parallel neural network simulation[J]. IEEE Journal

of Solid-State Circuits，2013，48(8)：1943-1953.

[138] PANG Y，GAO B，WU D，et al. 25.2 A reconfigurable RRAM physically unclonable function utilizing post-process randomness source with $< 6 \times 10^{-6}$ native bit error rate[C]. IEEE International Solid-State Circuits Conference，2019：402-404.

[139] PEI J，DENG L，SONG S，et al. Towards artificial general intelligence with hybrid Tianjic chip architecture[J]. Nature，2019，572(7767)：106-111.

[140] PENG X，BAI Q，XIA X，et al. Wang. Moment matching for multi-source domain adaptation[C]. 2019 IEEE/CVF International Conference on Computer Vision，2019.

[141] PENG X B，ANDRYCHOWICZ M，ZAREMBA W，et al. Sim-to-real transfer of robotic control with dynamics randomization[C]. 2018 IEEE International Conference on Robotics and Automation，2018.

[142] PENG X B，KUMAR A，ZHANG G，et al. Advantage-weighted regression：Simple and scalable off-policy reinforcement learning[J]. arXiv preprint，arXiv：1910.00177，2019.

[143] PEREZ-RUA J-M，ZHU X，HOSPEDALES T M，et al. Incremental few-shot object detection[C]. Proceedings of the IEEE/CVF Conference on Computer Vision and Pattern Recognition，2020.

[144] PHOTHISONOTHAI M，TANTISATIRAPONG S. Integrated human-machine interaction system：ERP-SSVEP and eye tracking based technologies[C]. 2019 11th International Conference on Knowledge and Smart Technology，2019.

[145] PONULAK F，KASINSKI A. Supervised learning in spiking neural networks with ReSuMe：Sequence learning，classification，and spike shifting[J]. Neural Computation，2010，22(2)：467-510.

[146] PREZIOSO M，MERRIKH-BAYAT F，HOSKINS B D，et al. Training and operation of an integrated neuromorphic network based on metal-oxide memristors [J]. Nature，2015，521(7550)：61-64.

[147] QIAO N，MOSTAFA H，CORRADI F，et al. A reconfigurable on-line learning spiking neuromorphic processor comprising 256 neurons and 128K synapses[J]. Frontiers in Neuroscience，2015，9：141.

[148] RAHMAN M，CHOWDHURY M，XIE Y，et al. Review of microscopic lane-changing models and future research opportunities[J]. IEEE Transactions on Intelligent Transportation Systems，2013，14(4)：1942-1956.

[149] RAMIREZ S，LIU X，LIN P A，et al. Creating a false memory in the Hippocampus[J]. Science，2013，341(6144)：387-391.

[150] RATLIFF N D，BAGNELL J A，ZINKEVICH M A. Maximum margin planning [C]. Twenty-third International Conference on Machine Learning，2006.

[151] REBUFFI S A，KOLESNIKOV A，SPERL G，et al. iCaRL：Incremental

classifier and representation learning[C]. IEEE/CVF Conference on Computer Vision and Pattern Recognition (CVPR), 2017.

[152] ROLNICK D, AHUJA A, SCHWARZ J, et al. Experience replay for continual learning [C]. Advances in Neural Information Processing Systems (NeurIPS). 2019.

[153] ROSENBLATT F. The perceptron: A probabilistic model for information storage and organization in the brain[J]. Psychological Review, 1958, 65(6): 386.

[154] ROY K, JAISWAL A, PANDA P. Towards spike-based machine intelligence with neuromorphic computing[J]. Nature, 2019, 575(7784): 607-617.

[155] RUSSO P, CARLUCCI F M, TOMMASI T, et al. From source to target and back: Symmetric bi-directional adaptive GAN[C]. IEEE Conference on Computer Vision and Pattern Recognition, 2018.

[156] SALAZAR-GOMEZ A F, DELPRETO J, GIL S, et al. Correcting robot mistakes in real time using EEG signals[C]. IEEE International Conference on Robotics and Automation, 2017.

[157] SCHNELLE S, WANG J, JAGACINSKI R, et al. A feedforward and feedback integrated lateral and longitudinal driver model for personalized advanced driver assistance systems[J]. Mechatronics, 2018, 50: 177-188.

[158] SENGUPTA A, YE Y, WANG R, et al. Going deeper in spiking neural networks: VGG and residual architectures[J]. Frontiers in Neuroence, 2019, 13: 95.

[159] SENTOUH C, NGUYEN A T, BENLOUCIF M A, et al. Driver-Automation cooperation-oriented approach for shared control of lane keeping assist systems [J]. IEEE Transactions on Control Systems Technology, 2019, 27: 1962-1978.

[160] SETTLES B. Active learning literature survey[R]. Computer Sciences Technical Report 1648, University of Wisconsin-Madison, 2009.

[161] SHAHAM T, DEKEL T, MICHAELI T. SinGAN: Learning a generative model from a single natural image[C]. IEEE/CVF International Conference on Computer Vision, 2019.

[162] SHMELKOV K, SCHMID C, ALAHARI K. Incremental learning of object detectors without catastrophic forgetting [C]. IEEE/CVF International Conference on Computer Vision, 2017.

[163] SHEN J, QU Y, ZHANG W, et al. Wasserstein distance guided representation learning for domain adaptation[C]. AAAI Conference on Artificial Intelligence, 2018.

[164] SHENG W, THOBBI A, GU Y. An integrated framework for human-robot collaborative manipulation[J]. IEEE Transactions on Cybernetics, 2017, 45(10): 2030-2041.

[165] SHIN H, LEE J K, KIM J, et al. Continual learning with deep generative replay [C]. Advances in Neural information Processing Systems, 2017.

[166] SHIN J, RAHIM M A, YUICHI O, et al. Deep learning-based hand pose estimation from 2D image[C]. 2020 3rd IEEE International Conference on Knowledge Innovation and Invention, 2020.

[167] SIEGEL N Y, SPRINGENBERG J T, BERKENKAMP F, et al. Keep doing what worked: Behavioral modelling priors for offline reinforcement learning[J]. arXiv preprint, arXiv: 2002.08396, 2020.

[168] SILBERTL J, HONEY C J, SIMONY E, et al. Coupled neural systems underlie the production and comprehension of naturalistic narrative speech[J]. Proceedings of the National Academy of Sciences, 2014, 111(43): E4687-E4696.

[169] SILVER D, SCHRITTWIESER J, SIMONYAN K, et al. Mastering the game of go without human knowledge[J]. Nature. 2017, 550(7676): 354-359.

[170] SINGH G, CHELINI L, CORDA S, et al. Near-memory computing: Past, present, and future[J]. Microprocessors and Microsystems, 2019, 71: 102868.

[171] SINHA S, EBRAHIMI S, DARRELL T. Variational adversarial active learning[C]. IEEE International Conference on Computer Vision, 2019.

[172] SHERIDAN P M, CAI F, DU C, et al. Sparse coding with memristor networks[J]. Nature Nanotechnology, 2017, 12(8): 784-789.

[173] SHOCHER A, GANDELSMAN Y, MOSSERI I, et al. Semantic pyramid for image generation[C]. IEEE/CVF Conference on Computer Vision and Pattern Recognition, 2020.

[174] SOH J W, CHO S, CHO N I. Meta-transfer learning for zero-shot super-resolution[C]. IEEE/CVF Conference on Computer Vision and Pattern Recognition, 2020.

[175] STADIE B C, ABBEEL P, SUTSKEVER I. Third-person imitation learning[J]. arXiv preprint, arXiv: 1703.01703, 2017.

[176] STANLEY G B, LI F F, DAN Y. Reconstruction of natural scenes from ensemble responses in the lateral geniculate nucleus[J]. Journal of Neuroscience, 1999, 19(18): 8036-8042.

[177] STRUKOV D B, SNIDER G S, STEWART D R, et al. The missing memristor found[J]. Nature, 2008, 453(7191): 80-83.

[178] SUTTON R S, BARTO A G. Reinforcement learning: An introduction[M]. Cambridge, MA: The MIT Press, 2017.

[179] TAN S, LIU H, GUO D, et al. Towards embodied scene description[C]. 16th Conference on Robotics-Science and Systems, 2020.

[180] TAN S, XIANG W, LIU H, et al. Multi-agent embodied question answering in interactive environments[C]. European Conference on Computer Vision, 2020.

[181] TAO X, HONG X, CHANG X, et al. Few-shot class-incremental learning[C]. IEEE/CVF Conference on Computer Vision and Pattern Recognition, 2020.

[182] TOLEDO T, KOUTSOPOULOS H N, BEN-AKIVA M. Integrated driving

behavior modeling[J]. Transportation Research Part C：Emerging Technologies，2007，15(2)：96-112.

[183] TOSHEV A，SZEGEDY C. DeepPose：Human pose estimation via deep neural networks[C]. IEEE Conference on Computer Vision and Pattern Recognition，2014.

[184] TRIVEDI M，DOSHI P. Inverse learning of robot behavior for collaborative planning[C]. 2018 IEEE/RSJ International Conference on Intelligent Robots and Systems，2018：1-9.

[185] VAN DE VEN G M，SIEGELMANN H T，Tolias A S. Brain-inspired replay for continual learning with artificial neural networks[J]. Nature Communications，2020，11(1)：4069.

[186] VECERIK M，HESTER T，SCHOLZ J，et al. Leveraging demonstrations for deep reinforcement learning on robotics problems with sparse rewards[J]. arXiv preprint，arXiv：1707. 08817，2017.

[187] WANG J，REN Y，HU X，et al. Test-retest reliability of functional connectivity networks during naturalistic fMRI paradigms[J]. Human Brain Mapping，2017，38(4)：2226-2241.

[188] WANG K，LIN L，JIANG C，et al. 3D human pose machines with self-supervised learning[J]. IEEE Transactions on Pattern Analysis and Machine Intelligence，2019，42(5)：1069-1082.

[189] WANG Q，WU B，ZHU P，et al. ECA-Net：Efficient channel attention for deep convolutional neural networks[C]. IEEE/CVF Conference on Computer Vision and Pattern Recognition，2020.

[190] WANG W，XI J，HEDRICK J K. A Learning-based personalized driver model using bounded generalized Gaussian mixture models[J]. IEEE Transactions on Vehicular Technology，2019，68(12)：11679-11690.

[191] WANG Y，GAO S，GAO X. Common spatial pattern method for channel selection in motor imagery based brain-computer interface[C]. IEEE 27th Annual Conference on Engineering in Medicine and Biology，2006：5392-5395.

[192] WANG Y，LU M，WU Z，et al. Visual cue-guided rat cyborg for automatic navigation[J]. IEEE Computational Intelligence Magazine，2015，10(2)：42-52.

[193] WANG Y，YAO Q，KWOK J，et al. Generalizing from a few examples：A survey on few-shot learning[J]. ACM Computing Surveys，2020，53：1-34.

[194] WANG Y，ZHANG J，KAN M，et al. Self-supervised equivariant attention mechanism for weakly supervised semantic segmentation［C］. IEEE/CVF Conference on Computer Vision and Pattern Recognition，2020.

[195] WANG Z，JOSHI S，SAVEL'EV S，et al. Fully memristive neural networks for pattern classification with unsupervised learning[J]. Nature Electronics，2018，1(2)：137-145.

[196] WILLETT F R，AVANSINO D T，HOCHBERG L R，et al. High-performance

brain-to-text communication via handwriting[J]. Nature, 2021, 593(7858): 249-254.

[197] WONG H S P, SALAHUDDIN S. Memory leads the way to better computing [J]. Nature Nanotechnology, 2015, 10(3): 191-194.

[198] WU H, YAN Y, YE Y, et al. Geometric knowledge embedding for unsupervised domain adaptation[J]. Knowledge-Based System, 2020, 191: 105155.

[199] WU XI, LV X, ZHOU C. Research on evaluation method of equipment human-machine environment adaptability based on satisfaction calculation[C]. The 2nd International Conference on Safety Produce Informatization, 2019.

[200] WU Y, TUCKER G, NACHUM O. Behavior regularized offline reinforcement learning[J]. arXiv preprint, arXiv: 1911.11361, 2019.

[201] WU Y, WINSTON E, KAUSHIK D, et al. Domain adaptation with asymmetrically-relaxed distribution alignment[J]. arXiv preprint, arXiv: 1903.01689, 2019.

[202] WU Z, ZHENG N, ZHANG S, et al. Maze learning by a hybrid brain-computer system[J]. Scientific Reports, 2016, 6(1): 1-12.

[203] XIA C, EL KAMEL A. Neural inverse reinforcement learning in autonomous navigation[J]. Robotics and Autonomous Systems, 2016, 84: 1-14.

[204] XU X, ZHOU X, VENKATESAN R, et al. d-SNE: Domain adaptation using stochastic neighborhood embedding[C]. IEEE Conference on Computer Vision and Pattern Recognition, 2019.

[205] YAN J, YAN S, ZHAO L, et al. Research on human-machine task collaboration based on action recognition[C]. 2019 IEEE International Conference on Smart Manufacturing, Industrial & Logistics Engineering, 2019.

[206] YANG C, WANG X, MAO S. RFID-pose: Vision-aided three-dimensional human pose estimation with radio-frequency identification[J]. IEEE Transactions on Reliability, 2020, 70(3): 1218-1231.

[207] YANG J, ZHAO R, ZHU M, et al. Driver2vec: Driver identification from automotive data[C]. MileTS'20: 6th KDD Workshop on Mining and Learning from Time Series, 2020.

[208] YANGX S. Firefly algorithm, stochastic test functions and design optimisation [J]. International Journal of Bio-inspired Computation, 2010, 2(2): 78-84.

[209] YANG X S, DEB S. Cuckoo search via Lévy flights[C]. 2009 World Congress on Nature & Biologically Inspired Computing, 2009.

[210] YAO P, WU H, GAO B, et al. Face classification using electronic synapses[J]. Nature Communications, 2017, 8(1): 1-8.

[211] YI Z, TANG Q, AZIZI S, et al. Contextual residual aggregation for ultra high-resolution image inpainting[C]. IEEE/CVF Conference on Computer Vision and Pattern Recognition, 2020.

[212] YOUNG S N, PESCHEL J M. Review of human-machine interfaces for small unmanned systems with robotic manipulators[J]. IEEE Transactions on Human-Machine Systems, 2020, 50(02): 131-143.

[213] YU S, GAO B, FANG Z, et al. A low energy oxide-based electronic synaptic device for neuromorphic visual systems with tolerance to device variation[J]. Advanced Materials, 2013, 25(12): 1774-1779.

[214] YUAN J, JIANG X, ZHONG L, et al. Energy aware resource scheduling algorithm for data center using reinforcement learning[C]. 2012 Fifth International Conference on Intelligent Computation Technology and Automation, 2012.

[215] ZENKE F, POOLE B, GANGULI S. Continual learning through synaptic intelligence[C]. International Conference on Machine Learning, 2017.

[216] ZHANG H B, LEI Q, ZHONG B N, et al. A survey on human pose estimation [J]. Intelligent Automation & Soft Computing, 2016, 22(3): 483-489.

[217] ZHANG P, ZHANG B, CHEN D, et al. Cross-domain correspondence learning for exemplar-based image translation[C]. IEEE/CVF Conference on Computer Vision and Pattern Recognition, 2020.

[218] ZHANG Q S, ZHANG S M, HAO Y Y, et al. Development of an invasive brain-machine interface with a monkey model[J]. Chinese Science Bulletin, 2012, 57 (16): 2036-2045.

[219] ZHANG W, WU D. Discriminative joint probability maximum mean discrepancy (DJP-MMD) for domain adaptation[C]. International Joint Conference on Neural Networks, 2020.

[220] ZHANG X. Context-aware human intent inference for improving human machine cooperation[C]. PhD Forum on Pervasive Computing and Communications, 2018, 456-457.

[221] ZHANG Y, CAI Q, YANG Z, et al. Generative adversarial imitation learning with neural network parameterization: Global optimality and convergence rate [C]. 37th International Conference on Machine Learning, 2020.

[222] ZHANG Y, WU C, QIAO C, et al. A cognitive computational model of driver warning response performance in connected vehicle systems [J]. IEEE Transactions on Intelligent Transportation Systems, 2022.

[223] ZHAO J, LI L, DENG F, et al. Discriminant geometrical and statistical alignment with density peaks for domain adaptation[J]. IEEE Transactions on Cybernetics, 2020, 52(2): 1193-1206.

[224] ZHAO L, MO Q, LIN S, et al. UCTGAN: Diverse image inpainting based on unsupervised cross-space translation[C]. IEEE/CVF Conference on Computer Vision and Pattern Recognition, 2020.

[225] ZHAO S, HAN J, JIANG X, et al. Exploring auditory network composition

during free listening to audio excerpts via group-wise sparse representation[C]. IEEE International Conference on Multimedia and Expo, 2016.

[226] ZHAO Y, CHEVREL P, CLAVEAU F, et al. Towards a driver model to clarify cooperation between drivers and haptic guidance systems[C]. 2020 IEEE International Conference on Systems, Man, and Cybernetics, 2020.

[227] ZHAO Z, SHI M, ZHAO X, et al. Active crowd counting with limited supervision[C]. European Conference on Computer Vision, 2020.

[228] ZHENG C, CHAM T J, CAI J. Pluralistic image completion[C]. IEEE/CVF Conference on Computer Vision and Pattern Recognition, 2020.

[229] ZHU B, LIU Z, ZHAO J, et al. Driver behavior characteristics identification strategies based on bionic intelligent algorithms[J]. IEEE Transactions on Human-Machine Systems, 2018, 48(6): 572-581.

[230] ZHU D, LI K, GUO L, et al. DICCCOL: Dense individualized and common connectivity-based cortical landmarks[J]. Cerebral Cortex, 2013, 23(4): 786-800.

[231] ZHU K, CAO Y, ZHAI W, et al. Self-promoted prototype refinement for few-shot class-incremental learning[C]. IEEE/CVF Conference on Computer Vision and Pattern Recognition (CVPR), 2021.

[232] ZHUANG Y, YAO S, MA C, et al. Admittance control based on EMG-Driven musculoskeletal model improves the human-robot synchronization[J]. IEEE Transactions on Industrial Informatics, 2019, 15(2): 1211-1218.

[233] ZIEBART B D, MAAS A L, BAGNELL J A, et al. Maximum entropy inverse reinforcement learning[C]. AAAI Conference on Artificial Intelligence, 2008.

[234] 陈虹, 郭洋洋, 刘俊, 等. 基于驾驶状态预测的人机力矩协同转向控制器设计[J]. 控制与决策, 2019, 34(11): 121-127.

[235] 邓晓燕, 俞祝良, 林灿光, 等. 基于脑机接口的人机共享控制技术研究[J]. 智能科学与技术学报, 2021, 3(1): 85-92.

[236] 冯悦, 王言伟, 耿欢. 战斗机智能座舱人机交互方式发展及应用[J]. 飞机设计, 2020, 40(4): 54-58.

[237] 弗洛里迪 L. 计算与信息哲学导论[M]. 北京: 商务印书馆, 2010.

[238] 高振刚, 陈无畏, 谈东奎, 等. 考虑驾驶员操纵失误的车道偏离辅助人机协同控制[J]. 机械工程学报, 2019, 55(16): 91-103.

[239] 龚洪浪. 基于人机协同技术的农业收割机故障诊断系统设计[J]. 农机化研究, 2018, 40(3): 203-207.

[240] 胡云峰, 曲婷, 刘俊, 等. 智能汽车人机协同控制的研究现状与展望[J]. 自动化学报, 2019, 45(7): 1261-1280.

[241] 李慧, 李贵卿. 人工智能时代人机协作工作模型构建研究[J]. 现代管理, 2020, 10(3): 8.

[242] 吕宝粮, 张亚倩, 郑伟龙. 情感脑机接口研究综述[J]. 智能科学与技术学报,

2021，3(1)：36-48.

[243]　毛磊，姚保寅，黄旭辉，等. 类脑计算芯片技术发展及军事应用浅析[J]. 军事文摘，2021，7：57-61.

[244]　彭宇新，綦金玮，黄鑫. 多媒体内容理解的研究现状与展望[J]. 计算机研究与发展，2019，56(1)：183-208.

[245]　尚婷，张勃，白婧荣. 基于驾驶员视觉特性的道路视错觉控速标线关键参数[J]. 科学技术与工程，2018，18(18)：300-307.

[246]　苏丽娟. 基于迁移学习的脑机融合系统的研究[D]. 杭州：浙江大学，2017.

[247]　王婷婷. 非侵入式多模态脑机接口研究与实现[D]. 天津：天津理工大学，2021.

[248]　王艺霖，邱静，黄瑞，等. 人机协同智能系统及其临床应用[J]. 电子科技大学学报，2020，49(4)：482-489.

[249]　习慈羊，黄文韬，吴浩苗，等. 基于人车路模式的汽车主动悬架 LQR 控制及 MATLAB 仿真[J]. 汽车实用技术，2019(11)：72-74.

[250]　俞一鹏. 脑机融合的混合智能系统：原型及行为学验证研究[D]. 杭州：浙江大学，2016.

[251]　张立军，唐鑫，孟德建. 面向驾驶意图识别的驾驶员头、面部视觉特征提取[J]. 汽车技术，2019，521(2)：18-24.

[252]　张蕊，杨冬，沈永旺，等. 基于 GA-BP 神经网络的接触式人机协作意图理解方法研究[J]. 组合机床与自动化加工技术，2019，000(011)：86-91.

[253]　邹德宝. 人机协同考验 AI 产业智慧[N]. 中国电子报，2020(006).

[254]　朱文武，王鑫，田永鸿，等. 多媒体智能：当多媒体遇到人工智能[J]. 中国图象图形学报，2022，27(9)：2551-2573.

第 3 章
人机混合增强智能的直觉推理

一般认为,人类的思维存在快慢两种模式,科学家将其分解成两个系统:系统 1(S1,快思维)和系统 2(S2,慢思维)。因果学习和知识推断能帮助人们找到更好的 S2 表征,综合演化、人机协同推断能建立不同源之间的连续推理。直觉思维偏 S1,基于它的直觉推理能形成基于认知地图的场景推理,创意设计则能够通过推理来实现创新性的成果,如图 3-1 所示。另外,在车辆驾驶中会涉及人机在感知、认知上的协同,以及决策与控制的交互。

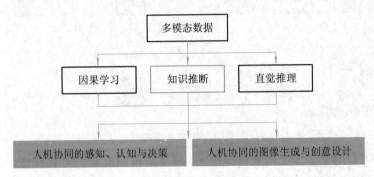

图 3-1 人机协同直觉推理现状与规划一览图

基于以上认识,本章将主要研究以下内容:

(1) 面向人机协同的因果学习;

(2) 人机协同知识推断技术;

(3) 基于直觉推理的场景推理;

(4) 人机协同的感知、认知与决策;

(5) 人机协同的图像生成与创意设计。

3.1 面向人机协同的因果学习与因果发现

在面向人机协同的情境下,因果学习框架包括对多模态数据进行关系学习,尝试因果发现,并结合综合推理技术确定不同的"综合源",在不同的推理空间进行推理与演绎,从而实现人机协同混合增强智能。

3.1.1 关系学习

在因果学习之前,传统的做法是对人类显式与隐式的知识因子间的关系进行学习。在现有人工智能理论框架中，对信息表达与联系进行合理建模的方式主要包括概率图模型和图表示学习。它们可以将知识的表达与联系转化为图的拓扑结构，从而将节点、节点与节点的连接边通过有监督或无监督的方式学习出一个恰当的向量表达。这也为后续的因果发现奠定了一定的前置基础。

1. 概率图模型

概率图模型是图论与概率论相结合的产物，它提供了概率分布的图形化表示。它通过因子化、条件独立化，以及各种独立图的建立，将知识的隐化与显化、相关性与因果化用嵌套图、马尔可夫链和贝叶斯图进行了有效表达。概率图模型在表达不同变量之间关系的时候具有简洁、直观的优点，可为不确定性推理提供有效的工具支持。如图 3.1-1 所示，方块或圆圈内的变量之间的因果关系仅通过箭头就得到了有效的表示。

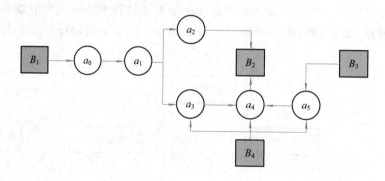

图 3.1-1　概率图模型

与近年来流行的黑盒深度网络模型相比，概率图模型有好的可解释性，且可以在不改变模型结构的前提下进行任何变量的问题查询与推断。这对于理解人类智能和构造可解释的人工智能模型至关重要。

在模型设计上，概率图模型已经演化出多个变种，包括隐马尔可夫模型、条件随机场、高斯网络模型、时态模型等。虽然对不同的模型来说，它们的网络结构、表示方法和类型等存在明显差异，但都围绕着条件独立性假设对变量集构成的联合概率分布进行推导化简、因子分解和推理计算。在推理算法与机制方面，概率图模型的研究内容包括多圈信念传播算法、消息传播调度机制等。因为其独特的优势，概率图模型已经广泛用于涉及知识表示的高维度复杂数据中。然而其不足也是明显的，如在最优图模型的构造上不存在唯一解，在复杂维度时构图有选择性困难，对隐变量选择有依赖性等。因此，为解决这些不足，近年来又出现了一种趋势——将深度学习与概率图模型结合起来，从图表示学习角度研究人机协同的知识表示。

2. 图表示学习

图表示学习旨在从图结构数据中学习到节点、边等的向量表征，将结构信息融入属性信息中。一般地，图的结构信息由图的邻接矩阵描述。但实际应用中，邻接矩阵存在高维数、高稀疏性、异构性等特性而难以被高效利用。因此产生了图表示学习（如图 3.1-2 所示）的需求，其目的是通过学习一些低维度的、稠密的表征向量来表示节点或边，同时在同一个向量空间中整合异构的信息，以提升具有大规模图的任务的计算效率。

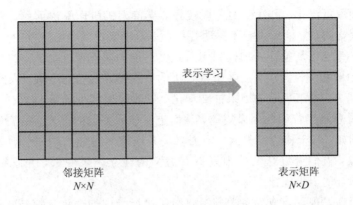

邻接矩阵
$N×N$

表示学习

表示矩阵
$N×D$

图 3.1 - 2　图表示学习

传统表示学习方法主要指在深度学习成为目前主流方法之前的机器学习方法，其主要分为两个流派。其一是基于重构的方法，即对数据进行压缩复原以保留稠密和重要信息，如线性的主成分分析、非线性的谱聚类、AROPE，以及采用流形假设的局部线性嵌入、ISOMAP 和拉普拉斯映射等非线性降维方法等。其二是基于流形正则的方法，其特点是直接将流形的光滑性或其他属性构成损失函数来约束目标的实现。

传统表示学习方法在结构化的欧氏空间数据上取得了良好的成绩，然而现实中更常见的是非欧氏、非结构化的数据，如在三级折叠后呈现表达功能的三级蛋白质结构、目前比较流行的知识图谱等。针对这类数据，传统表示学习方法主要面临四大困境：① 很难捕捉高度非线性结构；② 难以同时保全数据的局部与全局信息；③ 难以获取节点的全部属性信息；④ 特征稀疏性带来了计算性能问题。要解决这些问题，近年来的思路是利用深度学习的图表示方法在高度非线性结构上进行相应的表达和建模。

具体来说，通过定义一个合适的图网络(其中每层均是由节点和边构成的图)，采用图表示学习技术将原本不规则的数据改造成规则的数据。然而，随机游走的图表示学习技术(如 DeepWalk、LINE 等)存在两个致命缺点：① 图中节点之间不存在任何的参数共享，导致计算量与节点数量呈线性增长；② 图嵌入技术缺乏泛化能力，导致不能处理动态图或推广至新的图。

由此延伸出基于深度神经网络的图表示学习技术，如图卷积神经网络 GCN、图注意力神经网络 GAT 等。除此之外，图表示学习技术还存在两大研究方向：结构学习方向与属性学习方向。结构学习方向又可分为保持高阶邻近度的 SDNE、保持全局结构的 DRNE、保持超结构的 DHNE 等。属性学习方向主要有专注于不确定性属性的深度变异网络嵌入 DVNE、深度转换的基于高阶拉普拉斯(Laplacian)的高斯过程 DepthLGP。

考虑到图的结构规模、计算机效率、时间描述问题、异质数据问题，未来图表示学习值得研究的方向包括大规模图表示学习的并行计算范式、动态图表示学习设计、利用图子结构的表示学习、异质性图网络的表示学习等。

3.1.2　因果发现

因果发现算法的目的是在只有观察数据而无法进行控制实验的情况下发现数据背后的因果关系。在人机协同的过程中，因果发现可以帮助人类梳理数据中关键要素的因果关系，从数据中抽取可泛化、可迁移的一般规律，支持人机协作解决问题，克服抽象问题难理解、算法过程难解释、推理过程不透明等问题，对于实现混合增强智能至关重要。

发现因果关系、反复验证并加以利用是人类思维的固有特征。现行的统计学习算法主要以发现数据中的相关性为主，局限于可收集的数据分布。与此不同，人类通常具有很强的泛化或推广能力。基于现有的因果推断理论，目前普遍认可的策略是：人类通常会运用高度的抽象能力总结出背后的因果规律，从而进行领域普适的推理。相关策略形成了可用的算法先验。例如，基于稀疏性先验，即因果关系应该尽可能简约（奥卡姆剃刀原则），通过高层次的抽象，人们可以从数据中发掘有意义的独立因果变量，并总结出变量间的关系，从而得出隐含的因果规律。

近年来，因果发现逐渐成为各学科领域和应用场景中的一项支撑技术。在应用中，因果发现常归结为构建数据对应的因果图（Causal Graph），即数据背后的因果变量表示为图节点，因果关系表示为图的边。基于因果变量与因果关系，便可以利用结构化的因果模型（SCM）来描述数据的生成过程。一个稳定不变的因果图结构可以降低训练和测试分布迁移（Distribution Shift）带来的泛化问题。在因果推断中，传统的因果图结构通常是由人类专家基于先验知识构建的因果贝叶斯网络图。然而，当面对真实、高维的复杂场景时，应用这种方法较为困难。所以，探索如何自动从数据中得到因果图结构、实现因果发现是实现人机协同混合增强智能的关键。

一般而言，随机对照实验是因果发现的一个黄金方法。然而，这种实验在实际情况下往往成本很高，甚至在某种情况下是不可能的。因此，越来越多的研究人员开始关注于仅从一些可观测到的数据中发现变量之间的因果关系，换句话说，就是从观测到的数据中恢复一个有向无环图（Directed Acyclic Graph，DAG）。现有的因果发现方法一般可以根据判断依据不同分为三类：基于约束的方法、基于函数的方法和基于分数的方法。本节将从这些角度对现有因果发现方法的研究思路、实现方法以及优缺点进行阐述。

1. 基于约束的方法

基于约束的方法主要起源于 PC 算法（由提出者 Peter 和 Clark 的名字首字母组成）。它包含三个步骤。首先是邻接矩阵搜索，即使用独立性或条件独立性检验以确定变量间的独立性，得到因果图的骨架和分离集合。然后，根据第一步得到的分离集合，采用 PC 算法从因果图骨架中找出 V 形结构并确定其边的因果方向。最后，使用额外附加规则尽可能确定剩余无向边的方向。

然而，由于 PC 算法第三步中的附加规则不完善，在大多数情况下无法确定所有无向边的方向，因此 PC 算法最终获得的只是一组马尔可夫等价类（Markov Equivalence Class）。在 PC 算法被提出之后，许多研究者对其进行了进一步的扩展和改进。Colombo 和 Maathuis 指出，PC 算法具有高度的顺序依赖性，不同的变量顺序会导致不同的骨架、分离集和方向。因此，他们修改了 PC 算法的前两个步骤，提出了一种与顺序无关的因果发现方法，该方法在高维度数据上的性能得到了提升。然而，由于这个方法只考虑了 PC 算法前两步的顺序依赖性，没有改善第三步中附加规则的完整性，因此最终结果仍是马尔可夫等价类。此外，实验表明，改进后的 PC 算法还存在其他问题，如得到的因果图中可能存在双向箭头，当存在混淆因子（Confounder）时会得到错误结果等。

针对 PC 算法不能解决潜在混淆因子的问题，快速因果推断（Fast Causal Inference，

FCI)方法在 PC 算法中增加了额外的条件独立性检验,当存在潜在混杂因素和选择误差时也能识别出因果关系。但是,FCI 的计算复杂度会随着变量数目而呈指数级上升。真快因果推断方法(Really Fast Causal Inference,RFCI)进一步改进了 FCI 算法,该法在第一步中减少了不必要的分离集合条件的独立性测试,在加快速度的同时降低了高维数据的复杂性。此外,该法将 PC 算法第三步的定向规则进行了扩充,以保证 FCI 在标准假设下的完整性,并且证明了扩充新的定向规则后,FCI 在任何基于祖先图(Ancestral Graphs)模型的因果发现和推理系统中都是有效的。在最新的研究中,德国不来梅大学(Universität Bremen)团队提供了一种多重归因方法,在有少量高斯噪声变量或者离散外生变量的情况下取得了优异的结果,并且将基于约束的因果发现问题的重点转移到了处理缺失值上。

　　然而,虽然在 PC 算法的基础上许多先进的基于约束的因果发现方法被提出,并且在不同的合成数据中卓有成效,但它们仍存在一个共同问题:在大多数现实世界的数据集中,它们最终只能得到一组马尔可夫等价类,而不是完整、唯一、确定的有向无环图。

　　2. 基于函数的方法

　　与基于约束的方法不同,基于函数的方法依赖于数据生成过程中的因果机制,使用因果函数模型来确定变量之间的因果方向。这些方法主要包括线性非高斯非循环模型(Linear Non-Gaussian Acyclic Models,LiNGAM)、加性噪声模型(Additive Noise Models,ANM)和后非线性模型(Post Non-Linear models,PNL)等。这些方法进行因果发现时都会依赖必要但合理的假设,如线性假设、非高斯噪声假设和无混杂因素假设等。LiNGAM 是经典而广泛使用的模型之一,它假设生成数据的函数是线性的,随机噪声是服从非高斯分布的。当样本数量足够大且不存在混淆因子时,LiNGAM 可通过独立成分分析(Independent Component Analysis,ICA)有效估计完整的因果结构,而不只是一个马尔可夫等价类,并且不需要预先指定变量的因果顺序等条件。然而,LiNGAM 也存在缺陷。首先,LiNGAM 只有在所有假设都满足时才能达到较好的效果,但现实数据不一定满足所有假设。其次,因为 ICA 的优化只能得到次优解,因此 LiNGAM 的结果也不是全局最优。为了解决这个问题,DirectLiNGAM 从给定数据中依次减去每个独立成分的影响,从而估计变量的因果顺序。这种直接的方法可以估计线性非高斯条件下的因果排序,不必使用基于参数空间的迭代算法。DirectLiNGAM 可确保在数据严格遵循模型假设的情况下,模型在很少的固定步数内收敛到正确的解决方案。

　　考虑到混淆因子的存在,LvLiNGAM 提供了一种线性、噪声非高斯、带有混杂因素的因果模型估计算法,但是它只适用于低维度和小样本量的数据,并且只能得到一组马尔可夫等价类。与 LvLiNGAM 相比,LiNGAM-GC 提出了一种因果变量对的方向识别方法,可在有高斯混杂因素的情况下识别出因果关系和因果强度。LiNGAM-GC 还使用 DirectLiNGAM 将其扩展到多变量的情况。此外,MLCLLiNGAM 模型不仅可以在有混淆因子的情况下恢复因果结构,还可以识别这些混杂因素和受其影响的变量。但 MLCLLiNGAM 的局限性在于它只能得到部分有向无环图(Partial Directed Acyclic Graphs,PDAG),在继续使用其他方法处理之后才能得到完整的有向无环图。

　　为了去除对噪声分布的假设,广东工业大学团队提出了基于熵的因果发现模型。该模型能从服从任意分布的噪声或带测量误差的数据中识别因果关系,但它的计算复杂度较高,不适用于高维度的数据。因此,高维确定性模型(High-Dimensional Deterministic

Model，HDDM)利用两个候选的规则来解决任意噪声分布条件下的高维度、多变量因果发现问题，并利用再生核希尔伯特空间(Reproducing Kernel Hilbert Space，RKHS)的特性，在高维空间中把非线性关系转化为线性关系，再进行因果发现。

3. 基于分数的方法

因果和反因果方向之间存在一定的信息不对称性，基于分数的方法就使用这样的不对称性来确定变量之间的因果关系。线性追踪模型(Linear Trace Model，LTM)指出，跟踪条件的测量值在因果方向上近似等于零，在反因果方向上小于零。基于因果方向的分布独立性，信息几何因果推理(Information-Geometric Causal Inference，IGCI)提出，对两个变量 X 和 Y，当条件分布 $P(Y|X)$ 和边缘分布 $P(X)$ 之间满足分布的独立性条件时，X 是原因，Y 是结果。

对于非线性条件下的因果发现问题，核追踪法(Kernelized Trace Method)将非线性数据映射到再生核希尔伯特空间(RKHS)，然后使用线性追踪模型(LTM)识别因果关系。和核追踪法不同的是，香港中文大学团队提出的方法虽也用 RKHS，但是该方法没有使用原因和结构矩阵之间的独立性，而是考察重建核希尔伯特空间(RKHS)中原因的平均嵌入协方差矩阵以及给定原因的条件嵌入协方差矩阵，根据两个矩阵的独立性来发现因果关系。同时，也有一些方法基于分数模型的拓扑排序变量来进行因果发现。例如，SCORE 是一种非线性加性噪声模型的因果发现方法，该法首先拟合数据分布以识别因果图的叶子节点，然后使用经典剪枝方法(如稀疏回归)，最终获得因果无向图。而 DiffAN 则利用了扩散概率模型(Diffusion Probabilistic Models，DPM)来学习节点的拓扑顺序，从而实现高维数据中的因果发现。

另一方面，NOTEARS、NOFEARS 和 DARLING 等方法将离散的有向无环约束转化为一个等价的连续约束，再利用拉格朗日乘子法将其转化为无约束问题，最终用梯度下降法优化求解，学习有向无环图。然而，当违反高斯噪声假设时，上述方法的因果方向的识别性能有限。为此，广东工业大学研究团队提出了一种更普遍的基于熵的损失函数，利用该函数，在任意分布噪声下都可得到更好的结果。与上述方法不同，GFlowCausal 模型将因果发现问题转换为生成问题，其并不直接搜索因果有向无环图，而是学习一个强化学习策略。这个策略根据流量匹配条件，在节点之间逐渐添加边，逐步生成各种具有较高奖励的有向无环图。

总结起来，因果发现算法的前沿研究主要集中于解决以下几方面问题：第一，发现完整的因果图，而不只是马尔可夫等价类；第二，放宽因果发现的假设，如线性关系、特定分布的噪声或不存在未识别的混淆因子。第三，发现高维、多变量的抽象数据中的因果关系。这几方面的关键在于让因果发现的过程和结果更符合人类的认知，从而支持人机协作。

3.1.3 因果推理

因果推理是研究因果关系及其推理规则的一类推理方法的统称。图灵奖得主朱迪亚·珀尔(Judea Pearl)在 *Causality*(《因果论》)一书中提出了 SCM(Structural Causal Model)，即结构化的因果推理模型。他将因果推理过程流程化，把 SCM 分为三部分：第一部分是图模型(Directed Acyclic Graph，DAG)，第二部分是结构化方程，第三部分是反事实和介入逻辑(也称为假设性逻辑)。图 3.1 - 3 为 SCM 作为推断引擎时的运行流程。

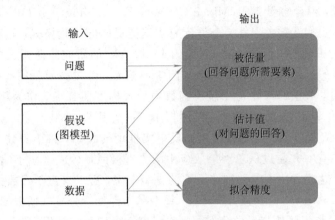

图 3.1 - 3　SCM 作为推断引擎时的运行流程

SCM 基于事实、证据及规则的图模型，通过假想修改证据和规则形成对事实的干预(intervention)和反事实(counterfactual)，从而得到基于干预和反事实的新概率分布。由此既能按分布生成新数据，也能依据数据分布拟合模型，并且能指导反事实预测。

在经典的统计学习模型中，模型的有监督训练通常是学习给定的数据和标签之间的相关性。然而，这隐含了假设测试和训练数据服从相同的分布。当测试和训练数据的分布不同(存在分布偏移)时，模型在测试数据中的性能会衰减。对此现象的一种解释是：统计学习模型训练时学习了虚假相关性，这些虚假相关性反映了数据集的特定偏差，而不是数据背后的因果规律。而利用因果推断中的干预和反事实等方法，可检测和消除数据集偏差带来的影响。根据着重点不同，这些消除偏差的方法可分为两类：一类注重处理训练数据(基于样本)，另一类则注重改进模型(基于模型)。

(1) 基于样本的方法。从训练数据的角度看，一方面可利用全局加权，调整每个输入样本的权重，从而去除样本特征的相关性，消除受混淆的和无关的特征之间的伪相关性；另一方面，利用虚假模式的识别和修复方法(Spurious Pattern Identification and Repair，SPIRE)，通过增加原始数据的反事实图像来实现数据增强(Data Augmentation)，将原始训练分布转化为平衡分布，使虚假模式被抹除，不再起作用。相关方法的典型应用为视觉问答任务(Visual Question Answering，VQA)，即按图回答指定问题。随着 VQA - CP 数据集的引入，更多工作开始关注在 VQA 任务中利用反事实思想消除问题和答案之间虚假的相关性，避免模型无视图像而直接根据问题盲猜答案。典型的方法是通过额外图像编辑模型去除图像中的物体，生成反事实样本，并将这些样本加入训练数据中，从而提高 VQA 模型的稳健性。反事实样本合成(Counterfactual Samples Synthesis，CSS)方法则避免使用复杂的图像编辑模型，而是直接遮盖了关键物体或关键词，从而产生反事实样本。该法被证明能使模型集中在正确的图像特征和问题词上，并显著提高性能。然而，这些基于样本的方法往往需要数据集的先验知识，相关知识有时并不存在或不通用，即便存在也难以产生足够的反事实图像来平衡数据集。为此，无偏 VQA 模型通过基于知识蒸馏的随机推理(Casual Inference with Knowledge Distillation，CIKD)将偶然目标知识转移到传统的 VQA 模型中，从而减少了问题偏差带来的影响。

（2）基于模型的方法。基于模型的方法从模型结构和训练方式的角度出发来进行有效的因果推理。例如，混合容量集成（Mixed Capacity Ensembling，MCE）方法定义了两个不同的模型：一个负责捕获偏差，另一个负责捕获其他更好的泛化模式。这两个模型配合以避免数据集偏差的影响。相似地，Meta（原为 Facebook）的研究团队提出学习两个特征空间：一个用于学习感兴趣的类别；另一个专门学习偏差，以提高模型的泛化能力。而从训练方法的角度来看，典型的策略是在损失函数中加入梯度监督项，作为额外的约束条件，用于调整决策边界，鼓励模型学习数据背后的因果机制。进一步地，反事实（Counterfactual VQA，CF-VQA）模型遵循反事实推理的思想，将语言偏差表示为问题对答案的直接因果效应，并通过从总因果效应中减去直接因果效应来减小偏差。与基于训练数据的方法相比，这些方法不需要训练数据的先验知识，可以自主学习数据集偏差。此外，变分因果推断（Variational Causal Inference）模型基于深度变分贝叶斯框架，考察事实数据的高维嵌入表征以及相似参与者的分布，构建反事实推理下的结果。为了评价不同因果推理方法的性能，在缺乏监督信号的情况下，加利福尼亚大学洛杉矶分校（University of California，Los Angeles）的研究团队考察损失函数的导数以验证模型，测量因果推理方法的估计误差，在 77 个基准数据集上验证了该方法的准确性。

相较于因果发现方法，因果推理方法的现实应用更加广泛。在微生物学、遗传病学、医疗保健、流行病学等医疗和卫生领域，采用因果推理方法可以更加精确、清晰地理解数据内在因果要素的相互关系，从而为药物开发、疾病预防与精准医疗等领域的相关人工智能技术提供可靠的信息参考。此外，因果推理还被广泛应用于人机交互设计中。例如，利用因果推理方法识别人类情感，感知人类行为和协调机器行为决策等。

3.1.4 发展趋势和建议

尽管在人工智能领域，深度学习方法取得了巨大的成功，但是遗憾的是，这些模型仍然和人类的认知相差甚远。这些模型一般基于数据集独立同分布的假设。虽然此假设下的机器学习泛化理论可以保证模型的泛化或推广能力，但是在真实世界的应用场景里，独立同分布假设通常难以满足。

近年来机器学习理论与方法在不同领域都取得了显著的成效，但如果与人类或自然界的动物相比，就会发现机器学习仍然无法很好地模仿人类或动物的许多独特的技能或者行为。例如，将已经学习到的解决某类问题的能力有效快速地迁移到另一类新问题上，不同问题之间进行任意形式的泛化（这里的泛化不仅包括数据点之间的泛化，也包括域和域之间的泛化），从一类问题转移到另一类问题上。如何处理分布外（out-of-distribution）的数据，从而提取更通用的知识，是当前人机协同混合智能大规模应用所需要解决的迫切问题。作为一种可以帮助机器学习更加稳健和准确建模的方法，因果学习是帮助模型实现泛化的关键。

然而，由于传统的因果方法没有充分引入稀疏因子图先验的约束，因此在高维场景下，目前自动因果发现的方法仍然存在学习复杂度过高的问题，以至于离实用还有一定的距离。近年来，在高维场景下诞生了 CausalVAE 和 DEAR 等因果发现方法。其思路如图 3.1-4 所示。它们采用了一种常见的处理高维数据的策略，即利用深度生成模型将高维数据编码至低维空间，接着应用 NOTEARS 等基于约束的连续优化方法来实现因果结构发现。但是由于这些方法采用了先降维再学习因果结构的两步法，为了简化学习过程，其对因果关系采用了直接的线性假设，因此这些方法在复杂一点的非线性因果关系上的表现并不如意。

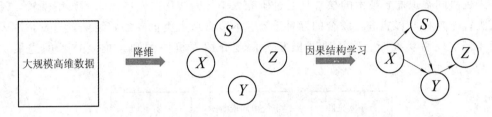

图 3.1-4　因果发现方法的产生思路

此外，现存因果发现方法的测评主要还是基于模拟数据集，数据驱动的机器学习方法受到数据集的限制会产生系统性的偏差，因此在迁移至真实场景时，能否将学到的有向无环图结构定义为数据背后的因果关系还有待研究。发掘数据背后的因果知识还有很长的路要走，如果盲目地将结构化模型解释为可靠的因果变量可能存在很大问题。为了更好地评估因果发现方法的有效性，迫切地需要一个高质量的大规模因果发现数据集来验证模型的有效性。

未来应该在更完善的大规模数据集的基础上进一步引入稀疏因子图的因果先验，并结合深度学习中的生成对抗网络（GAN）、变分自编码器（VAE）、流模型（FLOW）等生成模型，从数据中学习高维到低维的因果独立性因子的映射，而基于因果独立性因子，通过图神经网络（GNN）、强化学习等组合学习方法发掘它们之间非线性的因果关系，从高维数据中学习稳定的因果图结构并提取鲁棒的知识仍是一个值得继续探索的大方向。

3.1.5　因果学习的意义

人机协同的因果推理体现了在典型的开放环境下，人机协同高级抽象的因果推理思维活动。因果推理算法在多模态领域的攻关及相应系统的成功开发，将为制造、建筑、影视、广告、新闻等行业在创意设计方面产生重大的技术创新与效益提升点，为降低人力成本、提升设计效率、激发创意思想等方面的自主创新做出贡献，提升产业竞争力与影响力。例如，基于上述工作，将因果图谱支持下的跨媒体创意设计理论、方法和技术应用于跨域转换、内容合成、细节生成、形象夸张等创意设计任务，并以"创意设计"智能创作原型系统为例进行应用验证。

将因果图谱推理与多媒体创意设计深度融合，如智能广告生成、AI 主播等，在一些领域已经开始显现出经济价值和社会效应。多媒体创意设计的典型行业如电商、动画是我国部分地区的强势产业，这些产业的规模大，对人工智能技术的需求迫切，它们有能力、采用智能设计技术推动自身产业升级。考虑到平面、视频、动漫、文创产品能有效支持相关产业的创意设计，基于因果图谱的创意形式化方法的研究将带来巨大的经济效益，年增利润将非常可观。

3.2 人机协同知识推断技术

人机协同知识推断技术的核心是通过研究人类长期演化而发展出来的归纳偏置，探索将人类智能与机器智能进行联合的互补形态。本节将从人类世界的归纳偏置出发，并从贝叶斯推断、反事实推断、群智协同推断等角度介绍人机协同知识推断技术的进展，如图3.2-1所示。

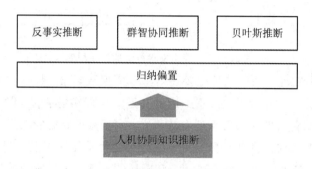

图 3.2 - 1 人机协同知识推断技术的进展

3.2.1 反事实推断

传统的机器学习方法是基于数据建构模型，运用模型对数据进行预测和分析的一种数据驱动方法。它往往只对变量之间的相关性进行分析，较少关心变量之间的因果关系，缺乏对因果关系的理解。人类在面对决策问题时选择最优决策的过程是依赖于因果关系的。因此，将因果关系的理论和方法引入机器学习中，一方面可以使模型更具解释性，另一方面模型的适应性和鲁棒性也会有相应提升。研究过程中既可以通过主动实施实验来分析因果关系，也可以通过观测已发生事件的结果来评估因果效应。

然而，由于基于实验的研究方法耗时、耗力甚至涉及伦理问题（如通过强迫受试者吸毒来评估吸毒的成瘾性，这种实验是不道德的），因此，多数因果关系的研究将重点放在基于观测的研究上，直接从现实世界中已有的数据出发进行因果效应的估计。潜在结果模型和结构因果模型是目前常用的两种估计方法。

潜在结果模型由美国哈佛大学统计学家唐纳德·鲁宾于 1978 年提出，用于比较一个研究对象在接受干预和不接受干预时的结果差异，并评估这种差异在接受干预和不接受干预后的效果。

结构因果模型由图灵奖得主朱迪亚·珀尔在 1995 年提出，由因果图和因果结构方程构成。珀尔提出的因果之梯共三层，分别是关联、干预和反事实推断。其中，干预和反事实推断是结构因果模型关注的内容。干预是对变量之间相关关系的进一步研究，探索这种相关关系是否可以强化为一种因果关系；反事实推断则是对已发生事件进行分析，即在一个平行世界或数字孪生中，对某一个事件的因进行操纵并分析事件的果如何变化。反事实推断中提到的平行世界是一种高度智能化的模型，其具有的能力类似于人类的想象能力，即模拟(想象)一个与原来不同的环境,推断研究对象在新环境下的结果。反事实推断可以帮助人类在观测数据有限的情况下,通过模拟实验对事实的因进行干预来得到更多的反事实结果,并将其与已发生事件进行结果比对,进而优化决策。因果模型常用于自然语言处理、计算机视觉及人机协同领域。

值得指出的是,将因果模型应用于自然语言处理任务,寻找语言数据集中的随机变量、混杂因子或事先定义的因果关系等任务并不容易。反事实推断则可以绕过对因果关系进行明确定义这一步骤,以人在回路的方式进行数据增强处理,避免数据伪相关对实验结果的干扰。

在视觉任务上,有监督学习很容易受伪相关干扰,导致学习出的结果带有偏差。例如,有监督学习很容易学习到图像中的背景与目标之间的关系,而在人类认知中二者不难解耦合。为了避免这种伪相关关系对模型性能的影响,可以将因果思想融入已有模型中。目前,有学者提出因果生成模型,用于解耦合伪相关关系,即对卷积神经网络中的通道进行值调整,实现因果模型中的干预,并用反事实推断的方法检验通道之间是否为解耦合。

将反事实推断与人类知识融合以优化决策的人机协同工作方法有不少应用。例如,在公共卫生领域,反事实推断协同医生对常见疾病进行诊断,在罕见病诊断方面反事实推断算法的性能已超过纯人工诊断水平;结合反事实推断可以协助医生选择治疗药物,开出更好的药方等。又如,在教育领域,用反事实推断辅助评估不同的教学方法对学生群体的影响。

反事实推断旨在通过观测现实世界,借助模拟系统来获取现实中无法得到的反事实关系。通过这种反向操作,能够使计算机习得人特有的反思性认知能力,从而提升决策能力。由于这是一种基于模型的方法,因此该法可以应用于不同数据分布的数据集,其适应性相对于传统的机器学习方法有进一步提升。此外,基于因果关系,反事实推断能提升模型的可解释性,且可以规避目前人工智能算法中模型在学习伪相关等表层表征时不够鲁棒的问题。

未来人工智能的发展中,可以把反事实推断融入现有的人工智能算法中,得到更鲁棒的预测。比如,可以与 VAE、GAN、Diffusion Model 等生成式模型相结合,学习隐变量间的因果关系并通过反事实推断来生成更真实的结果,如图 3.2 − 2 所示。今后,可以考虑寻找多技术联动的综合方法,将现存的深度神经网络融入反事实推理的模块,使其超越数据集中的偏置,实现鲁棒的预测。

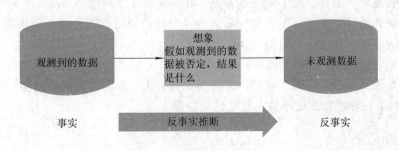

图 3.2 − 2　反事实推断技术

3.2.2   群智协同推断

在现实世界中，大多数推断决策过程并非由单个个体完成。例如，驾驶车辆时，除了根据目的地来规划当前的路线外，还需要根据道路场景中其他参与者（如车辆、行人等）的行为来调整自己的驾驶路径；在围棋等博弈类游戏中，也需要实时根据对手的策略来调整自己的策略。因此，为了实现真正的人机混合智能，让机器具备群体智能决策能力并融入人类群体决策的过程中，是不可或缺的一步。

第一步是让智能体具备群体智能决策能力。目前，已有很多关于多智能体系统或决策的研究。此类任务大概可以分为两类：协同与对抗。第一类任务是群体协作，即多个智能体需要共同完成同一个任务，它们有着共同的目标。通常这类算法会使用强化学习的范式进行训练。最早的算法是将每个智能体都单独看作一个独立个体，单独使用 Q-Learning 等算法进行训练。此类方法的结果较差，因为在多智能体的设定下，环境变化会受到其他智能体动作的影响，而在单智能体算法中没有考虑到这一点。随后，出现了很多基于奖励或任务的信度分配、基于多智能体设定的探索策略等算法。这些算法在多智能体任务中有很好的表现。另一类任务则是多智能体群体间的对抗，如围棋、桥牌等，此类环境需要多个智能体在同一个环境中进行博弈对抗，以最大化自身所得的奖励为目标。这类算法往往从博弈论角度出发，试图通过自博弈(self-play)的方式来找到一个满足纳什均衡的策略。近年来很多博弈类游戏(如围棋)已被多智能体算法攻克。例如，Alpha 家族算法通常将强化学习与蒙特卡洛树算法结合，通过自博弈范式训练得到一个纳什均衡策略；德州扑克、桥牌则通常使用反事实遗憾最小化(Couter Factual Regretting，CFR)算法等。

更进一步地，我们希望智能体能够像人类一样，具备从对方的动作中观察并学习的能力，这也是人机协同中至关重要的一个部分。在很多时候，人们很难找到一种有效且高速的沟通方式，即能够在与智能体进行协同、完成任务时及时传达自己的所需。但是，当拥有一定先验后，人类能通过对方的动作猜测对方的目的。这在认知科学中被称为"Theory of Mind"。现在一些算法已经将这套理论融入智能体算法设计中，且完成了一些极具挑战性的任务。另外，在真实环境中，并不是所有的智能体都与自己拥有相同的目的，有些是自己的对手，且隐瞒了真实的身份。对于人类而言，我们能够猜测对方是对手还是队友，但对于智能体算法，这是一个非常困难的任务。目前也有工作针对此问题进行研究，旨在为以后在真实环境中随机组队完成任务奠定基础。

事实上，要实现多智能体间的信息交互，不仅需要了解各智能体对环境的认识，还需要考察每个智能体的意图。为了实现这一点，近期复旦大学的陈捷等提出了基于解耦学习联合感知和认知的双重图注意力模型与嵌入内存单元的通用解耦合消息传递框架，它们将有助于实现大规模多智能体的有效沟通。

由此可知，若要真正实现人机协同，让算法具备完成多智能体之间的协作、博弈等任务的功能是至关重要的，且需让智能体像人类一样，从对方的行为或者其他信息中推断对方的意图、目的，猜测对方在环境中的角色与身份。

3.2.3   贝叶斯推断

贝叶斯脑假说指出，人脑使用内置的生成模型来更新感知的后验信念。因此，相对于容易受到噪声和对抗攻击影响的神经网络，人类拥有更健壮的感知和决策能力。人通常可以不假思索地结合常识和知识调整判断，而贝叶斯推断则能将这些归纳成概率表示，帮助我们做出更精准的评估。因此，在人机协同知识推断中，利用贝叶斯推断，合理地将人类的先验知识融入机器的推断中，可以更好地利用人类智能和机器智能的差异性和互补性。

贝叶斯推断在数学上基于最基本的贝叶斯定理，通过计算后验概率进行推断，而后验概率的计算和先验概率及其似然概率的乘积成正比。因此，贝叶斯推断可以很自然地将人类对任务的先验知识融入模型，再通过从数据中习得的似然函数对先验概率进行纠正，从而计算出更精准的后验概率。

自 20 世纪 50 年代后期开始，贝叶斯推断一直是模式识别技术的基础。很多经典的概率模型都可以由贝叶斯方法得到，如卡尔曼滤波、朴素贝叶斯、线性回归等。与直接进行参数点估计的传统统计推断不同，贝叶斯推断通过估计参数的分布保留了不确定性，从而可以得到更鲁棒的预测结果，并且它可以利用流式数据实时迭代地更新先验概率，因此它还具有需求数据量少的优点。然而贝叶斯推断也存在计算成本很高、受限于先验概率的具体形式以至于表达能力受限等问题。

近年来，为了解决计算代价过高的问题，除了常见的吉布斯采样和变分推断等近似方法外，也持续有更新的优化技术提出，如使用深度可逆网络来参数化高效的蒙特卡洛马尔可夫链方法，使用伴随微分的拉普拉斯逼近法来加速推断过程等。为了解决表达能力的问题，还有一批可学习先验知识的方法。例如，在视频推断任务中，利用循环神经网络从历史编码序列中迭代地学习先验知识。又如，引入层次化的手段，利用层次化变分分布来提高先验概率的表达能力。这些方法都推进了贝叶斯推断的研究。今后，我们可以进一步考虑如何通过人机协同的手段让机器从人类专家的数据中学习出自适应的先验知识，并通过新一代近似推断方法解决学习复杂度高的问题。

3.2.4　人机协同知识推断的意义

目前，基于数据驱动的人工智能算法主要学习数据中的相关性。然而，当前许多社会问题和经济问题等其实属于决策问题，在这种情况下相关性的学习可能会误导模型的决策结果。

为了更好地利用人工智能算法来辅助决策，实现更可靠和鲁棒的推断，现今流行的深度学习尝试引入因果推断、群智协同推断和贝叶斯推断等技术，以进一步学到数据生成背后的因果规律。

例如，在医疗诊断中，医生需要确定病因，进而向病人解释症状。然而，现有的机器学习诊断方法是完全基于相关性的，它虽然可以从总体识别出与病人症状强相关的疾病，但是缺乏基于每个病人的历史病情进行更精确诊断的能力。为了克服这一点，英国数字医疗公司(Babylon Health)将诊断重新形式化为反事实推断任务，并得到反事实诊断算法，实现了专家级别的临床准确率。

不难推测，人机协同的知识推断技术将在未来产生巨大的社会效益和经济效益。

3.3 基于直觉推理的场景推理/认知地图

人机协同中，通常需要结合人工智能和人的智能。计算机拥有远超人类的符号计算能力和数据存储能力，但由于真实环境中的不确定性和复杂变化，人工智能算法并不能灵活应用，其鲁棒性差，分析层次浅，泛化能力弱。虽然人工智能具有规范性、确定性、可复现性和逻辑性，但是人类能够根据已有的知识和经验构建认知地图，从而通过直觉推理进行灵活的判断，人的智能具有创造性。合理结合人工智能和人的智能，探索人机交互协同，能够极大地提高人工智能系统对复杂任务的认知与决策能力，以及对复杂情形的适应能力。

本节将研究人类直觉推理机制和认知地图理论，试图探索人类在复杂环境中提取组合、比较、信息编码并高效决策的方法，研究机器如何模仿人类的认知体系，借鉴人脑的认知推理机制建模物理世界，实现理解世界、直觉推理和决策规划，赋予机器场景推理的能力。除此以外，本节还将人类与机器智能有机结合，采用直觉推理技术，构建鲁棒性强、分析层次深、泛化能力好的系统，以便为人机协同混合智能提供高效通用的算法和模型。

为便于介绍人类的认知体系和认知地图的基础理论，引出基于直觉推理的场景推理及相关技术，本节内容分成三小节，具体包括直觉推理机制与认知地图、基于直觉的场景推理、人机协同直觉推理技术。

3.3.1 直觉推理机制与认知地图

直觉过程是人脑高速分析、反馈、判别、决断的过程。人类许多时候都在进行综合风险判断，但这常常是不耗费精力的。研究表明，人类直觉判断的平均正确率比非直觉判断更高。人类习惯于在日常生活中做出直觉决策。例如，走路时不区分地面的实际组成和精细程度，判断两个物体的远近，察觉对方语气中的情感，选择一本要读的书，等等。直觉决策不是只使用常识，它还涉及对外部信息的感知和意识。直觉帮助人类在复杂和动态环境中快速决策，并在解决问题时极大地缩小了搜索空间，使人类的认知更加高效。

产生于头脑中的这种认知模式可看作在先验知识的基础上构建的世界模型，而世界模型也可看作人脑的认知地图。认知地图，又称心理地图或心智模式，是基于过去经验形成的对某特定过程、概念或局部环境的关系的综合表征。它包含了局部环境中事件之间的基本次序或逻辑关系，也包含了各事件之间的距离、方位甚至出现的时间次序等。

认知地图的概念起源于环境心理学，是爱德华·托尔曼于1948年在解释白鼠走迷宫这一学习过程时提出的。随着时间的不断推移和研究的不断深入，认知地图已然发展为一个跨学科的概念，在不同的领域其定义各不相同。其中，计算机领域的认知地图强调推理关系，认知地图也可表示一种代表个人知识或模式的语义网络。从信息加工理论的角度来看，认知地图实质上是一种认知映射（cognitive mapping），它是一个包括获取、编码、存储、内部操作、解码和使用外部信息的动态过程。在类脑智能领域，认知地图的引入旨在模拟人脑的思维机制，整合长短期记忆信息，大幅提高智能体的抽象表达能力。

这里用一种简单回路来说明直觉与认知映射的关系。如图3.3-1所示，人类个体在成长过程中通过学习、常识和经验的积累形成了认知地图，人脑随机地在认知地图中搜索决策，一旦被选中的决策与当前认知映射过程中的任务匹配（匹配可以用最小代价回避损失来度量），人就做出直觉反应。在这个过程中，直觉的作用可以看作在计算过程中对决策搜索的引导以及对代价空间的构造。

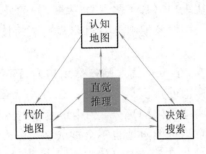

图 3.3－1　直觉推理与认知地图

对直觉推理与认知地图的研究可分为两大类：一类是人脑的探索，即从大脑脑区的结构和功能出发的脑科学研究，该研究探索人脑的直觉推理与认知地图的神经基础；另一类是人脑的模拟，即在人类大脑认知活动与人工智能理论的指导下系统地分析与比较，发展并构建受脑启发的机器直觉推理机制。

目前关于直觉推理机制的脑科学研究主要专注于认知心理学、认知神经科学等领域。认知神经科学主要利用功能性核磁共振成像、脑电图等技术探究有形大脑的功能如何产生无形认知，通过研究大脑各个脑区结构及其功能探索大脑如何实现直觉推理等认知思维活动。Lieberman 对电子发射断层（PET）的研究表明，直觉的神经基础是基底神经节，基底神经节由纹状体、灰质和苍白球组成，在认知能力、情感与行为方面有特殊作用。Luo 对磁共振成像（MRI）的研究表明，人的直觉过程中普遍激活了大脑执行系统的前额叶皮质和前扣带回皮质。O'Keefe 对发射型计算机断层扫描（ECT）的研究表明，大脑中的海马体与空间的概念有关，可将其看作人脑直觉中的认知地图的物质基础。

在人脑的模拟方面，为了使机器直觉推理产生类似人类的认知结果，根据人类认知的核心是基于先验信息（认知地图）这一理论得出的，机器推理得出结论也需建立在相应的知识库的基础上，如何为机器构建合适的知识库并补充人类的元知识是需要深入研究的领域。大脑的认知地图来源于人类日常生活中的常识、经验，Davis 认为理解常识对于推进人工智能技术至关重要。目前关于常识的研究主要是使用神经网络进行深度学习。Choi 提出的 COMET 模型就是深度学习与符号推理相结合的一个典型代表。借助深度学习强大的预训练和学习能力，COMET 可以独立且自动完成对常识知识库的搭建。此外，机器需要借鉴人脑直觉推理对信息的处理机制，学习如何在众多复杂信息中提取有效信息进行编码、组合和比较，缩小搜索空间并实现高效决策。

近年来，神经网络的研究极大地促进了人工智能的发展，深度学习旨在模仿人脑的神经网络，帮助机器解决过去人类只能依赖直觉解决的问题，如步态识别、情感分析等。深度学习善于识别大型复杂数据集里的模式，以帮助决策，常用于自动驾驶或医疗诊断领域。但其模型的构架对于研究者而言是一个黑盒，其生成的模型和产生的问题往往难以解释。MIT 的一项研究提出了一种可解释的深度学习训练框架，这种框架在推理预测的同时还能分析和报道决策原因，一定程度上打破了黑盒的说法。Zheng 等认为直觉推理依赖的是启发式、参考点方法。启发信息来源于经验，即先验信息，决定着问题求解的方向；参考点的确定依赖于对其他相关事物的参考，决定了问题求解的初始迭代。直觉决策并不是求解目标的绝对解的位置，而是评估偏离某一参考点位置的变化量是否更有利于减小损失。在实际情况下，直觉判断往往表现出基于奖赏与惩罚规则的最小代价回避损失的特点。

整体来说，对人脑的深入探索及模拟是一项非常复杂的技术，面临许多挑战，主要可以分为以下两部分。

（1）大脑模拟方面的挑战。首先，就大脑内部结构而言，其运行主要借助数以亿计的神经元和突触，采用超级计算机进行模拟时需要一组几乎无限的参数，这是难以实现的。其次，人脑中还存在研究者尚待探索的部分，当今最复杂的人脑模型其实也忽略了很多细节和某些功能，大脑的某些意识可能永远也不会被数字大脑模拟并捕获，缺乏意识的模拟对于大脑相关功能的实现也会产生影响。以认知地图为例，机器可以采用神经网络实现大脑的认知加工过程，采用强化学习实现大脑的奖赏回路，机器会模仿人类随机地从自身已有的知识库或认知地图里寻找决策，若搜索到了期望损失最小的最优决策，则机器表现出类似人脑的直觉反应。但是神经网络和强化学习真的能完美地模拟出大脑的运行机制吗？答案恐怕是否定的，大脑的速度、灵活性和效率对于计算机模拟至关重要。神经网络的实现层数和深度始终是有限的，即使是成功的模拟，计算机的负载和计算能力也面临很大困难。当前，还没有一种技术可以用比大脑更经济的方式、更快的实时运行速度进行大规模仿真，研究者也在尝试从超级计算和量子计算方面进行突破。

（2）计算机技术领域的挑战。在当前时代，我们每天都在有意或无意地接受来自外部的各种海量信息，这些信息的数量比目前推理系统使用的知识库的数量还要大几个数量级。因此，计算机如何处理过量的数据并将推理机制扩展在该级别上运行是一个非常具有挑战性的问题。从现有技术来看，大脑功能的实现可能还不得不依赖于知识图谱、深度学习和自然语言处理等并不完美且尚存很多不足的技术。以知识图谱为例，构建知识图谱本身在收集数据方面就是一个复杂、费时的过程。而如何建模大量无序的知识亦是一项具有挑战性的任务。对于特定研究领域的知识库，单一地依靠机器处理很容易出错，这个过程也离不开人类专家的主动参与。除此之外，现实世界中的问题和场景不胜枚举，每个问题和场景下可能有多种合理的答案和决策。人类的大脑推理机制解决这些问题尚且十分困难，更不用说机器了。因此，当前深度学习算法要想进一步取得发展，必须解决泛化能力差、系统鲁棒性差、可解释性差等问题。

所以，未来需要研究如何在局部深入了解的基础上更精细、更全面地构建大脑模型，解决脑的整体功能问题，以及如何更高效地利用大脑功能模型开发类脑系统，使其充分利用已学习到的知识来面对未知的环境辅助或替代人类进行合理操作。这些都将是人机协同课题中值得深入研究的探索方向。

3.3.2　基于直觉的场景推理

场景推理是计算机视觉、人工智能以及认知科学备受关注的研究方向之一。人类认知中的一项根本能力是理解物体的物理交互。这项能力对于我们搭建能在现实场景中观察和操作物体的智能系统来说也是至关重要的。场景推理可以实现检测、定位、识别和理解四个层次的通用计算机视觉功能。但场景推理系统不仅仅检测角落、边缘和移动区域等的视觉特征，还提取与物理世界相关的信息，这对人类操作人员来说是有意义的。它还要求通过认知能力，实现更健壮、更有弹性、更有适应性的计算机视觉功能，并具有学习、适应、权衡替代解决方案的能力，以及开发新的分析和解释策略的能力。场景推理系统的关键特征是即使在设计时没有预见它也能表现出稳健的性能。

人类会隐式但持续地对周围物体的稳定性、强度、摩擦力和质量进行推理，以预测物体可能的移动、下垂、推动和翻滚等行为。直觉物理也是直觉推理的一种，它支持针对不同任务和推理类型的多种预测，包括预测场景随时间的变化、与动态场景交互、推理基础物理属性、进行因果判断等。心理物理学的研究表明人类在幼年时期就掌握了许多基本的物理观念。Fischer 等人的研究探索了直觉物理推理的神经基础，表明直觉物理推理的视觉场景理解任务与顶叶和运动前区的大脑神经网络有关。Lohn 等人的研究表明有关物体的视觉信息是直觉物理学中的关键动力学变量，可激活大脑运动前皮层。因此，机器要实现直觉物理的推理，需要模仿人类构建物理世界，具备学习新的物理概念和关系的能力。

构建物理系统作为直觉推理的基础，在人工智能中由来已久。为了实现直觉推理，需要建立可运行的心理模型，使直觉物理成为可能。随着神经网络和连接主义体系结构在人工智能领域的兴起，有学者尝试引入物理模型进行运动预测或物理判断，以获得更高的可解释性。例如，Facebook 提出的 PhysNet 尝试通过标记在重力作用下已经落下或未落下的静止图像来判断塔架的稳定性，但其难以泛化用于其他场景。Mottaghi 等训练了其他网络预测来自静止图像的力的影响。尽管这样的网络可以在其训练领域取得成功，但是它们目前仍缺乏人类认知推理的关键内容，因此它们难以在许多不同的场景中灵活地做出推断。Wu 等使用物理引擎来显式模拟场景的动态，采用基于深层网络的视觉算法快速地初始化模拟状态，探索将深层网络与基于物理引擎的模型相结合的有效方法。但是这些研究只关注了直觉物理世界的部分特性，研究者需要探索直觉物理在大脑中的工作机制并将其构建到智能机器中，开发具备人类对物理场景的理解能力的人工智能系统。

此外，场景推理也可以是通过传感器网络对观察到的三维动态场景进行感知、分析和解释的过程，这一过程通常是实时的。这个过程主要将来自感知环境的传感器的信号信息与人类用来理解场景的模型进行匹配。在此基础上，场景推理就是对描述场景的传感器数据进行语义添加和语义提取。这个场景可以包含许多不同类型的物理对象（如人、车辆），它们之间或它们与环境（如设备）或多或少地相互作用。场景理解的目标都是对感兴趣的物理对象进行检测和分类并对物体间的关系进行检测和推理。目前，针对视觉输入的场景推理已经出现了很多经典的方法，主要分为三类：一是对图像直接提取特征描述子，比如尺度不变特征变换 SIFT、颜色直方图、方向梯度直方图 HOG、局部二值模式 LBP 等传统方法；二是在图像分块提取的一些底层特征的基础上继续进行特征提取，比如词袋模型 BOVW、稀疏编码等；三是通过训练深度网络模型，对图像自动提取特征。上述三种方法各有优缺点。第一种方法的优点是方法简单，操作流程少，但其缺点是只能提取到表层特征，无法获取更深层的语义特征；第二种方法相对于第一种方法分类精度虽有所提高，但处理过程更复杂；第三种深度学习方法的优点在于采用了端到端的模型设计理念，通过大数据自动学习模型的特征表征，免除了手动特征工程的需求，且其良好性能已在许多场景下得到了验证，但存在训练阶段对数据量的需求巨大与耗时长等问题。

人机协同中的一个重要问题是机器对环境的感知和对人的意图的理解。除了基于直觉物理推理、检测和识别的场景推理外，人工智能的很多应用需要算法不断地与环境交互、做出决策并执行对应的动作，比如下围棋、自动驾驶、机械手抓取等。目前这些算法的泛化能力有限，无法应用到非结构化的人机协同混合智能场景。由于真实的人机交互环境更加复杂，因此将场景中的物体和人的因果联系进行建模以帮助机器人进行更深层的感知与理解是一个重要的研究点。此外，基于直觉的场景推理不仅需要机器像人一样理解物理世界，在场景理解的基础上完成各项任务，还需要机器借鉴人脑直觉推理对信息的处理机制。以无人驾驶的场景为例，智能汽车的人机协同控制是一种典型的人在回路中的人机协同混合增强智能系统。其中，智能控制系统的计算力极强且不受心理和生理状态等因素的影响，输出更精准和稳定。但是智能控制系统缺乏人的自适应能力和学习能力，对环境理解的综合处理不够完善，这就需要人类驾驶员来补充完善。如何将场景推理系统与真实环境下的车进行融合，是一个非常值得探索的研究点。

3.3.3 人机协同直觉推理技术

人机协同系统由人和机器相互协同、共同组成。其中，机器处理部分的计算和推理工作在机器力不能及时需要人的参与，尤其在选择、决策以及评价之时。人机协同需要机器感知环境并理解人类意图。在工业生产中，如果机器无法理解环境和人的意图，则机器可能会成为人类的一个危险源。例如，2022 年网上就流传过工业机器人不慎夹住厂房内操作工人的事故视频。

显然，在人机协同中，需要提前预测物体、人等的运动轨迹，避免碰撞，从而保证人机协同的安全性。智能汽车的人机协同控制和人与机器人的协作是目前较为常见的人机协同应用。

虽然计算机拥有远超人类的符号计算能力和数据存储能力，但是当前的机器学习方法难以应对复杂、变化的真实环境中的不确定性。而人类可以根据已有的知识和过去的经验，在复杂变化的环境中，针对某些问题，通过直觉推理进行初步判断。受人脑直觉推理机制的启发，强化学习可以通过策略优化、行动反馈和奖赏机制等方法使得计算机具备人类的直觉推理能力。同时，结合深度神经网络优越的感知能力，深度强化学习能够实现端到端的学习与任务的执行，使机器具有直觉推理能力，可用于解决增加机器人的智能、理解环境、控制决策等问题。

机器直觉推理的一个成功案例是 AlphaGo，它利用 Q-learning 强化学习和深度学习算法，仅通过观察像素来预测棋局的变化和落子。由于围棋的解空间几乎是不可能穷尽的，因此 AlphaGo 通过学习实现了对棋感的模拟，利用策略网络和价值网络缩小了寻找最优解过程中的搜索空间。AlphaZero 通过 MCTS(蒙特卡洛树搜索)加深度学习表明，自己与自己下棋就能形成更先进的策略。而 MuZero 无须事先了解或学习游戏规则，智能体经过学习会自行创建等价的游戏规则，结合策略网络、即时奖励，并通过 MCTS 来实现精确规划。AlphaGo 及之后一系列模型的成功，证明了直觉推理在解决复杂的现实问题方面具有不可估量的价值。除了围棋方面，深度学习和强化学习结合后形成的机器直觉推理，在机器控制、参数优化和机器视觉中都取得了广泛的应用。

在智能汽车的人机协同控制中，人类驾驶机动车这一行为实质上是一个根据路况信息持续进行决策的过程。而对于智能体来说，可以通过直觉推理算法来实现这一过程。Kendall 等试图利用 DDPG(Deep Deterministic Policy Gradients，深度确定性策略梯度)算法来实现这一过程，他们将包含路况信息的图像作为输入，通过卷积神经网络提取特征并将其作为状态，智能体利用 DDPG 算法学习驾驶策略，实现了简单路况下真车的自动驾驶。Zhang 等则应用 PPO(Proximal Policy Optimization，近端策略优化)算法，训练出了一个自动驾驶智能体 Roach，它在自动驾驶的开源仿真上有着不错的性能。在协作机器人控制领域，Katyal 等利用 DQN 算法让机器人在有人类影响的情况下学习抓取策略，使得机器人可以成功地避开人类手臂，同时执行抓取任务。Kupcsik 等提出了一种上下文策略搜索算法，机器人通过与人类互动来学习递东西，如机器人可以将水瓶交给经过水站的马拉松运动员。这些进展都或多或少考虑了人与机器的协同。

需要指出的是，目前机器直觉推理没有被广泛应用的主要原因是缺乏对新目标的泛化能力，收敛慢，这使得它不太适用于真实场景。为了解决这两个问题，Zhu 等引入了目标驱动的模型，以视觉任务目标为输入，将其应用于目标驱动的视觉导航。强化学习的目标检测虽然能够根据收集到的信息执行相应区域的探索策略，显著减少待处理的候选区域数量，但是具有精度降低的缺陷。为解决这一问题，Zhu 等在深度 Q 网络中引入了回归，将回归网络和深度 Q 网络进行了联合优化，提高了目标检测的精确度。此外，在目标检测算法中，传统的自底而上的目标区域块(Bottom-Up Object Region Proposals)的方法提取了较多块，导致后续计算依赖于强的计算能力，需要如 GPU 等。因此，在计算能力不足的情况下，机器直觉推理的应用会受限。舒朗和郭春生通过主动搜索方法(Active Search Method)可以在很大程度上降低需要评估的块的数量。Kong 等在超压气球与环境的实时交互过程中，为了获得先进的控制器，利用强化学习擅长的自动产生控制策略处理高纬度的异质数据，并在学习过程中使用了深度神经网络进行高纬度的表达。Bellmare 等借助深度强化学习，充分利用图像的全局相互依赖性使面部部分增强，根据人脸超分的整体性能来定义强化学习的全局回报，从而驱动递归策略网络的优化。

人机协同的直觉推理技术值得研究的重点应该在提高机器的直觉推理技术上。深度强化学习要取得良好的性能，需要合理的奖励函数，这对复杂任务来说并不容易。一种思路是设置稀疏奖励，但稀疏奖励会导致样本质量不高。另外，人类面对复杂任务时需要花费大量时间去练习，直觉推理算法同样如此，对于稀疏奖励的复杂任务，机器的推理算法亦需要大量样本进行长时间学习。解决这一问题的一些方法同样来自人类的学习方式。例如，人类在面对复杂任务时，可以设置辅助任务，可以从失败的经验中学习，这些方法已经被研究者应用到了深度强化学习中。机器推理算法中的稀疏奖励仍是一个值得研究的方向。在人机协同直觉推理领域，通常面对的是真实环境，而真实环境有采样难的问题。这主要由两点造成：首先，直觉推理算法需要大量样本进行策略优化，而真实环境中机器与环境交互得到样本数据需要消耗时间，整个过程耗时且烦琐；其次，在虚拟环境中，机器可以直接获得反馈信号，而在真实环境中，机器需要自主感知环境变化来计算奖励，这需要机器具有极高的感知能力。因此，要提升机器的直觉推理技术水平，需要提高样本效率，即研究如何用少量样本训练出一个可用的模型。

在人机协同控制领域，机器面临的输入通常是高维视觉输入，需要从高维视觉中提取有用信息，这非常困难且需要大量样本，因此需要研究如何高效地从高维视觉样本中学到有效表征。此外，机器直觉推理存在鲁棒性的问题。其原因是强化学习在应用中本身就存在稳定性差的问题，即将在某个机器上训练好的算法应用到其他机器上可能性能不好，结果使得以强化学习实现的直觉推理算法自然无法避免这一挑战。面对这个问题，可以采用仿真环境来辅助训练，然而算法训练完成后的虚实迁移也面临着同样的挑战。由于在真实环境中再进行微调也无法解决本质问题，因此需要研究从算法层面解决这一问题。

3.3.4 基于直觉推理的场景推理的意义

传统的机器人作业往往只能在结构确定的环境中执行确定性的动作，面对非结构化环境时，缺乏推理能力，技能难以泛化。因此，将场景中的物体和人的因果联系进行建模，以帮助机器人进行更深层次的感知和理解，是今后人机协同混合增强智能研究的重点。目前，研究者正在探索基于深度强化学习、直觉推理和场景推理的前沿技术，试图实现机器人在非结构化复杂场景下的自主学习、推理和操作。

在人机协同的直觉推理领域，在非结构化场景下，要求机器人能够像人类一样拥有基于直觉推理的场景推理能力，这样才能更好地完成相关任务。针对机器人在稀疏奖励环境下探索效率低、样本利用率低等问题，研究者通过提出基于事后经验的信赖域策略优化算法和事后目标过滤机制，控制策略的更新幅度、速率以及事后目标的选择，实现机器人的自主探索和学习。

目前人机协同的直觉推理技术已经得到应用实际。机器直觉推理在机器人抓取、围棋等领域已经取得了巨大成功。此外，在机器人抓取领域，研究者构建了基于深度网络的直觉推理模型和3D抓取部位检测模型，针对复杂堆叠场景，机器人能完成较好的关系推理，有效识别场景中的物体和姿态。基于直觉推理的场景推理还能应用于工业生产和自动驾驶领域中的人机协同控制。在工业生产中，人机协同系统能够理解环境和人类意图，预测人类运动轨迹，从而避免碰撞和事故发生；在自动驾驶中，机器需要面对更多模态的数据以及更动态变化的场景，推理的稳定性和可靠性难以保证，而人机协同系统能够融合多模态信息去进行路况理解和人类意图理解，并且结合强化学习得到较为可靠的决策策略。可以预见，融合人类认知的协同推理将为构建真实场景中的智能驾驶系统带来巨大效益。

3.4 人机协同的感知、认知与决策

在本节中，我们将介绍人在回路的人机协同感知与认知、面向决策规划的人机交互与协同、面向控制执行的人机交互与协同。此外，我们还将介绍人机协同验证平台的测试与评价方法。

3.4.1 人在回路的人机协同感知与认知

对于人在回路的人机协同，需要从感知与认知两个层面来剖析其研究的内容、现状、代表性成果及潜在的意义。

1. 研究内容

1) 人在回路的人机协同感知

人类与智能控制系统之间存在很强的互补性，如图 3.4 - 1 所示。一方面，人类对于环境的理解和学习能力是机器难以超越的，但人类的感知易受心理和生理状态等因素的影响，表现出随机性、多样性、模糊性、个性化和非职业化等特征；另一方面，雷达、摄像头等智能感知系统具有探测范围更广、获取信息更丰富的优势，且可以获得人类不能了解、理解不全面、无法精准获取的环境信息，但对于环境理解的综合能力不够完善，学习和自适应能力相对较弱。

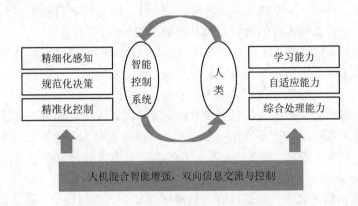

图 3.4 - 1　人类与智能控制系统之间的互补

因此，结合多传感器融合在环境感知与预测等方面的优势，人在回路的人机协同感知可以从单机多传感器协同感知推广到多机多传感器协同感知，再融合自然人机交互（Social Human-Robot Interaction，SHRI）认知学习，可实现机器感知与认知数据建模，并且实时构建人机协同行为的拓扑关系，可实现人机信息传递。利用人机间的信息感知，结合多重反馈机制，可实现人机之间信息的双向传递，从而构建人在回路的协同感知框架，如图 3.4 - 2 所示。结合以上路线，设计人工智能新方法，用于不完整、非结构化的信息处理，可提高人机协同感知系统对复杂环境的感知、应对能力，从而实现人机自主交互、双向协同和协调互补。

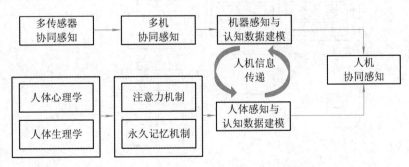

图 3.4 - 2　人在回路的协同感知框架

针对机器人传感技术计算量大、延迟高的局限性，可以考虑研究人体力觉/触觉等多位多元信息感知原理以及多源信息融合方法，从而提高传感器的精度、灵敏度和响应速度，使机器人能准确、实时地感知工作环境和操作人员，对环境及人类行为作出快速响应和理解，由此可以提高传感器的感知精度与速度。

在复杂非结构化的环境下，人体只能感知局部性物体的缺陷以及易失误性问题，因此可以研究基于动态马尔可夫随机场模型和贝叶斯概率模型的完整动态物体感知方法，设计基于注视的驾驶员协助系统，发挥多智能传感器在感知物体方面的优势。这样有助于消除驾驶员的视野盲区，提高驾驶过程中的安全性。

2）人在回路的协同认知

感知主要是与传感器相关的人机协同，而认知则能提供更高层、更为智能的人机协同视角，因此结合已有的车辆历史驾驶数据以及驾驶员行为数据，可以研究人体注意力机制和永久记忆机制。同时，基于混合增强智能技术，可以构建具有自动生成类似数据功能的人机认知模型，使得机器人能够应对更加复杂的工况场景。

另外，结合最新的心理学、生理学领域的研究结果来研究复杂多样环境下的人体感知与认知信息提取方法，再结合注意力机制与永久记忆力机制对人体感知与认知数据进行建模，将为实现人机交互感知与认知奠定理论基础。

除此以外，当面对复杂危险的应用场景时，需要机器人在此环境下完成更加困难的任务。由于各种应用场景呈高度不确定的动态变化，使得机器人仅依赖感知和引导无法满足任务的多功能、智能化需求，因此，机器人需要学习人类在处理复杂任务时所具有的卓越技能，通过在模拟仿真环境下对机器人进行不断训练，形成基于任务特征的知识库，最后将知识迁移到应用场景之中，这是机器人应对错综复杂的应用场景、提高系统整体综合性能的关键。

因此，融合人类和机器各自的优势，通过智能系统进行场景辅助分析，并为人类从视觉、听觉、触觉等多方位提供预警，实现人机协同感知、人机智能混合增强，形成双向的信息交流，是一种更好地感知、理解和认知环境的方法。图 3.4-3 是一种增强驾驶员感知的结构。一方面，它能利用人的经验和智慧来弥补智能算法的不足；另一方面，它通过传感器感知到的数据，辅助驾驶员认知环境进行决策，从而对突发情况下的轨迹规划问题进行快速反应，这充分体现了人机协同的优势。

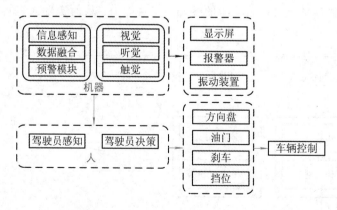

图 3.4-3　增强驾驶员感知的结构

2. 研究现状与代表性研究

关于人在回路的人机协同感知与认知，目前国内外有一些相关的研究成果。

例如，Jork 等研究了凝视行为与车辆对道路场景的感知程度之间的关系，提出了一种基于识别的道路场景感知和眼动跟踪的车辆驾驶员态势感知（SA）标记方法。Kasper 等提出了一种统一视觉感知和控制模型的新型驾驶员转向理论，揭示了驾驶员如何使用视觉预先观察、横向位置反馈和航向反馈进行控制。

Xiao 等针对自主驾驶路径规划，提出了一种基于协同感知和人工势场的避障路径规划方法。首先通过建立协同感知模型，得到环境网格图。Sridhar 等通过多视觉传感器，并辅以定位系统，采用无线通信设备来接收和发送附近车辆和周围环境的感官信息，在两个共用同一视野的车辆之间进行协同相对定位，解决了车载传感器视野的感知可能存在盲点的问题。Firas 等提出了一种用于引导式多目标机器人抓取的触觉共享控制架构。这种架构可以根据触觉反馈引导人类操作员使用合适的抓取姿势，提供了有关机械臂的可能存在的危险奇点和关节极限的触觉反馈，用于帮助人类操作员在混乱未知的环境中对不同物体进行分类。

付海军等提出了一个人在回路的混合增强智能闭环系统，引入了人类对决策的评估并结合机器学习和知识库，搭建了基于 Sawyer 协作机器人的人机融合实验平台，设计了机器人抓取实验。Anna 等提出了一种评估汽车驾驶员在平交道口感知的研究方法，用于评价车辆驾驶员在通过以平交道口为例的复杂危险环境时的认知负荷水平。他们通过分析道路边界的不同部位和车辆周围的危险程度，构建了道路边界势场、道路中心线势场和动态障碍物斥力势场。Huang 等人将人的认知能力和机器人的精确运动控制能力相结合，研究人类操作员仅使用人类自身触觉和视觉进行粗略的全局运动，在不涉及人类意图感知的情况下，机器人模块以主动的方式实现精细的局部运动，利用多模态感知界面来进行人机交互。Thorsten 等人基于视觉的移动辅助机器人系统，无须额外的先验知识即实现了语义理解的环境感知，使得机器人能够进行更加复杂的交互，促进了人机互动和协同合作。Zhang 等人提出了一种基于视觉认知的不变性机制，研究人类实现视觉感知与认知的能力，并在无人机平台上验证了此机制能有效提高无人机在实时飞行中识别物体的精度。

3. 存在的问题与研究建议

目前在复杂环境下，人类设计的多传感器协同感知与机器人的感知空间存在非线性的关系，无论精度、稳定性还是鲁棒性，多传感器协同感知都无法与人类本身相比拟。因此，如何借鉴神经生物学和人类运动学等领域关于多传感器协同感知的应用来引导运动控制为机器人领域所应用，是人—机—环境系统综合态势协同感知与认知的基本前提，也是重要基础。

尽管机器人可以在虚拟仿真环境下模拟人类完成任务的行为特征，应用先验知识和人类经验进行学习，但在训练过程中存在数据计算量大、学习算法收敛较慢的问题。同时在面对复杂环境下的突发状况时，机器人无法将感知数据有效地进行人机交互，任务间无法实现连续转换。

毫无疑问，机器人也得多次学习，才能确保实现智能增强，即在学习较长一段时间后，才能发挥出学习的效果。而增强智能部分在现阶段还没有表现出像人类那样闻一知十、一通百通的学习能力，只能按照人设计好的策略来执行，而且仍然有较高概率的失败的可能性。

同时，当前人机协同方式大多只停留在感知、决策或执行等单一层面，没有涉及更高层的认知，并且协同场景也较为简单、低级，缺乏复杂性，难以应对未来人机协同系统真正需要处理的多层次、多维度交互与协同的需求。

目前研究大多通过仿真平台来实施，研究对象的数量通常也较少。因此，若将研究放到实际场景中，则可能会面临环境更加复杂、计算复杂度更大、研究对象更多的问题，如何解决这些问题将是研究的重点。所以，在未来，需要将研究场景拓展到现实中更加复杂的场景，研究对象也要包含场景中所有可交互的对象。

另外，目前很多研究的知识库设计得都较为简单。但是，要实现人在回路的人机协同感知与认知，知识库构建的好坏将直接决定机器增加智能的多寡程度和反应速度。因此，形成一个更严密、合理的构建机制（如知识推理），将是人机协同混合增强智能在未来的研究重点。

3.4.2 面向决策规划的人机交互与协同

除了人机在感知与认知层面的协同外，也需要考虑其面向决策规划的交互与协同。

1. 研究内容

在决策执行方面，应当将智能系统中的模型以概率化的输出结果与人的规则化价值判断进行比较和权衡，以促使人机协同更有效地执行决策。

对于决策规划中的交互与协同，人和机器同为控制实体，双方的受控对象交联耦合，状态转移相互制约，具有双环并行的控制结构，因此要求系统具备更高的智能化水平。

2. 研究现状与代表性研究

1）协同规划

协同规划包括路径规划、应急处置规划等。其中，路径规划是其核心。路径规划本质上是一个最优控制问题（动态优化问题）。它基于实时感知的环境信息，综合考虑机器人运动学和动力学、障碍规避和碰撞规避等约束，为机器人规划出时间、空间和任务协同的运动轨迹（见图 3.4-4）。

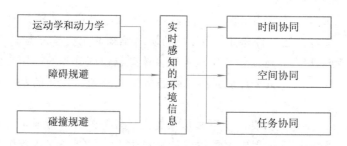

图 3.4-4 路径规划

根据从全局还是局部获取环境信息，路径规划的方法不难划分为全局路径规划方法和局部路径规划方法两种（见图 3.4-5）。全局路径规划是在已知的环境中规划一条路径。其路径规划的精度取决于环境获取的准确度。理论上讲，全局路径规划具有最优解，但是要预先知道完整且准确的环境全局信息；而局部路径规划中的环境信息往往完全未知或仅有部分可知。因此，对机器人的工作环境的局部探测需要基于系统自带的传感器，以获取周边障碍物的位置和几何性质等信息。

图 3.4 - 5 路径规划方法对比

在不断搜集环境数据的同时，局部路径规划会对该环境模型进行动态更新，确保随时进行校正。因为需要同时处理环境的建模与搜索，所以局部规划方法通常要求机器人系统具有高速的信息处理能力和计算能力，对环境误差和噪声有较高的鲁棒性，且能对规划结果进行实时反馈和校正。然而，由于缺乏全局环境信息，因此局部路径规划的结果有可能不是最优的，甚至可能找不到正确路径或完整路径。

在已知的规划方法相关的文献中，Rybski 等提出，通过分析人的行为和语音，可以让智能体自主完成指定的各项任务。其不足在于：该规划方法执行的任务与导航的路径搜索能力密切相关，且仅增加了语音识别技术，规划能力极其有限，对复杂任务还做不到最优规划。

付艳等基于人机协同为人形机器人设计了面向实时任务的规划方法。他们将规划过程细分成任务级和指令级规划，并融入了人的规划和决策能力，在控制方式和三元任务分解后，建立了模块化的规划结构，最终由人机协作共同完成任务规划。

Mikita 等运用智能领域定义语言（Planning Domain Definition Language，PDDL）来描述机器人的行为和任务，并通过人机交互使机器人获得更丰富的、关于环境的未知信息。由于存在交互，因此对任务的实时规划不容易实时化，用户仅能给机器人提供未知的环境信息，而难以影响任务的执行流程。Lii 等指出，在非结构化和易变化的环境中规划完全自主的任务是很有难度的。要解决这一问题，潜在的解决方案是人类以个人经验为依托，通过监督的方式以智能体为中心进行相关操作。这种处理能够折中人机之间的计算负担，但如果任务场景复杂，待操作的对象数量显著增加，则这样的规划会得不到期望的效率。孙秦豫等提出决策层"以人为主"、执行层"以机为首"的人机协同框架。该人机协作一体化控制系统框架包含识别驾驶人意图的模块、利用意图识别来规划轨迹的模块与轨迹跟踪控制模块。他们结合双向长短期记忆神经网络（Bi-directional Long Short Term Memory，Bi-LSTM）与注意力机制模型建立换道轨迹规划模型，在改进的人工势场算法中引入了模型预测控制并建立了避险轨迹规划模型。

2）协同决策

在协同决策方面，机器人可以实现规范化决策，且在处理复杂的数值计算问题时，机器人的计算能力远远超过人类，但对于未知复杂工况，机器人的决策能力较弱，而人具有比较强的解决非结构化、非程序化问题的能力，正适合处理这类问题。在人机共商决策（见图 3.4 - 6）过程中，人和机器既有分工，又有协作（分工是指能够通过人机决策，将任务分配给人和机器中更适合的一方，双方协商、取长补短；协作是指某些问题可以根据人和机器各自的特性，分别从不同的思路、侧重点同时做出决策），最后通过协作、综合评价得到合理的结果(见图 3.4 - 6)。

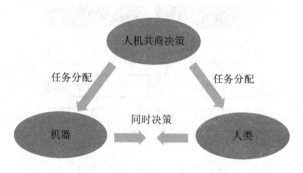

图 3.4 - 6 人机共商决策

实现这种协同决策的主要难点在于,目前的学习理论对人类语言及行为的理解能力仍然有待提高。人机之间交互方式、态势理解、决策判断不一样,导致不同智能的智能体之间在沟通上存在较大的困难。以自动驾驶为例,决策层主要完成操作人决策意图识别、操作决策辅助、轨迹引导、危险事态建模、危险预警与控制优先级划分、驾驶员多样性影响分析等任务。

基于博弈均衡思想的车联网环境,在分析了不同变道类型时驾驶员可能的行为特征和驾驶期望后,赵晨馨等提出了车辆换道博弈合作策略,建立了车辆变道的人机合作博弈模型。Li 等建立了在多车辆交通场景下的人车交互博弈交通模型,并将其用于对现有控制系统参数进行校准,完成了自动驾驶车辆决策控制算法的测试。Sadigh 等通过逆强化学习来获取奖励函数,并将向近似为最优规划者的人类学习,以模拟人类驾驶员和自动驾驶车辆之间的相互作用。基于 Stackelberg 博弈论,Yoo 等使用游戏理论的设置来表示交通中的驾驶员交互,进而模拟车辆在高速公路上的驾驶问题。Yildiz 等具体实现了一个基于层次推理博弈论方法的多人机交互模型。

3. 存在的问题和研究建议

自动驾驶系统需具备响应驾驶人意图且有效执行驾驶人意图的能力,以解决人机协作系统中存在的人机冲突、人机优势融合等问题。目前的人机协同决策规划方面的研究所建立的模型不够精细和动态,且往往是针对某一个具体问题的建模,如高速公路避险决策、高速公路换道决策等,对于更加通用的场景则没有更具体的讨论。

因此,在未来,首先应该考虑研究更多的理论与应用模型,以解决决策规划模块的人机交互问题;其次,需要考虑更多典型驾驶行为存在的交互协同,如车辆的加速、减速、转向、换道、超车、让车等,以扩大人机协作系统的可适用场景;也应该分析不同类型驾驶员在不同场景下处理问题的个体差异性,如换道的反应速度、紧急避险的决策方式、刹车急缓等,以增强模型的泛化能力。

3.4.3 面向控制执行的人机交互与协同

人在回路的人机协同也需要考虑在控制和执行过程中的人机交互、互补与协同。其原因在于:现在的自动驾驶如果过分依赖机器,则可能会因为程序对世界的认识不足和程序自身的 Bug 导致意外事故,如埃航 370Max 的高度失灵和特斯拉汽车对视觉的错误识别。

另外，人类驾驶员在驾驶中容易出现情绪失控（如路怒狂）。因此，过分地仅依赖人类或机器，在目前都不是明智的选择。

1. 研究内容

控制执行中的交互与协同主要指控制层的控制互补。人机协同中，人和系统同时在环，操作人员操控动力学与智能系统操控动力学互相交叉、交互耦合，具有双环交叉的特点，可以满足开放式、互操作、低人机比、有限资源等需求，发挥人机能力互补的优势。

在进行人机协同控制时，驾驶人和智能驾驶系统都可以对处于非完全自动驾驶条件下的车辆进行控制，智能控制系统和人类同时享有决策和控制权。人机共驾过程中的控制权分配可视为动态分配过程，因为人类与智能控制系统所获得的控制权大小应随着环境变化而相应改变。在保证人机协作系统稳定的前提下，应尽量提高人类在人机协作中的舒适性、操控性以及控制系统的自主性。因此，人机协同控制中的控制权分配是人机协同控制中的关键研究内容。

具体来讲，首先根据应用场景对人机协同模式进行细化，并根据细化的模式，分别给出各模式下人的控制权限和系统能力边界，形成相应的、细化后的控制权分配方案和转移规则。然后，在信息对称的情况下，设计一种基于人机交互的人机协同控制系统，使其更好地向驾驶员传达控制信息，并通过比较实验来发现驾驶权重的调节规律。再考虑具体场景，进行具体处理。例如，针对车道保持的人机共驾智能汽车驾驶场景，可以考虑建立人机协作一致程度的估算分类模型，并计算相应的人机协同控制权，建模柔性转移机制。同时，也需要研究人机协同过程中控制权的平滑过渡机制，建立基于协同控制器输出的柔性转移机制。一般要以车辆或智能系统的操控安全性作为核心评价指标，以实现人机协同系统控制权的柔性转换。

基于以上几种人机共驾的驾驶控制权策略分析，我们可以首先基于人机系统动态协同控制，再根据控制需求，选择加上特定的车道保持驾驶环境与先进的控制算法或经典的模糊逻辑控制算法，构成人机共驾型智能车辆的驾驶权分配及转换控制系统。

2. 研究现状与代表性研究

不断提高的汽车智能化水平，预示着驾驶人和智能控制系统之间的关系将不仅仅局限于提醒、警告或者人机之间互相转换，还会形成更复杂的人机交互并行控制关系。图 3.4-7 所示为人机协同决策控制关系。这种关系会一直存在，直到全工况自动驾驶实现。深入研究人机交互方式、驾驶权分配和人机协同关系等因素是实现高性能人机协同控制必需的。

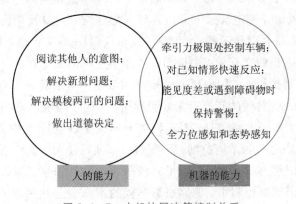

图 3.4-7　人机协同决策控制关系

周兵等从智能汽车技术的发展特点和趋势提出了人机共驾的概念，从转换的发起者与强制性、研究对象等方面论述了人机共驾智能汽车控制权转换的分类方法，并讨论了当前对人机共驾驾驶权转换准则的研究现状，从驾驶员的生理特征、驾驶意图、车辆动力学、博弈论等方面剖析了人机共驾中人因的特性及其对控制权转换安全性的影响，总结了控制权转换实验的研究方法和人机交互形式，指出了控制权转换研究存在的问题和未来的发展方向。吴超仲等从转换的发起者、强制性与计划性三方面论述了人机共驾智能汽车控制权转换的分类方法，分析了广义和狭义两种分类的特点和应用范围，从驾驶人的认知、驾驶负荷、反应力等方面剖析了人机共驾中人因的特性及其对控制权转换安全性的影响，总结了控制权转换实验的研究方法和人机交互形式，指出了控制权转换的安全性研究存在的问题和未来的发展方向。

由于在短期内难以实现全工况自动驾驶，因此人机同时在环、驾驶权相互转换的控制方式被引入智能汽车技术研究。目前这方面的研究主要集中在实现特定场景下的人机驾驶权转换上。人机控制权转换过程如图3.4－8所示。

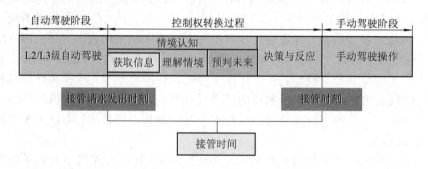

图 3.4－8 人机控制权转换过程

人机协同控制驾驶车辆的研究内容大致分为三类：① 增强驾驶员感知能力的辅助智能驾驶；② 面向特定驾驶场景的人机驾驶权转换决策；③ 人机共驾时的驾驶权动态分配。第三类研究内容中的预测控制器常用于预防驾驶过程中的意外道路偏离，如疲劳驾驶后的道路偏离。理论上，通过算法可以检测到这种偏离，也能在车辆正常行驶时确保没有进行不必要的干预，从而在双重决策后大幅降低车辆离道导致交通事故的概率。采用立体视觉系统，基于模糊逻辑的控制方式来模拟人类行为，也可降低车辆超车时的危险性，实现自动超车。另外，也有人研究变道场景下人机共驾时如何交互，以及面向实车的多模态系统等。除此以外，还有人研究以显示器（抬头数字显示仪（Heads Up Display，HUD））为数据展示介质来直接提升人机的交互效率，进而改进车辆行驶的安全性。

在人机协同的控制执行上，国内研究机构利用实车、模拟驾驶平台等反复测试，期望发现建模驾驶员以及人机共驾的转换行为评价等可能产生的影响。李进等分析了驾驶员的实时操作行为，综合了车辆道路信息，对车辆的横向安全性进行了评价，并在此基础上对驾驶员和辅助驾驶系统之间的车辆控制权分配进行了实时决策，从而形成了合理的人机协同控制系统。在车道识别方面，他们采用了同帧图像的分区识别、相邻帧图像的车道候选区估计等方法。在车道跟踪控制中，他们根据车辆的横向安全性采取不同的控制策略，并基于模糊规则确定辅助驾驶控制力度，以计算进行人机协同控制时的实际辅助驾驶控制量。

　　另外，Benloucif 等研究了在线调整车道保持辅助系统的权限水平，以匹配驾驶员在从事一项要求较高的次要任务时分心状态的效果。他们的实验表明了固定触觉反馈在正常驾驶条件下的好处，以及驾驶员在从事次要任务时适应触觉认证水平的好处。Mabrok 等从控制理论的角度讨论了人机系统的主要发展方向和挑战，将人体模型集成到正式的综合控制方法中。Ren 等提出了一种新颖的鲁棒有限时间轨迹控制器，用于人机合作系统的控制设计。为了避免奇异性问题，并获得全局快速收敛，他们提出了一种新的非奇异快速终端滑动曲面。为了提高稳定性和消除抖振，他们采用超扭曲算法设计了鲁棒高阶滑模控制。他们提出的控制器具有响应快、精度高、鲁棒性强等特点。仿真结果表明，该控制器能够更有效地完成人与机器人之间的协同任务。Yang 等在兼顾性能优化和参考跟踪的基础上，研究了人工智能系统的控制器设计。该系统包括两层设计对等体：面向任务的外环设计和面向植物的内环设计。他们在阻抗模型参数优化中考虑了人的影响，为最大限度地减少人在外环的工作，设计了机器人机械臂控制器，以保证机器人机械臂的内环行为与优化的阻抗模型一致，并采用了数据驱动的异策略(off-policy)RL 方法，消除了外环设计中对模型知识的需求。为了避免末端速度测量的要求，他们设计了无速度滤波器和自适应控制器，以实现机械手在任务空间中的期望阻抗。Xi 等提出了一种基于 EtherCAT 现场总线的开放式实时机器人控制系统，以实现人机协作。该系统消除了实时性和开放性不足的问题，在实时操作系统的基础上，通过任务的合理分配和调度，确保机器人能够安全稳定地在人-机器人协作环境中操作。他们采用 EtherCAT 现场总线通信进行硬件抽象，开发了 oper 机器人运动学和动力学算法库，以适应不同类型的机器人硬件。他们自行研制的六自由度协同机器人验证了实时机器人控制系统的优良控制性能。实时控制系统的实验结果表明，该控制系统在基于速度的零力拖动中具有较高的精度，平均速度误差小于 1.26%。

　　此外，如果在控制权转换过程中(如在人机共驾控制系统中)出现了冲突，则控制权冲突极有可能造成车辆失控等严重后果。例如，近年来关于特斯拉汽车事故的一些报道似乎与控制权冲突不无关系。按照人机协作在控制权转换时发起者和强制性的差异，可将驾驶权转换分为三种类型：① 人主导的可选择性控制权转换；② 人主导的强制性控制权转换；③ 系统主导的强制性控制权转换。如果从转换准则的研究对象的角度来分析，则可将人机协同控制的转换准则划分成：① 考虑人类生理及心理状态的转换准则研究；② 考虑人类驾驶意图的转换准则研究；③ 人类-环境-控制系统多状态作用下的转换准则研究。Hanafusa 和 Ishikawa 提出了一种人自适应阻抗控制方法。该方法利用循环神经网络(RNN)来估计人在人机交互过程中表现出的不良状态。具体来说，RNN 通过与机器人共同操作阻抗控制下的物体时，利用整流集成的肌电图(iEMG)信号来估计人类的状态。该方法根据估计的人体状态在线改变阻抗参数，以保持系统的稳定性。该方法的有效性已通过实验验证。该方法构建的系统由一个机械臂和一个配备肌电图传感器的人组成。实验结果表明，该神经网络能够较好地从人与机器人操作物体时的 iEMG 信号中估计出人的状态。该实验也证明了人自适应阻抗控制方法可以根据人的状态改变阻抗参数，从而有效地防止系统的不稳定性。Tao 等在分析协同机器人交互功能的基础上，首先总结了协同机器人对高带宽、高实时性、强计算性能和软硬件模块化设计的需求，然后提出了协同机器人控制系统的四层结构，详细讨论了基于 EtherCAT、LinuxCNC 和 HAL 的机器人算法的多轴运动控制系统以及人机交互层模块的实现，最后基于自行设计的机器人控制系统，通过实验对其实时性、多轴运动控制性能以及电流和处理信息进行了测试，验证了通用、模块化协同机器人控制系统的正确性。

3. 存在的问题与研究建议

现有的人机协同控制的好坏主要取决于对驾驶员的状态、操纵动作的了解程度，以及对车辆状态和交通环境等信息的熟悉程度，通过安全性和舒适性等性能指标来实时确定和协调人与机的控制权。目前，人机协同还停留在机器对人类各种行为和意图的初级认知状态。未来，必将更多考虑人类的个性化、控制的远程化和智能化，在人类状态感知和意图分析、人机协同感知与认知、人机决策规划和控制执行的交互协同、个性化人机协同控制等方面进行更深入的探索，以寻求更大的突破。

另外，对一些驾驶期间的生理特征反应，如驾驶员的大脑神经活动、眼睛的反应、血压的变化、肌肉的紧张程度等，也应做更细致的分析。它们对于人机协作的微控制有关键作用，有助于实现更早的人机控制权转换。值得指出的是，目前在介入时机方面的研究较少。具体包括：① 驾驶辅助系统的被动介入时机，如 ESP 车身电子稳定系统和 AFS 弯道辅助照明系统的介入时机；② 如何结合车辆本身的动力学约束来建立更为精确的人、车、路一体化模型，从而估计出更为合适的介入时机。当前的人机交互方式大多只停留在感知、决策或执行等单一层面，与未来要求人机共驾系统能实现多层次、多模态交互与协作的目标还有一定的距离。

要实现以上目标，一方面，提高自适应性，未来的工作可以考虑扩展 RNN，以便在与机器人交互时利用机器人状态和 iEMG 信号直接估计人手臂的等效阻抗参数。而如何使神经网络从多人身上学习到更多的数据，从而提高其泛化能力，也是未来值得研究的工作。

另一方面，要对智能车辆的复杂控制系统和驾驶员的行为机制进行细致分析和理解，讨论车辆动力学在干预标准上形成的现实约束，探索这些因素相互可能产生的冲突和交互，以便形成完整且有效的人机共享驾驶理论体系。为保证理论体系的可实施性，也需要构建与之配套的人机共享驾驶系统的测试验证平台。此外，现有的人机协同驾驶干预的应用场景相对简单，而常见的研究多着眼于驾驶权的平稳和逐步转换，缺乏对紧急情况下驾驶权快速转换的研究。

3.4.4 人机协同验证平台的测试与评价方法

要实现人机协同，一个重要的指标是构建人机协同验证平台。本小节将简要介绍该平台的测试与评价方法。

1. 研究内容

要研发人机协同测试平台，可以采用目前人工智能领域较为出色的机器学习或深度学习方法，从已有的实际实验场景数据中学习并提取特征，通过数据或领域扩增技术来扩展测试域，构建更多设置下的虚拟场景。在此基础上，再进一步验证人机系统的控制权分配、人机转换的控制策略、人机协同系统的整体性能、自主决策及人机协同决策理论体系。

　　需要注意的是，人机协同验证平台的研究目的不是简单地实现整个平台自动、动态的运行，而是要在这一基本前提下比较真实地反映人类的操控意图，同时为控制系统的搭建、接口设计、软件设计提供最重要的指导作用，为整个人机协同平台奠定重要基础。

　　图 3.4-9 所示为一种人机在环的混合智能增强的在线学习平台的示范框架。

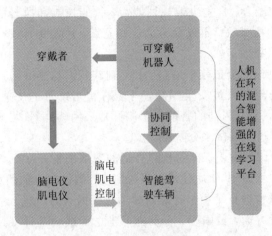

图 3.4-9　人机在环的混合智能增强的在线学习平台

　　不难发现，在此框架下，智能驾驶测试评价体系的基础是评价理论的建立。该体系不仅要包括传统车辆的操纵稳定性和乘坐舒适性等常规评价指标，还需要引入人工干预程度、智能化程度、环境复杂性、任务复杂性以及危险系数等与智能驾驶测试相关的评价指标。

　　2. 研究现状与代表性研究

　　图 3.4-10 所示为人机协同验证平台测试与评价框架。不难看出，与传统的车辆测试评估不同，智能车辆测试评估已经从传统的人车双独立的二元系统转变为人、车、环境、任务四要素的强耦合系统。然而，由于测试场景和任务很难被穷尽，并且评估维度十分复杂，因此，测试与评估仍然是智能汽车的研究难点和热点之一。

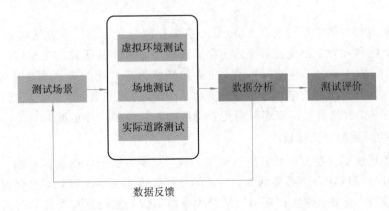

图 3.4-10　人机协同验证平台测试与评价框架

　　在智能车辆测试方面，传统的车辆测试往往是人车分离的独立测试。由于人类自身具有高度智能性，人类在不同的驾驶条件、环境和车辆任务方面均具有良好的学习能力，因此，人的测试主要是在典型工况下进行的与驾驶相关的测试，而对汽车的测试则要经过专业测试人员在典型工况下做广泛的实验。

对智能汽车进行评测时，需要考虑更多与智能相关的元素，比如对环境的智能感知能力、对环境的智能定位能力、自主决策规划能力、智能控制和执行能力、处理海量数据的能力以及防攻击的安全测试等。不仅要考虑这些元素，还要将其放在更为复杂的任务和场景中来测试有效性和可靠性。

如果智能汽车的测试完全依赖于道路测试，则其所需的测试场景和测试任务将难以枚举干净，还存在道路安全和人员安全问题，可能有相当严重的交通风险和极大的成本开销。因此，从平衡角度考虑，目前的智能汽车测试常采用软件测试、硬件在环、虚拟仿真测试、封闭式现场测试等道路测试来分阶段完成。

显然，进行上述测试的重要保障是构建合适的测试场景。为此，在 2016 年，德国启动了 PEGASUS 项目，并于 2019 年底建成了系统研究、测试和验证的场景库。中国汽车技术研究中心和上海汽车城也进行了中国智能驾驶场景数据库的构建。

在封闭试验场建设方面，美国 Waymo 公司建立了试验基地 Castle；密歇根大学建立了智能汽车专用试验场 Mcity。他们提出了一种加速测试方法。与非加速测试方法相比，该方法可以显著缩短测试时间。瑞典构建了 AstaZero 智能汽车测试场。我国在上海、重庆和常熟也设立了相应的试点示范区。

在硬件在环仿真测试方面，美国的 Waymo 自动驾驶公司开发了仿真系统 Carcraft。国内外其他研究机构也进行了相关研究，并建立了智能汽车虚拟测试平台。例如，Deng 等人构建了硬件在环仿真系统，用于实验室环境中智能车辆的研发和测试，以及雷达和摄像头等传感器功能和算法的开发。长安大学的徐志刚等人建立了硬件在环实验平台，并在该平台上进行了高速掉头实验。该平台包括等比例缩小的自动驾驶汽车、道路、监控中心、传输装置和定位装置等。Gietelink 等人采用了硬件在环测试平台来测试和验证驾驶员智能辅助系统。Zulkefli 等人构建了智能网联汽车硬件在线测试平台。该平台由真实发动机、测试机、虚拟车辆动力学模型和交通环境模拟器组成，可以基于智能交通信息优化发动机的油耗控制。

美国标准与技术研究所提出了一套无人系统智能分级方法，该方法考虑了环境复杂性、任务复杂性和人为干预程度等因素。德国亚琛工业大学的研究人员探讨了一种自动驾驶评估方法，该方法包含了乘客、技术、交通和环境等多方面的要素。美国交通部、SAE和其他机构也在努力提高智能汽车的评估标准。中国《智能汽车创新发展战略》等也将其列为重要战略任务，并出台了国家车联网行业标准体系建设的指导意见。

3. 存在的问题和研究建议

尽管已经建成了一些测试场景库和测试平台，但现有数据库的测试场景并不完整，缺乏一些现实世界难以获得的边界场景，场景的特征元素也不够清晰，而符合我国国情的典型场景更是缺乏。此外，硬件在环测试平台中虚拟测试场景与真实场景之间的有效映射机制需进一步明确，灵活的测试工具链和能提升测试速度的自适应加速技术仍有待完善。

不仅如此，现有的智能汽车相关规范大多是通过指南发布的，缺乏实际的、详尽的测试数据支持，可实施性不高，也没有系统级和车辆级测试评估系统。因此，智能汽车测试评估技术尚不成熟，相关技术壁垒与问题亟待突破与解决。综上不难得出，我国智能汽车创新发展应掌握的关键核心技术之一是要构建符合我国国情的测试场景数据库，搭建虚拟测试平台和封闭测试场，建立测试评估方法体系和相应的国家标准。

针对汽车在实际道路上会遇到的复杂驾驶环境，考虑现有道路测试中场景模型单一、测试时间长、损耗大、环境干扰等问题，在未来开发一个集模拟驾驶和实车驾驶于一体的人机共驾智能汽车测试平台是值得的。在该平台上，可以使用机器学习或深度学习方法对现有实际场景的数据进行学习，获得特征表征，并进行测试领域的扩展。与此同时，构建不同路况下的虚拟或平行场景进行实验，以便验证系统的驾驶权分配，建立自动驾驶和人机协同驾驶决策理论体系，实施逻辑转换控制策略，提高人机协同驾驶系统的整体性能，实现驾驶员和自动驾驶系统的高度集成。

此外，考虑到人机驾驶评价系统中存在缺乏评价标准、实验要求广泛、实验的主观评价差异较大等问题，可先插值再聚类，以获得人机系统驾驶行为参数的分布。再经过学习模型训练后，我们可以得到一个按等级评定的汽车驾驶员模型，它接近人类专业汽车评估师的主观评价结果。在此基础上，能进行类似于汽车评估师的数字化，构建便捷、快速计算的汽车动力学性能主观评价体系，实现对环境复杂性、任务复杂性、人工干预程度以及智能化等指标的定量评价，然后结合客观评价方法，共同构建能够对人机共驾系统的各项性能指标进行综合评价的理论和体系。

3.5　人机协同的图像生成与创意设计

本节主要讨论在人机协同下如何利用图像生成、视觉知识来实现视觉创意设计，以及多媒体生成技术。

3.5.1　人机协同的图像生成核心技术

1. 研究现状

目前人机协同的图像生成技术主要由深度学习领域的算法主导，2014 年提出的生成对抗网络技术(Generative Adversarial Network，GAN)便是其中的主流方法之一。在之后的研究中，GAN 受到学术界和工业界的重视，其相关理论和模型不断得以完善和发展，目前已经在人工智能内容生成、计算机视觉、图像处理、自然语言处理、数据扩增等多个方面取得了广泛而持续的使用。近年来，扩散模型(Diffusion Model)成为新的计算机视觉领域最热门的模型之一。相比于 GAN 模型，扩散模型拥有更加令人印象深刻的生成能力，尤其是其生成样例具有多样性和清晰的细节。可以说，扩散模型将生成建模领域提高到了一个新的水平。

以生成模型为基础，同时引入视觉知识和创意设计理论，也可促进诸多视觉领域创意任务的发展，尤其在图像生成方面，传统的图像生成往往是基于匹配规则和特征提取的合成算法。但是，基于简单规则的生成范式难以满足人机协同任务的要求。人脑中的知识通过多重表达来描述，其中包括知识图谱、视觉知识和深度神经网络。将这三重表达与深度神经网络模型结合的方法，就构成了人机协同的图像生成的核心技术。

图像生成技术支持的创意设计主要包括领域数据构建、需求分析、创意激发、内容生成、设计评价和产品应用等，如图 3.5-1 所示。其中，领域数据构建的主要任务是从设计、艺术、技术、商业和时尚等领域收集相关数据信息，用于后续的研究。除此之外，为了更好地提供规则、范式和归纳偏置，一些具有创造性的专家知识也会被整合成创意模块。需求分析则是作为一种实用性工具用于明确用户表达背后的真实需求和偏好，研究命题包括但不限于用户画像生成和自动化推荐。考虑到针对创意激发的研究初衷是突破思维束缚，因而基于需求的创意激发便成为其有效手段，从具体量化的角度来看就是采样分布以外的数据。内容生成主要是基于需求、原始创意研究相关生成算法。设计评价是优化对内容生成结果的评价和反馈。产品应用研究如何有效地把 AI 生成的创意落实在实际产品设计中。

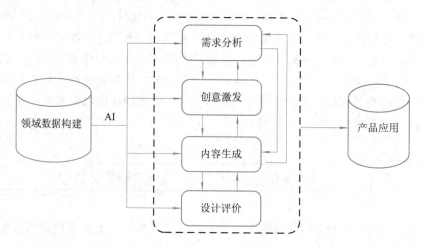

图 3.5-1　创意设计的理论模型示意图

（图片来源：TANG Y，HUANG J，YAO M，et al. A review of design intelligence：Progress，problems，and challenges[J]. Frontiers of Information Technology & Electronic Engineering，2019，20（12）：1595-1618.）

在基于人机协同的图像生成任务中，可控因子会引入图像生成的链路中。不同的人机协同方式决定了图像生成链路的输入，即以何种可控方式生成图像。在 GAN 的基础上，相关的可控图像生成技术引入了不同的控制因子来适应不同的人机协同任务。一般来说，可控因子包括图像、语义图、布局图以及场景拓扑图等。这些因子可以通过不同的人机协同方式来辅助创意图像的生成。例如，引入多重视觉知识表达来指导图像生成的方向和细节。以下将对图像到图像、语义图到图像、布局图到图像、场景拓扑图到图像等四种生成技术展开介绍。

1）图像到图像的生成技术（Image-to-Image）

图像到图像的生成也称为图像翻译（Image Translation）。图像翻译是将一个类型的图像转换为另一类型图像的一系列方法，目标是找到一个函数，使源域图像映射到目标域内，其可以应用于许多创意应用，如风格迁移、属性迁移、提升图像分辨率等，如图3.5-2 所示。

(a) 输入夜晚图像　　　　　　(b) 从模型中采样出不同的白天图像

图 3.5 - 2　图像翻译任务

（图片来源：ZHU J Y，ZHANG R，PATHAK D，et al. Toward multimodal image-to-image translation[J]. Advances in Neural Information Processing Systems，2017，30.）

图像到图像的生成体现了视觉知识中神经网络语义知识内容的感知和建模。对两个图像领域中不同语义的内容逐层进行学习，将模型按学习到的表达模式在高维空间中匹配特征，即可实现图像到图像的映射。

随着生成对抗网络（GAN）的研究逐渐走向成熟，基于 GAN 的图像翻译模型分为有监督和无监督的图像翻译。有监督的图像翻译采用的训练集是成对图片。例如，Pix2Pix 模型以 GAN 为基础采用端到端架构，其中生成器架构中引入跳链接，以便保留图像隐含层结构，其输入是原域图像 x，输出是翻译后的目标域图像 $G(x)$。原域图像和真/伪目标域图像分别结合后作为判别器的输入，判别器输出分类结果并和生成器进行对抗训练。在具体训练中采用了重构损失、对抗损失来引导模型。

有监督的图像翻译模型存在的问题是现实情况中成对数据集的样本量较少，如画作的线稿和成品成对出现的数据比较有限。所以，基于无监督的图像翻译模型不需要成对数据也可以训练，其中具有代表性的是 CycleGAN。它设计了循环一致性损失，以代替之前的重建损失来实现图像翻译。以 CycleGAN 为代表的图像到图像的生成技术可以解决图片的域迁移问题，它是不需要成对匹配的图像训练技术，将某一集合提取到的图像特征迁移至另一集合，比如从灰度图到彩图、从普通彩图到语义标签、从边缘图到照片等，这些映射都不需要图像对一一对应。目前，在计算机视觉、图像处理、计算机图形学等领域已经开展了很多基于图像对的监督算法的研究。

最近，去噪扩散模型作为计算机视觉中的一个新兴课题，因其优异的样本生成质量和多样性引起了广泛的关注和持续的研究热度。扩散模型以非平衡热力学理论作为支撑，基于正向扩散和反向逆扩散两个阶段训练深度生成模型。在前向扩散阶段，输入图像通过加入高斯噪声逐步被扰动；而在反向过程则通过训练一个模型学习逆转扩散过程的分布，逐步恢复原始数据。虽然目前对于扩散模型的研究仍处在起步阶段，特别是在理论部分还有很多需要完善的地方，但它在图像领域展现出了巨大的应用前景。

扩散模型同样可以分为无监督图像生成模型和条件图像生成模型，且目前大多数研究都归纳统一在随机微分方程（SDE）和常微分方程（ODE）通用框架下进行解释。虽然众多改进研究的切入点和具体方法各有不同，但目标主要为加快采样速度，提高训练质量，扩大应用领域。

一般来说，对于无条件的样本生成模型，实现图像到图像的转换需要同时使用来自源域和目标域的数据进行联合训练，而双扩散隐式桥模型（DDIB，见图 3.5-3）避开了域对训练，选择在每个数据域上独立训练两个扩散模型，源域的模型会对源域的图像进行潜在编码，再利用目标域模型进行解码，二者都是通过 ODE 定义的。该模型可以被视作一种熵正则化最优传输的形式。经实验证明，该模型在翻译领域具有很大的实用价值。

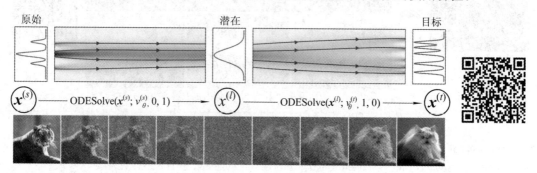

图 3.5-3　DDIB 原理示意图

（图片来源：SU X, SONG J, MENG C, et al. Dual diffusion implicit bridges for image-to-image [Z/OL] arXiv preprint, arXiv: 2203.08382, translation. 2022.）

Seo 等人提出了一种新的基于样本的图像翻译方法——匹配交错扩散模型（MIDM）。目前大多数框架都是基于 GAN 的匹配，一旦出现匹配错误就容易传播到后面的生成步骤中，从而导致结果退化。MIDM 引入了扩散模型，通过迭代地将中间过程引入噪声导致图像失真，再通过去噪来生成平移图像，从而交叉域匹配和扩散步骤交织在一起（见图 3.5-4）。此外，为了提高扩散过程的可靠性，该模型还巧妙地设计了一个具有周期一致性的信念感知过程，在翻译过程中只专注考虑和处理信念区域。

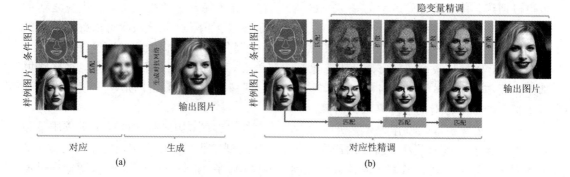

图 3.5-4　MIDM 模型架构

（图片来源：SEO J, LEE G, CHO S, et al. MIDMs: Matching interleaved diffusion models for exemplarbased image translation[J]. arXiv preprint, arXiv: 2209.11047, 2022.）

DDGAN 模型首次结合扩散模型和生成对抗网络 GAN，提高了采样速度，同时保证了质量、覆盖范围和多样性。具体做法是：在去噪过程中训练一个 GAN，以区分真实样本（正向过程）和假样本（来自生成器的去噪样本），而损失函数是基于最小化反向 KL 散度设计的；通过直接生成干净的（完全去噪的）样本并在其上调整假样本来修改；内部架构参考了噪声条件分数网络（Noise Conditional Score Networks，NCSN）。图 3.5-5 是 DDGAN

模型的基本架构。

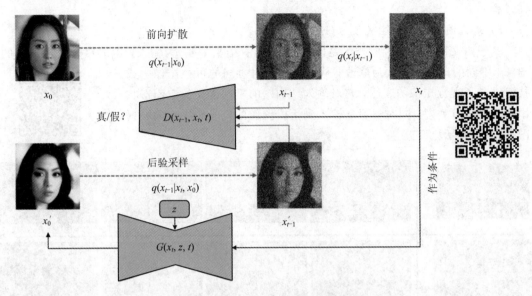

图 3.5-5　DDGAN 模型的基本架构

（图片来源：XIAO Z S, KREIS K, VAHDAT A, et al. Tackling the generative learning trilemma with denoising diffusion GANs[C]. In Proceedings of International Conference on Learning Representations，2022.）

基于条件生成的扩散模型往往会在训练过程中引入各类源信号或标签辅助训练。例如，预处理扩散采样（Preconditional Diffusion Sampling，PDS）模型在采样过程中应用空频滤波器在初始采样中整合目标分布信息，从而使反向扩散过程在不损失性能的前提下更加高效。PNDM 模型引入了基于 ODE 框架的扩散模型的伪数值方法（主要分为梯度部分和传递部分），使结果更加接近目标流形。

Salimans 等提出了一种减少采样步骤数的方法，即将一个训练有素的教师模型的知识由一个确定性的 DDIM 表示，提炼成一个具有相同架构但采样步骤减半的学生模型，如图 3.5-6 所示。换句话说，学生的目标是采取老师连续的两个步骤。此外，这个过程可以重

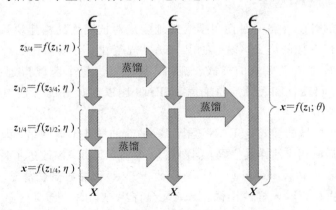

图 3.5-6　基于知识蒸馏的扩散模型流程示意图

（图片来源：SALIMANS T，HO J. Progressive distillation for fast sampling of diffusion models [C]. In Proceedings of International Conference on Learning Representations，2022.）

复，直至达到所需的采样步骤数，同时保持相同的图像合成质量，最快四步就可以完成采样过程。

2）语义图到图像的生成技术（Label-to-Image）

基于语义图的图像生成技术是以语义结构图（语义分割）为输入，生成符合输入语义的图像。不同的语义图可人为修改，从而实现人机协同的可控图像生成。该技术结合了视觉知识的表达，它对输入结构图的不同语义的空间形状、大小和位置进行处理，同时学习从输入到生成图像的色彩和纹理的映射，如图 3.5-7 所示。

图 3.5-7 语义图到图像模型的生成效果图

（图片来源：PARK T，LIU M Y，WANG T C，et al. Semantic image synthesis with spatially-adaptive normalization[C]//Proceedings of the IEEE/CVF Conference on Computer Vision and Pattern Recognition，2019：2337-2346.）

具有代表性的 SEAN 是一种简单但有效地生成对抗网络的构建块，其条件是语义分割图描述期望输出图像的语义区域。使用 SEAN 规范化，可以构建一个网络架构。该架构可以单独控制每个语义区域的样式，例如，其可以为每个区域指定一个样式参考图像。就重建质量、可变性和视觉质量而言，SEAN 比以前最好的方法更适合编码、转换和合成样式。

为了提取每个区域的样式，SEAN 提出了一种新的样式编码网络，即同时从输入图像的每个语义区域提取相应的样式代码，如图 3.5-8 所示。SEAN 改进了每个区域的样式编码。通过峰值信噪比（peak signal-to-noise ratio，PSNR）和视觉检查发现，这样重建的图像更接近输入样式图像。SEAN 允许用户为每个语义区域选择不同样式的输入图像。这使得实时编辑功能能够产生更高质量的图像并提供更好的控制。示例图像编辑功能是交互地逐个区域来进行样式转换和样式插值，这项技术的应用为人机协同的图像生成范式提供了良好的案例。

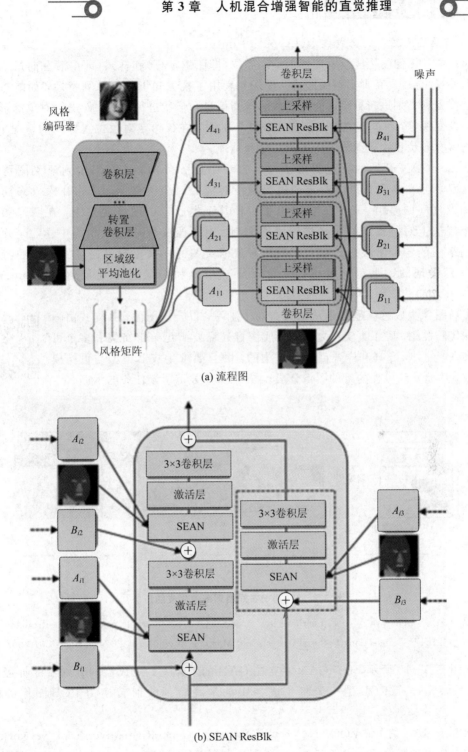

(a) 流程图

(b) SEAN ResBlk

图 3.5 - 8　SEAN 生成器架构

（图片来源：ZHU，P H，ABDAL R，QIN Y P，et al. SEAN：Image synthesis with semantic region-adaptive normalization[C]．IEEE/CVF Conference on Computer Vision and Pattern Recognition，2019，5103-5112.）

3）布局图到图像的生成技术(Layout-to-Image)

布局图到图像的生成技术能够由空间布局(即图像标框)和样式(即由潜在向量编码的结构和外观)合成具有真实感的图像。该任务利用了视觉知识的一系列特性，如能对表达对象的位置和类别进行处理，能对对象的空间信息和形状进行映射，能进行对象的形状变换和场景变换等。不同于之前的图像生成任务的是，在仅给定对象位置标框的情况下，它能对物体的形状和纹理细节进行视觉联想和推理。

从 LostGAN 开始的研究提出了一个直观的任务范例，从布局图到语义图再到图像，模型学习在输入布局中给定的边界框所对应的对象语义图，以弥补输入布局图和合成图像之间的差距。研究人员提出了一种基于生成对抗网络的方法，在图像和语义图两个层次上对所提出的布局进行风格控制。对象语义图从输入布局中学习，并沿生成器网络中的各个阶段进行迭代优化。对象语义图的样式控制是通过一种新的特征规范化方案实现的，即实例敏感(Instance-Sensitive)和布局感知规范化(Layout-Aware Normalization)。

布局图像生成感兴趣的是从输入布局中学习，以合成图像，其样式由输入潜在代码控制。除了真实性之外，合成图像还需要满足给定布局和多个可能的实现。此外，布局和样式都是可重构的，并且要求生成器模型与重构模型一致，从而实现可控的条件图像合成。图 3.5 - 9 显示了该任务的示例。

图 3.5 - 9 基于布局图到图像生成的任务

(图片来源：SUN W，WU T. Learning layout and style reconfigurable GANs for controllable image synthesis[J]. IEEE Transactions Pattern Analysis and Machine Intelligence，2020，44(9)：5070-5087.)

如图 3.5 - 10 所示，LostGAN 建立在 GAN 的基础上。生成器和判别器的神经结构都使用 ResNet。ToRGB 是一个将生成器中的最终特征映射转换为 RGB 图像的简单模块。

除 LostGAN 之外，VQGAN(Vector Quantized Generative Adversarial Networks)也可完成布局图到图像的生成任务。其主要创新点在于使用编码本(Codebook)对卷积网络的隐含特征离散化编码，同时对布局条件也按照一定规则离散化编码，并引入 Transformer 作为编码生成工具。Transformer 可离散化地学习与预测图像的编码分布，编码最终解码为图像。这样的算法设计并没有过多的工程技巧，这使其在更复杂的任务(如高分辨率图像生成、多个任意大小的目标物体图像生成等)中的性能大大提升了。

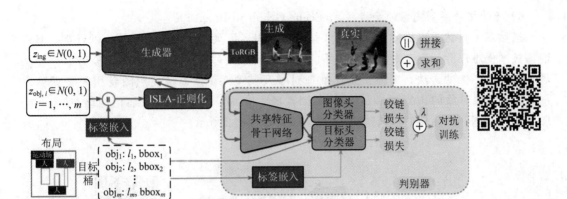

图 3.5-10 LostGAN 布局图到图像生成模型结构

（图片来源：SUN W，WU T. Learning layout and style Reconfigurable GANs for controllable image synthesis[J]. IEEE Transactions Pattern Analysis and Machine Intelligence. 2020，44(9)：5070-5087.）

如图 3.5-11 所示，在生成器部分，VQGAN 使用卷积神经网络模型对图像进行编码和解码，主要包括两个阶段：第一阶段，编码器将图像及布局条件信息离散化编码到隐空间，在隐空间用编码得到的序列对 Transformer 进行训练；第二阶段，用训练好的 Transformer 通过 Codebook 根据布局图编码序列预测生成（自回归方式）新图像编码，再通过解码器将图像编码渲染生成真实图像。

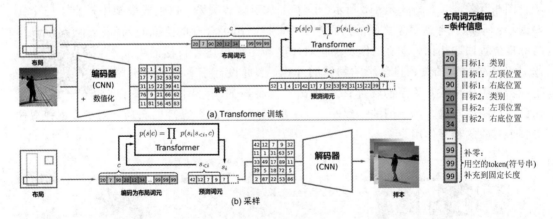

图 3.5-11 VQGAN 布局图到图像生成模型结构

（图片来源：JAHN M，ROMBACH R，OMMER B. High-resolution complex scene synthesis with transformers[J]，arXiv preprint，arXiv：2105.06458，2021.）

布局图到图像的生成技术可以和工业生产、艺术创作等任务相结合。该技术的主要特点是将视觉知识中的空间信息进行映射和扩展，从而在指定空间范围内进行图像纹理的生成。一方面，它具有很强的可控性，因为它生成的图像忠实地分布在给定的布局之内；另一方面，它具有视觉联想的特性，因为它需要完全从无到有地联想生成物体的形状和纹理细节。

4）场景拓扑图到图像的生成技术（Scene Graph-to-Image）

虽然基于自然语言描述的图像生成技术已取得了巨大的进展并具有惊人的性能，但目前该技术仍难以胜任复杂对象及其关系的场景结构。针对这一不足，Sg2im 提出了一种从场景图生成图像的方法，实现了显式推理对象及其关系。该模型使用图卷积来处理输入图，通过预测对象的边界框和语义图来计算场景布局，并使用级联细化网络（Cascaded Refinement Network）将布局转换为图像，如图 3.5 - 12 所示。

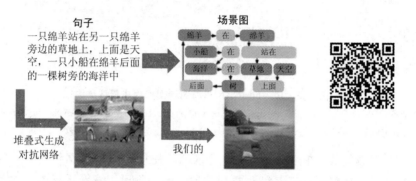

图 3.5 - 12　句子到图像生成和场景拓扑图到图像生成任务效果的对比

（图片来源：JOHNSON J，GUPTA A，FEI-FEI L. Image generation from scene graphs[J]. IEEE/CVF Conference on Computer Vision and Pattern Recognition，2018：1219-1228.）

另外，Hua 等人的工作探索了关系感知的复杂场景图像的生成。其中，多个对象作为场景图相互关联，如图 3.5 - 13 所示。该工作基于物体关系，在生成框架中提出了三个主要创新：① 综合考虑对象之间的语义和关系，推断出了合理的空间布局，与标准位置回归相比，该项工作发现相对尺度和距离更适合目标的生成；② 由于对象之间的关系显著影响物体的外观，因此设计了一个关系引导生成器来生成反映其关系的物体；③ 提出了一种新的场景图判别器，以保证生成图像与输入场景图的一致性。该项工作倾向于综合合理的布局和对象，重视图像中多个对象的相互作用。

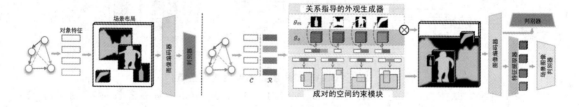

图 3.5 - 13　复杂场景拓扑图生成图像的框架

（图片来源：HUA T，ZHANG H，BAI Y，et al. Exploiting relationship for complex-scene image generation[J]. AAAI Conference on Artificial Intelligence，2021：1584-1592.）

该项工作提供了一个新颖的成对的空间约束模块，具有对象之间相对比例和距离的建模能力，可用于学习关系感知空间。其基于关系指导的外观生成器，后接场景图像判别器，用于根据对象的细粒度信息和关系差异生成合理的对象语义图。

在现有的研究中，Frido(一种特征金字塔扩散模型)在多个条件的图像生成任务中都有着良好表现，其中包括场景拓扑图到图像的生成任务。该项工作首先提出了 MS-VQGAN(Multi-Scale VQGAN)模型，利用此模型将输入的图像编码为隐空间序列，再在隐空间中训练扩散模型。

值得一提的是，MS-VQGAN 中利用特征金字塔模型构造编解码器，可实现图像的多尺度自动编码。其优势在于将输入图像编码为不同语义级别的多尺度序列，保留了更多的结构和细节，大大提升了复杂场景图像的生成质量。MS-VQGAN 训练后，用 MS-VQGAN 将图像编码为多级特征映射，之后将 Frido 引到隐空间的不同尺度上分别对图像进行扩散，最后从噪声中生成图像。

场景拓扑图不同于标框布局图。该项工作将输入的空间位置信息替换为输入对象之间的关系信息，利用类似知识图谱的表达方式建模物体间的关系，然后利用视觉知识的联想推理，将关系建模后的对象特征映射到图像空间。它充分利用了知识图谱、视觉知识和深度神经网络的能力，对语义信息和多重的知识表达进行建模，并且在基于视觉知识和深度网络模型的基础上支持创意生成任务。

2. 发展趋势

以视觉知识和知识图谱为指导的人机协同图像生成技术，加上深度神经网络的赋能，在人机协同创作、素材生成、AI 教育等领域都有广阔的应用前景。同时允许以不同模式输入的图像生成技术也在不断地扩展人与机器协作方式的边界，生成式模型支持的创意设计任务也越来越受到科研界和工业界的重视。

1) 图像到图像的生成技术(Image-to-Image)

图像到图像的生成旨在将一种图像转换为另一种图像，也就是找到一个函数让 X 域图像映射到 Y 域，其可以应用于许多实际问题中，如风格迁移、属性迁移、图像分辨率提升等。

虽然现有的图像翻译方法可以在某些方面取得令人信服的结果，但当某些图片中含有复杂语义时(如涉及颜色和纹理变化的任务和需要几何变化的任务等)会出现失真。虽然生成器架构针对图像中目标或物体的外观变化往往表现良好，但如何处理好更加多样和极端的变换特别是几何变化，是未来工作的一个重要问题。

在视觉知识中进行对象的空间变换、操作和推理时，深度神经网络可以对形状和纹理的变换进行建模。但是复杂的几何变换难以被神经网络捕捉，同时这种变换属于计算机图像学的几何形态，而不是一种视觉概念。要解决这些问题，我们可以假定图像翻译过程中的几何变化为 T，并设计一个编码器 E 来提取该变化的特征，然后送入生成器和判别器去消除几何变化对模型的影响，最后采取分而治之的方式先对几何变换进行处理，再对视觉知识进行建模。需要注意：目标是学习到 X 域和 Y 域之间的一个映射函数。给定训练样本 $\{x_i\}_{i=1}^N$，其中：

$$x_i \in X, \{y_j\}_{j=1}^M, y_j \in Y$$

则图像翻译的模型可以定义为

$$G: X \to Y, F: Y \to X$$

同时引入两个对抗训练的判别器 D_X 和 D_Y，其中 D_X 用来判别真实图片 $\{x\}$ 和翻译后(生成)的图片 $\{F(y)\}$，D_Y 用来判别 $\{y\}$ 和翻译后(生成)的图片 $\{G(x)\}$。目标函数使用对抗性损失(Adversarial Loss)。将对抗性损失应用于两个映射函数。对于映射函数 $G: X \to Y$ 及其判别器 D_Y，可将目标表示为

$$\mathcal{L}_{\text{GAN}}(G, D_Y, X, Y, T) = \mathbb{E}_{y \sim p\text{data}(y)}[\log D_Y(y, E(T, y))] + \\ \mathbb{E}_{x \sim p\text{data}(z)}[\log(1 - D_Y(G(x, E(T, x))))]$$

其中，G 尝试生成看起来类似于来自域 Y 的图像 $G(x)$，而 D_Y 用于区分生成样本 $G(x)$ 和真实样本 Y，以辅助优化 G。

人机协同的图像到图像的生成技术则是人为预先定义好两个不同的图像类，即不同的风格或不同的渲染场景，在定义好的域之间训练生成模型，最后实现域的映射。

利用不同图像域之间的转换生成能力来支持创意生成是智能创意设计的未来趋势。基于创意设计的视觉知识表达，深度神经网络模型可进行图像域之间的转换和信息补充，作为创意设计的辅助手段，成为设计的有效材料，在设计实践中发挥重要作用。智能创意设计的探索离不开数据，构建不同领域的图形数据和跨域的视觉知识图形库是智能创意设计的必要基础。图形库要求不同域之间的图片存在几何、纹理、空间等异构性。可以探索基于上述规划的深度神经网络技术，学习图形库中不同图域之间的映射函数，同时保证 GAN 模型的生成能力的多样性。最终可设计一个图域转换平台，设计师和用户可以与平台进行人机协同的交互，实现自定义类别、风格、纹理、时尚等信息的图像转换，以及多个公共数据集上的推理性能的提升。

2) 语义图到图像的生成技术(Label-to-Image)

基于语义图到图像的生成技术，以语义结构图为输入，生成符合输入语义的图像。不同的语义图可以进行人为修改，从而实现人机协同的可控图像生成。因此，可以定义这个问题如下：

基于语义图的条件 GAN，根据语义图像 x 和随机噪声向量 z，生成图像 y。$G: z \to y$ 的映射生成器 G 经过训练，能够产生无法被判别器 D 分辨的图片。D 经过训练，能够尽可能地检测生成图像。

虽然现有的方法能够生成忠实符合输入语义的图像，但是在纹理细节方面丧失了一定的多样性。这是因为在模型损失函数的设计中引入了过多的强监督信号。可以用对抗损失取代强监督信号来提高生成效果的多样性，同时取消原有模型中的 L1 损失。视觉概念具有层次结构(即含有子概念空间组织的结构)，因此在根据语义图生成图像的技术中，需要在一定程度上扩宽视觉对象的变换范围，即加深视觉概念的深度，从而提升生成图像的多样性。

基于语义图的条件 GAN 的目标函数可以表示为

$$\mathcal{L}_{\text{cGAN}}(G, D) = \mathbb{E}_{x, y \sim p\text{data}(x, y)}[\log D(x, y)] + \\ \mathbb{E}_{x \sim p\text{data}(x), z \sim p_z(z)}[\log(1 - D(x, G(x, z)))]$$

其中，G 试图将该目标函数最小化，而 D 试图将其最大化，即

$$G' = \arg \min_G \max_D \mathcal{L}_{\text{cGAN}}(G, D)$$

人机协同的语义图到图像的生成则是用户人为地指定语义图 x，然后模型根据输入图上的每一个子语义去生成对应的输出图像。在生成过程中要保证输出图像的语义部分与输入完全一致，从而达到忠实于用户协同的目的。同时，除了语义符合之外，输出图像需要利用模型的能力，去拟合不同语义中的图像细节等纹理信息。

在创意设计方面，语义图像生成是辅助快速作画、快速原型表达的重要工具，因为它可以支持创意设计实践的创意激发、头脑风暴、低保真原型构建等，具有重要意义。而结合深度神经网络对视觉知识中纹理信息的推理能力，实现语义图到图像的语义填充，则可弥补和降低设计师的前期探索实践的不足。语义图像生成可促进智能绘画平台的研发，可催生工业、制造、教育、传媒等行业的普惠辅助工具。类似地，在教育方面，可以设计儿童涂鸦手绘系统来辅助针对儿童语义和图像纹理的识图教学；在建筑设计方面，则能规划设计一款墙体自动化上色系统，实现快速辅助设计师将房屋设计草图进行墙体纹理上色。另外，利用规划中增加模型多样性的技术赋能这些平台，不仅能提高生成模型的创意能力，也能激发使用者的灵感。

3）布局图到图像的生成技术（Layout-to-Image）

布局图到图像的生成技术能够由空间布局（即图像晶格中给定对象的标框）和样式（即由潜在向量编码的结构和外观）合成照片的真实感图像。现在采用布局图到图像的生成技术，基本上能实现对应布局的生成，即使得所生成图片的内容与输入布局图在一定程度上比较符合。但是数据集的复杂性和类别的多样性，使得生成图像中具体物体的细节程度和真实感成为一个瓶颈，这个问题需要在未来的工作中设计更加紧凑的模型来解决。

由于模型给定的输入仅存在语义和位置信息，缺少其他纹理相关的视觉知识，因此在构建模型时需要更加注重对形状、纹理和空间关系等视觉知识的运用。初步规划针对数量繁多的物体进行单独的特征学习，设计一个特征抽取器 E 来学习对应物体的特征。在生产过程中再利用每个物体提前学习好的特征来优化其生成效果。

生成器通常有三个输入，用于从布局到图像的生成学习，具体包括：空间布局 L，由多个对象边界框组成；潜在向量 z_{img}，用于图像级别的样式控制；不同的物体所对应的潜在向量 z_{obj_i}，每个都用于对象实例的样式控制。这些向量是从标准的多变量高斯分布中随机抽样的。

该生成器将图像的潜在向量作为其整体样式控制的直接输入，同时利用一种新的特征规范化方案进行对象级样式控制。生成器的每个阶段都利用对象潜在编码以实现更好的样式控制，这种方法类似于 StyleGAN。生成器的目标是获取概率分布。与 StyleGAN 不同的是，该生成器引入了物体特征提取器 E：

$$p(I^{syn} \mid L, E, z_{img}, z_{obj_1}, \cdots, z_{obj_m})$$

生成器涉及一个具有挑战性的推理步骤，该步骤涉及估计模型参数，即通过采样后验分布 $p(z_{img}, z_{obj_1}, \cdots, z_{obj_m} \mid I^{real}, L, E)$ 来计算真实图像的潜在编码。为了克服后验推理的困难，GAN 通过引入一个额外的判别器来利用对抗性训练范式。该判别器有两个输入：给定的图像（合成的图像或真实的图像）和相应的空间布局。它由三部分组成：从输入图像提取特征的模型结构；基于提取的特征计算图像真实度分数的图像头部分类器（分数越高，图像越真实）；计算每个对象实例真实度分数的对象头部分类器。对象实例的特征由 RoIAlign 进行给定布局的计算。

损失函数包括图像和物体的对抗性 Hinge 损失项（通过折中参数 λ 平衡）。Hinge 损失的目的是将生成图像的真实度分数与真实图像的真实度分数之间的差值扩大到一个预定义的边界。在 GAN 的最小—最大博弈设置下，Hinge 损失可以更好地增强生成器和判别器的攻击性,从而生成高保真度的生成图像。

基于布局图的人机协同图像的生成,需要用户给定布局的输入。具体地,用户需要预先定义好图像中物体的个数、位置、大小等信息。这些信息可以用矩形的范式来在晶格中表示。生成模型以用户定义好的矩形框作为输入,生成符合输入约束的真实图像,完成视觉知识的推理。同时在创意设计相关的应用方面,由于输入并没有给定纹理信息,因此在一定程度上提高了生成图像的多样性,这也进一步扩大了在艺术创作相关的人机协同任务中创意发挥的空间,如房屋布局、城市规划、界面 UI 设计等。

除此以外,还可以考虑与城市规划部门合作,设计城市布局图像智能化生成系统,打造综合建筑设计、环境设计、基建设计等的一体化创意辅助平台。利用上面提及的基于布局的图像生成技术,可以对设计师给定的区域划分实现自动填充设施或环境内容,利用模型对视觉纹理、空间变换实现城市规划图像的 2D 建模,同时提供多样性的方案。基于以上构想,我们可以降低城市规划工作的劳动成本,为规划设计师提供更多有价值的创意设计灵感。

4) 场景拓扑图到图像的生成技术(Scene Graph-to-Image)

场景拓扑图到图像的生成技术的目标是训练一个模型,该模型以描述对象及其关系的场景拓扑图作为输入,并生成与该拓扑图相符合的真实图像。主要挑战有三个方面:首先,必须开发一种处理图形结构输入的方法;其次,必须确保生成的图像符合拓扑图指定的对象和关系;第三,必须确保生成图像的真实性。以往的图像生成技术都在视觉知识和深度神经网络的驱动下实现,而基于场景拓扑图的方法必须考虑输入对象之间的关系,也就会涉及知识图谱的概念。这就需要设计一个能对语义关系进行推理的底层模型,同时在此基础上保留对生成图像视觉知识的联想能力。因此,可以考虑利用图神经网络对场景拓扑图进行知识图谱的构建,进而用 GAN 实现底层特征到视觉特征的映射。

模型的输入是一个场景拓扑图,用于描述对象和对象之间的关系。给定一组对象类别 $\mathcal{C}$ 和一组关系类别 $\mathcal{R}$,场景图是一个元组 (O, E),$O=\{o_1, \cdots, o_n\}$ 是一组物体对象 $o_i \in \mathcal{C}$ 的集合,$E \subseteq O \times \mathcal{R} \times O$ 是有向边 (o_i, r, o_j) 的集合,$o_i, o_j \in O$,$r \in \mathcal{R}$。在第一阶段,使用可训练的嵌入层将图节点和边由标签转换为特征向量。

对于图神经网络,可以给定输入向量 $v_i, v_r \in \mathbb{R}^{D_{in}}$,对于所有物体 $o_i \in O$ 和边 (o_i, r, o_j) $\in E$,计算输出向量 $v_i', v_r' \in \mathbb{R}^{D_{out}}$,计算的网络为 g_s, g_p, g_o。为了计算输出边特征 v_r',使用函数 $v_r' = g_p(v_i, v_r, v_j)$。需要注意的是,该函数更新物体向量时会更复杂,因为物体可能参与众多关系,需要计算每个物体的所有相邻物体传递过来的特征。

在场景布局生成阶段,通过多个图卷积层处理输入场景图,最后每个对象都学习得到一个嵌入向量。该向量既表示了图节点的对象本身,也包含了图节点和图中其他节点的关系信息。由此,各个对象的嵌入向量联合表示了场景布局,可进一步转化为布局标注或者语义图标注,从而从粗粒度到细粒度逐步合成图像。

为了训练上述生成过程的网络,设计一对判别器网络 D_{img} 和 D 训练图像生成网络,生成逼真的输出图像。判别器 D 试图通过最大化目标将其输入 x 归类为真或假,即

$$\mathcal{L}_{GAN} = \underset{x \sim p_{peal}}{E} \log D(x) + \underset{x \sim p_{pike}}{E} \log(1 - D(x))$$

基于图像块(Patch-Based)的图像判别器 D_{img} 用于确保生成的图像的整体外观逼真。它

将规则间隔的重叠图像块集归类为真或假,可用全卷积网络实现。基于目标(Object-Based)的判别器 D_{obj} 鼓励图像中的每个对象都看起来真实。其输入是图片剪裁后的对象,使用双线性插值重新缩放为固定大小。除了将每个对象归类为真或假外,D 还使用辅助分类器识别每个对象的类别,从而鼓励生成网络生成符合类别的对象。

人机协同的场景拓扑图图像生成,需要用户预先定义好场景拓扑图。这是一种新颖的人机协同交互方法,不同于以往的需要耗费大量标注的语义图,用户只需要确定需要生成的物体种类以及物体之间的摆放关系即可,而不用去定义它们的大小和位置等细节。基于简单范式的场景拓扑图生成图像,在很大程度上降低了交互和协同的难度,同时也能达到生成符合的输入图像的目的。利用知识图谱和视觉知识的双重表达,该技术在创意设计领域的应用成为可能。例如在教育领域,可以根据模具之间摆放的空间关系,生成符合其拓扑结构的图像,从而形成有教育意义的反馈的闭环。

场景拓扑图到图像的生成技术易于支持创意设计的相关研究。目前,利用创意设计领域的知识已逐渐能进行知识图谱构建,如同济大学徐江教授的《设计科学知识图谱》。显然,研究适当的图生成(Graph Generation)技术,可以完成创意设计领域知识支持的可控、可解释图像生成乃至自动化设计。因此,后续研究将考虑设计知识图谱、面向领域知识翻译的场景拓扑图构建、基于拓扑图的自动生成创作、设计知识驱动的人机协同创作等,相关研究将为设计理论、设计实践、智能人机创作和人机协同算法等提出前瞻且具有现实意义的新挑战。

人机协同的图像生成技术,在以 GAN 为骨架的多种任务上,能以不同输入形式生成令人难以分辨真假的图片。同时,该技术充分利用知识图谱、视觉知识和深度神经网络的能力,对语义信息和多重知识表达进行建模。国内外的研究包括图像的翻译任务、语义图到图像的生成、布局图像生成和场景拓扑图像生成等。

值得指出的是,对不同输入形式的探索,仍在不断地扩展人机协同和人机交互的新模式。除此之外,基于不同给定条件的图像生成研究也在不断惠及诸多下游任务,如人机协同创作、智能驾驶、素材生成等。同时,深度学习的能力赋予了创意任务一定的想象推理空间和多样性。而人机协同的图像生成技术在有复杂关系或弱约束的场景下仍然是一个充满挑战与价值的课题,存在很大的研究空间。

3.5.2　人机协同的多媒体生成技术

随着人类进入互联网时代,多媒体技术和网络技术有了不小的飞跃,而海量的多媒体数据(如视频、图像、音频、文本等)也快速进入公众视野,其中图像与视频数据的占比在总数据的 90% 以上。视频数据本质上是由一帧帧的图像生成的,因此图像数据依旧是大数据的主要组成部分。截至 2020 年,全球数据量达到了 60 ZB,且仍在不断增长。数据的多样性、异构性、语义上的互联性对我们通过互联网感知世界至关重要。

认知科学研究表明,人脑生理组织结构决定了人的感知和认知过程是联合多种感官信息的融合处理过程。每个感官得到一种媒体的数据,而 AI 如何模仿人脑分析、甄别、关联、消歧、建模、统一多媒体数据,以实现多媒体内容理解,是人机协作的一个基础问题。

多媒体数据相较于传统普通数据具有抽象、复杂、数据量大的特点。而"异构鸿沟"和"语义鸿沟"决定了用机器生成满足人们审美的内容依旧是当今国际学术界亟待解决的难题。每年都有大量的相关论文对这个问题进行探讨。其涉及的单一媒体数据分析方法和多媒体数据综合方法需要计算机视觉、人工智能、机器学习等多领域的知识去实现。

在人机协同的创意设计方面，基于人工智能机器学习的方法定义了跨多媒体域的生成系统，如图 3.5-14 所示。它将人的知识和计算机的知识相融合，打通了不同媒体任务之间的隔阂，并能利用生成和反馈机制来激励机器学习模型在创意性任务上的学习。

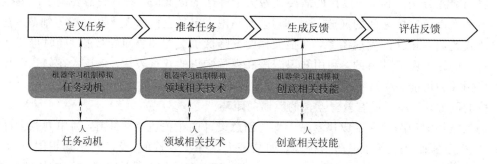

图 3.5-14　多媒体域人机协同的创意设计生成框架

（图片来源：PEARL J. Causality[M]. Cambridge：Cambridge University Press，2009.）

近年来，深度学习的兴起和发展为多媒体数据的内容生成提供了新的方法和模型，在研究与应用上都取得了显著进展。本节将以多媒体图像生成技术为主，阐述目前世界上多媒体图像生成技术的几个重要方向、重要概念与代表性方法，包括基于文本的图像生成、基于声音的图像生成以及微动效图像生成等。此外，本节将进一步阐述这一领域所面临的重要挑战，并给出发展趋势和建议。

1. 研究现状

1）基于文本的图像生成（Text-to-Image）

基于文本的图像生成的主要流程是：用户提供一个文本文件，该文件包含对图像内容的文字性叙述，计算机可以自动生成与文字内容相匹配的图像。此类基于文字描述的图像生成提高了图像信息获取的灵活性和全面性，可用于多个领域，甚至替代图像检索。同时，基于文本的图像生成也在人机交互领域有着重要的作用，因为图像往往比文本更加直观，更容易让人理解。如果用户在人机交互过程中遇到了不理解的文本，可以直接点击相应文本并生成对应的图片，从而加深对文本的理解。

在《人工智能 2.0》中，文本作为语义的记忆内容，适用于字符信息的检索和推理，而图像是视觉情景的记忆内容，因此基于文本的图像生成，就要求同时利用知识图谱和视觉知识，构建文本与图像之间的桥梁。

近年来，多种高质量的深度生成模型逐渐兴起，使基于文本的图像生成有了新的工具，如变分自编码器（Variational Auto Encoder，VAE）、生成对抗网络（Generative Adversarial Networks，GAN）。Yan 等人使用了 VAE 建模视觉属性以实现基本文本的图像生成。该方法将整张图像分为背景和前景两个部分，每部分再由多个不同属性组成，如图 3.5-15 所示。他们以这种方法为基础更进一步地提出了分层生成式模型，实现了基于文本的图像生成。

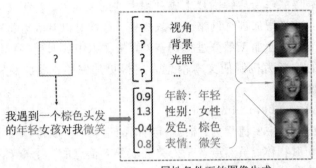

属性条件下的图像生成

图 3.5 - 15　利用 VAE 实现基于文本的图像生成

（图片来源：WANG D，CUI P，ZHU W. Structural deep network embedding[C]. Proceedings of the 22nd ACM SIGKDD International Conference on Knowledge Discovery and Data Mining，2016：1225-1234.）

　　Reed 等人提出的 GAN-INT-CLS 方法更进一步提高了基于文本的图像生成的质量，该方法以条件生成式网络为基础，能够更加切合文本所包含的语义内容，因此也更满足使用者的要求。之后，他们又提出了一种基于"内容-位置"的生成式对抗网络 GAWWN，使用者需要给出所要生成内容的位置，模型则会将其用一组归一化坐标来表示，最终达到控制空间位置的效果，让生成图像更加契合实际的空间结构。

　　Xu 等人在 GAN 的基础上引入了注意力机制和多阶段微调模型，注意力生成式对抗网络（Attentional Generative Adversarial Network，AttnGAN）随即问世，它是一种更加细粒度的基于文本的图像生成模型。AttnGAN 引入了注意力机制，因此该模型关注语言描述中不同单词所关联的图像区域，从而合成图像的不同子区域的细粒度细节。上述方法在输入文本中含有多个主要视觉目标时效果有限，Johnson 等人为此提出了基于场景图的文本到图像的生成方法。当文本描述了多个对象时，也可生成内容一致且合理的图像。2021年，英伟达公司 NVIDIA 提出了 StyleCLIP。该方法可以实现基于文本描述的图像修改。其主要流程是给定一张图像，通过给出其他描述性文本来对图像的内容进行更精细的更改，使生成的图像更加符合文本描述，同时又和原本的图像有着相似的图像内容，并且生成的清晰度很高。

　　到目前为止，已有相当数量的以文本为条件的扩散模型被开发出来，这种模型能够将不同的物体属性（如形状、纹理等）加入图像中，并生成不常见的例子。Gu 等人引入了向量量化扩散模型，用于从文本生成图像。这种方法不存在以往方法的单向偏差，避免了推理过程中误差的累积。Shi 等人结合使用 VQ-VAE 和扩散模型来生成图像。VQ-VAE 部分的编码功能被保留，而解码器则被扩散模型所取代。Avrahami 等人提出了基于 CLIP 图像嵌入的文本条件扩散模型。这是一种两阶段方法，其中第一个阶段使用隐空间的扩散模型生成图像嵌入部分，第二阶段（解码器）生成基于图像嵌入和文本标题的最终图像。总体而言，扩散模型在文本生成图像领域发挥着不可或缺的作用。

　　通过审视目前基于文本的图像生成方法不难发现，GAN 和扩散模型在近几年的研究中成为最热门的方案。目前，主流方法都会先对自然文本语言进行一定的处理，从而得到其相应的文本特征，以文本特征作为后续图片生成过程中的约束条件。基于文本的图像生成方法的优化有多种方法：选择增加训练网络的参数规模，这样可以有效地将图像和文本进行更多的信息提取；除了对图像加工部分进行调整外，从文本中提取更多特征是优化的另一种选择，比如增加新的注意力机制使文本信息表述得更加完整；增加额外的条件约束，比如增加新的损失函数等。

2）基于声音的图像生成（Sound-to-Image）

基于声音的图像生成技术的主要流程为：根据所给出的声音，生成符合给定声音的场景图像或者该声音所属的相对物体。虽然声音是人类获取外界信息的一个重要手段，但是与文本相比，基于声音的相关研究要少得多。与基于文本的图像生成不同，基于声音的图像生成的研究相对较少，因为基于声音的图像生成更加具有挑战性。对于图像中物体的形状、颜色和大小等视觉特征描述，从声音中获取其语义通常是不可能的。比如，鸟的概念、颜色和大小都不能直接从黄色小鸟的声音中获得。所以，我们需要一个单独的网络去提取不同的声音特征。

因此，如何获取声音和图像之间的联系，即建立视觉知识和声音知识之间的联系变得尤为重要。为了将声音知识融入视觉知识中，对声音进行解码并提取特征便是一个非常重要的课题。

由 DeepMind 和牛津大学共同提出的 L3-Net 模型给出了解决方法，即将视频中每一帧的图像和音频提取出来，作为一组声音-图像对（Audio-Visual Pair，见图 3.5-16），模型将每个声音-图像对作为输入，分别放入视觉分析网络和音频分析网络，通过两个专用网络进行特征分析和提取，最后经过一个融合层，从而得到声音和图像的对应关系。

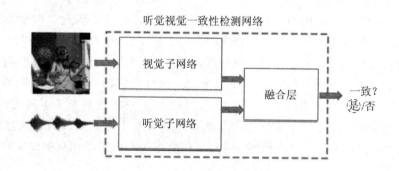

图 3.5-16 "声音-图像对"输入网络并提取信息

（图片来源：COLOMBO D, MAATHUIS M H, KALISCH M, et al. Learning high-dimensional directed acyclic graphs with latent and selection variables[J]. The Annals of Statistics, 2012: 294-321.）

目前，有部分关于声音的数据集被发布出来，但是总数仍然相对较少。在基于声音的图像生成领域，比较有代表性的数据集有 Sub-URMP 以及 SoundNet 中提到的大量的无标注视频数据集。Sub-URMP 数据集（见图 3.5-17）由许多简单的多乐器乐曲组成，这些乐曲是各个曲目的协奏，是通过分别录制表演后再组合而成的。对于每一首乐曲，都提供了 MIDI 格式的乐谱、高品质的个人乐器录音和组合乐曲的视频。该数据集可用于多模态信息检索技术，如音乐源分离、转录、性能分析，并可作为评估性能的标准。

创作过程

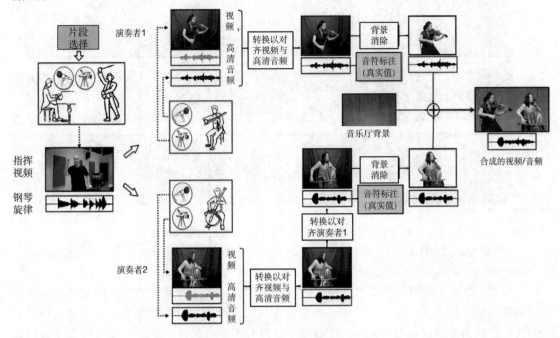

图 3.5－17　Sub-URMP 数据集

(图片来源：ZHANG J. On the completeness of orientation rules for causal discovery in the presence of latent confounders and selection bias[J]. Artificial Intelligence，2008，172(16-17)：1873-1896.)

SoundNet 对 Flickr 的视频进行收集，它们是自然的、未经专业编辑的短片段，可以捕捉日常野外环境中的各种声音。该数据集共 10 类，包括超 200 万无额外标注的音频-图像对，每个音视频长度从几秒到几分钟不等。为了保证音频的完整性和无干扰性，他对音视频所做的唯一预处理就是将声音转换为 MP3，将采样率降低到 22 kHz，并转换为单声道音频(虽然这样稍微降低了声音的质量，但这样操作后可在大型数据集上进行更有效的操作)，同时将波形缩放到[－256，256]范围内，使其平均值接近于零。

最近英伟达公司提出了一种可以根据声音对图片进行增强的方法(见图 3.5－18)，该法可以根据一张输入图片和对应的环境声音来改变图片的内容。比如，给定一张房子的照片和一段火焰燃烧的视频，最后会生成一幅房子着火的视频。其主要方法是利用 AutoEncoder 解码器分别对声音、声音对应的文本描述和图片进行解码，并使得声音解码器和文本解码器对一组声音-文本-图像有相同的隐空间解释。该方法可以根据声音生成较为真实的图片，但是仍需要现有图片来辅助。

目前大多根据声音生成图像的论文，都使用 SoundNet 网络来提取声音特征，并通过 GAN 来进行图像的生成。现有的主流方法将该任务分为两步进行：从声音中提取特征信息；根据特征信息来生成相对应的图像。其主要瓶颈在于：相关声音数据集减少；用于提取声音中的特征的部分使用的是一个统一的模型，方法较为单一且耗时较长，需要对其进行一定的改进。

图 3.5 - 18 英伟达公司提出的按声音增强图片的模型

（图片来源：SHIMIZU S，HOYER P O，HYVÄRINEN A，et al. A linear non-Gaussian acyclic model for causal discovery[J]. Journal of Machine Learning Research，2006，7(10).)

最近，韩国大学团队根据用户输入的声音信息对图像进行修改，将声音知识融入视觉知识并完成了视觉元素的推理工作。这样减少了设计师在设计创作图像时的成本，用语音来替代那些需要精微耗时的操作，从而缩短了设计时间。另外，深度的神经网络模型使得生成的图像具有多样性，即对图像的修改内容在语音语义上保持恒定，但在视觉元素上具有丰富的创造性。

但从总的研究现状来看，目前基于声音的图像生成和创意设计仍处于萌芽期，其潜力有待进一步挖掘。

3）微动效图像生成（Animation Synthesis）

微动效图像生成技术在静态图像生成上更进一步，旨在使用计算机通过学习静态图片生成相应的具有一定意义的、有真实感的动态图片。例如，从一幅风景图片中，人类可以想象云是如何移动的，天空的颜色是如何随着时间的推移而变化的（见图 3.5 - 19）。在风景图像中实现这种动态效果不仅被称为电影院图形（Cinema Graph）的艺术内容，同时也是当前图像处理的技术热点。

微动效图像生成要求视觉知识不仅能表达静态的纹理和空间信息，同时需要捕捉到对象的时空变换和场景变换等，还要求视觉知识能指导时空变换进行推理和联想。

许多年来，计算机科学家对于微动效图像生成这一问题进行了仔细的研究和建模，并从两个角度提出了大量对策。

（1）基于示例，通过时空变换示例来创建逼真的动效，如流体运动或时变场景外观。例如，SinGAN-GIF 通过输入一张静态图片和一个示例视频，能够将示例视频中的运动模式移植到静态图片中。然而，这种基于示例的方法通常严重依赖参考视频，对输入的要求较为苛刻，因此最新的生成方法大多为第二类方法，即基于统计学习的方法。

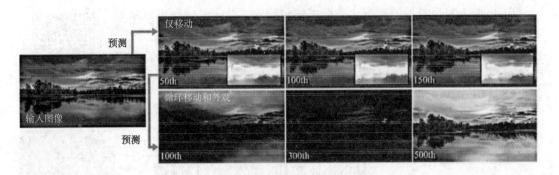

图 3.5-19　微动效图像生成样例

（图片来源：ENDO Y，KANAMORI Y，KURIYAMA S．Animating landscape：Self-supervised learning of decoupled motion and appearance for single-image video synthesis．arXiv preprint，arXiv：1910.07192，2019．）

（2）基于统计学习的方法。该法一般能够有效地提取图片的结构特征，并通过操作结构特征来实现图片的要素变化，从而生成与输入图片结构相似的图片，以这些图片为关键帧，进一步生成微动效图片。Tammar 等人提出了一种只需单幅训练图像的生成模型 SinGAN。SinGAN 能够捕捉图像的内部块分布信息，生成具有相同视觉内容的高质量、多变的样本（见图 3.5-20）。SinGAN 包含一系列全卷积 GAN，每个 GAN 负责学习图像不同分辨率的分布信息，多个 GAN 组成了自小而大的金字塔结构。由此，SinGAN 生成的新样本可以具有不受限制的纵横比及尺寸，其不但可以让变化明显，而且能复现图像的精细纹理特征，这为之后的研究打下了坚实的基础。

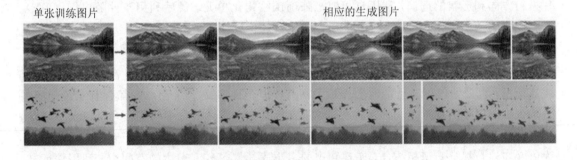

图 3.5-20　SinGAN 根据单张图片生成多张逼真图片

（图片来源：SHAHAM T R，DEKEL T，MICHAELI T．SinGAN：Learning a generative model from a single natural image[C]．Proceedings of the IEEE/CVF International Conference on Computer Vision，2019：4570-4580．）

Xiong 等人提出了一种基于 GAN 的两阶段方法，可生成高分辨率的真实延时视频。给定第一帧，模型学习生成长期的未来帧。第一阶段为每一帧生成真实内容的视频。第二阶段强制使第一阶段生成的视频在运动动力学方面更加接近真实视频，从而对生成的视频进一步细化。

Endo 等人对风景图的动态化进行了细致研究，提出了一种可以从单一的户外图像创建一个高分辨率的视频的方法（见图 3.5-21）。该方法通过使用延时视频的训练数据集进行自我监督学习来实现，主要思路是考虑时空差异，分别学习运动（如天空中移动的云和湖上的涟漪）和外观（如白天、日落和夜晚时的颜色）。

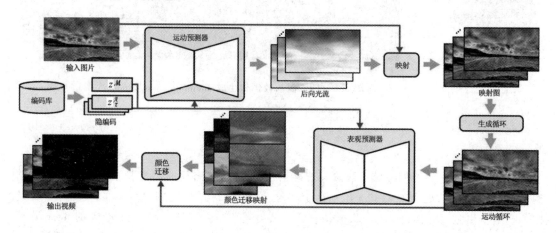

图 3.5-21 利用单一的户外图像创建高分辨率视频

（图片来源：ENDO Y，KANAMORI Y，KURIYAMA S. Animating landscape：Self-supervised learning of decoupled motion and appearance for single-image video synthesis. arXiv preprint，arXiv：1910. 07192，2019.）

Halperin 等人对如何生成结构化明显的微动效图像进行了深入研究，他通过对输入图片进行方向和形状的选择，利用自相似矩阵确认结构化单元，最后利用条件随机场（CRF）进行图像的动图操作，其结果得到了很好的用户评价反馈。

2. 发展趋势

目前多媒体生成领域的研究相对较少，主要集中于如何提取文本、声音等其他媒体的表达信息，以及如何更高质量地生成相关图片。但是许多文本或者声音都含有意境信息，未来人机协同下的视觉生成必须将文本、声音等其他多媒体信息中的字面含义以及意境信息完全表现出来，同时图片生成的质量也需要进一步提高。首先需要将声音、文本信息作为语义知识与视觉知识相结合，实现知识的多重表达。在多重表达的空间中，利用深度神经网络建立语义知识和视觉知识之间的映射，从而实现生成图像的任务。同时对深度学习学习到的图像分布进行采样，以得到多样性的结果。将多样性与创意设计融合便可推动下游领域任务的发展。

1）基于文本的图像生成

基于文本的图像生成提高了图像信息获取的灵活性和全面性，有望替换部分图像检索的应用，可以用于教育领域的概念启蒙、艺术领域的数据创作、传媒领域的信息传达等。目前基于文本的图像生成的研究刚刚起步，采用现有方法生成的图像的视觉真实性、忠实性有限，如何自动生成真实且更加符合语义的图像是需要解决的重要研究问题。

给定一段文本 text，模型需要更好地提取出文本语言中的意思。目前所有的基于文本的图像生成技术所使用的模型均只关注了文本的表面意思，对于文本所蕴含的意境（artistic conception of text，text$_{AC}$）没有直接体现。在生成"鸟站在盛开的梅花"这类文本的图像时，模型会重点关注"鸟""站在""梅花"这些关键词并生成相应的场景图（Scene Graph），或者关注其他表示文本信息的方式。但是，如何通过"盛开的梅花"推断此时的季节为冬天，如何表现梅花的状态为"盛开"，对于这些隐藏的语义语境关系，模型是没有推导或者没有表现出来的，要进一步研究才能让生成图像的真实度得到提升。该理论的具体输入/输出以及损失函数为

$$\text{Input：text} \qquad \text{Output：image}$$

$$\text{text} \rightarrow \text{Encoder(text)}, \ \text{Encoder}_{AC}(\text{text}) \rightarrow \text{image}$$

$$\text{Loss} = L_1(\text{Encoder(text)}, \text{text}_{latent}) + L_2(\text{Encoder}_{AC}(\text{text}), \text{text}_{AClatent}) + L_3(\text{image}, \text{image}_{real})$$

其中，Encoder 代表分析文本原本含义的解码器，Encoder$_{AC}$ 代表分析文本意境的解码器。模型需要对文本分别进行文本原意以及文本意境的分析，并将其投影到相应的隐空间中。随后，将原意和意境融合形成新的生成图片的条件，生成器以这个条件为基础去生成相对应的图片。由此就建立起了文本语义信息和视觉特征之间的桥梁。最后，可以对 Encoder$_{AC}$ 解码器输出的结果进行采样，使得生成的图像具有多样性。

上述技术可以用于创意设计中，根据用户选取的诗歌文本生成符合诗歌意象的图像。在教学和出版等领域的平台开发中，设计师可以设计意象语义，并在特定诗歌文本和国风山水画的数据集上训练模型，从而达到人机协同的创作目的，之后将诗歌文本生成的图像作为插图，进行指导教学或将其引入出版刊物中。在进行图像的创意设计时，利用深度学习的生成技术来生成丰富多彩、不重复的插图素材。

2）基于声音的图像生成

基于声音的图像生成极大地丰富了视觉生成领域。由于声音相较于文本或其他多媒体数据所包含的数据更少，所以如何更有效、更加准确地提取声音的相对信息，并且将信息与生成模型更加紧密地结合起来，是基于声音的图像生成任务所面临的重要问题。同时，关于声音的数据集数量较少，端到端（end-to-end）的基于声音的生成模型也较少，这些都是此任务亟待解决的问题。

另外，通过数据集的构建和声音特征的提取来构建声音语义的知识图谱，将语义的记忆内容用于声音符号的匹配和推理也值得研究。除此以外，设计网络和损失函数训练模型来完成语义信息到图像信息的映射，最终建立声音知识和视觉知识双重表达之间的联系，是今后的研究方向之一。

要实现基于声音的图像生成，需要考虑大型声音数据集的构建。目前，关于声音的数据集大多来源于特定的场景或者乐器，没有统一、规范且全面的数据集可用于研究。一个大型标准的声音数据集应该具有以下几个方面的内容：一段声音 audio；与声音对应的图片帧 Images $\in \mathbb{R}^{3 \times T \times W \times H}$，其中 T、W、H 分别代表 x_i 这段音频对应的图像帧的数量、图像的宽度和高度；声音所包含的物体 Object $\in \mathbb{R}^N$，N 代表声音片段中所含物体种类的数量；一段对于这个声音的文字性或者场景描述 text。同时，数据集应该包含不少于 200 种场景中至少 300 种不同物体的声音。但是目前在互联网上还没有相应的公开声音数据集。

再者，要深入研究声音特征信息的提取。目前主流的 SoundNet 模型将输入的视频分为音频 $x_i \in \mathbb{R}^D$ 和对应帧数的图片 $y_i \in \mathbb{R}^{3 \times T \times W \times H}$，分别让现有的效果较好的物体识别模

型和场景识别模型去识别 y_i 中的物体和场景信息，并提供它们的分布信息。额外的声音模型可通过学习物体和场景信息来更新网络，从而逐渐获得能够识别声音中物体和场景的能力。今后，在已有大规模声音数据集的情况下，将不需要物体识别模型和场景识别模型来提供相应的物体信息和场景信息，模型可以直接根据标签进行学习。同时，由于声音片段的长短不一性，输入的长度大小不一，因此，对于声音信息提取模型来说，可以选择使用全卷积神经网络进行特征的提取和学习，从而增加模型的适用性。其输入/输出以及损失函数为

$$\text{Input：audio}(x_i)，x_i \in \mathbb{R}^D$$
$$\text{Output：Images}(y_i)，y_i \in \mathbb{R}^{3 \times W \times H}$$
$$x_i \rightarrow \text{obj}x_i + \text{scene}x_i \rightarrow y_i$$
$$\text{Loss} = L_1(\text{obj}_{x_i}，\text{real}_{\text{obj}\,x_i}) + L_2(\text{scene}_{x_i}，\text{real}_{\text{scene}\,x_i}) + L_3(y_i，\text{Image}_{\text{real}})$$

其中，obj、scene 分别代表声音所属的物体类别和场景。

除此以外，需要研究端到端的基于声音的图像生成模型。目前主流的基于声音的图像生成模型将该任务分为两步，即首先从声音中提取特征信息，然后根据特征信息生成相对应的图像，也就是 audio→object/structure code→Image。未来的端到端的模型应直接实现 audio→Image，对于图像的特征信息，应在模型的下采样层进行场景以及物体信息的提取，然后根据这些信息融合一些随机的高斯噪声信号，进行上采样层的图片生成。整体流程在一个模型中实现，而非现在的双模型组合。

需要指出的是，声音在创意设计中是一个独特而迷人的设计材料。声音的可塑性不如图像，但声音的感染力丝毫不差。配合声音的视觉传达，常常有身临其境的效果。声音指定常来源于用户，人工智能算法需根据声音解读语义内容，进而完成在视觉空间中的推理。反之，也可以根据视觉内容的理解进行配音、配乐、配歌，打造音画联觉的效果。因此，基于音、画的创意设计是数字时代的重要趋势，算法上应重点研究声音的语义信息抽取和表示、音画的共享隐空间表征、音画联觉生成技术与数据融合技术等。

3）微动效图像生成（Animation Synthesis）

微动效图像生成技术在人机协同演示方面的直观性、在表现方面的生动性使其在当前环境下特别具有研究意义，在一定程度上可认为微动效图像是介于图片和视频两者之间的一种新的图像媒体形式。目前，微动效图像在电商或一些商品详情介绍界面使用较多，这是因为它相较于视频而言节省了大量存储空间，同时又比传统图片包含了更多的图像信息，富有图片美观与现代感和吸引力。此外，在电影动效等行业，微动效图像生成技术能够为从业人员大大减轻工作负担。需要指出的是，该技术与在犯罪侦查等方面具有巨大前景的视频预测领域也有密切关系。因为图片进行动态化研究是视频预测领域的先导性环节，所以微动效图像生成具有广阔的应用场景与市场。目前，已经有不少科研人员尝试让微动效图像生成具有真实性、可控性，同时保证其输出简单的、让人信服的微动效生成效果。但是该技术仍存在许多问题，如尽管绝大多数场景能够在小阈值范围内进行动效局部生成，但仍有部分场景需要大范围的阈值测试才能获得较好的效果。未来关于微动效图像生成技术的可能的研究方向主要包括：

（1）对噪声解耦合后的自动生成。如今不少图像生成研究工作关注噪声的解耦合，通过对噪声解耦合，使得图像的生成变得可以控制。但是，机器并不能学习到哪些特征的变

动能够对应自然场景，哪些需要人工干预。未来的研究应着重于对噪声解耦合后进行自动生成。

（2）更好的生成模型和训练方式。虽然目前用 SinGAN、ConSinGAN 模型架构已可以生成较为出色的微动效图像，但是相信今后会提出更好的生成模型与更有效的辅助生成模块，可进一步提升微动效生成算法的生成效果。

因此，要求视觉知识除了对对象的空间关系、色彩和纹理进行表达之外，还要考虑对象的时空变换、速度变换，完成各种时空的类比和联想，从而实现图像之间的动态转换和序列化。

当前，微动效设计已然成为创意设计的新潮流，是人机协同的基础之一。但是，动效设计依然是设计研究和设计实践的前沿问题，还缺少统一的范式和理论指导，更多依赖设计师个人的审美及其对设计对象、潜在语义、艺术表达的理解。另外，单个的动效设计的成本较高。因此自动化动效生成技术为动效设计带来了新的可能性。

给定一个图片 I，我们可以在模型的输入内添加限制性条件，例如想要模型生成图片 I 不同时间（Time）、不同季节（Season）或不同天气（Weather）的微动效图片。模型通过分析图片的结构内容和物体内容，区分图片中的哪些物体是可以根据时间变换的，哪些结构是根据不同季节或天气变换的，从而在给定条件和输入图片 I 的时候可以生成不同的微动效图片。支撑动效生成的是 1.2 节介绍的视觉知识框架。视觉知识搭建了元素、对象、场景、时空演变结构的描述架构，提供了约定视觉传达载体、定义设计语义表达方式、统一设计主客体心智的手段。因此，规划研究基于视觉知识的元素识别、场景理解、结构复现、时空推理和视觉重渲染等研究命题，支持创意动效的设计生命全周期，尤其针对动效设计中动效主体不突出、语义信息不明确、受众认知负担过重等问题，研究知识驱动的人机协同条件生成算法，将对相关设计实践提供新范式，为人机协同混合增强智能算法研究提供新挑战。

3. 人机协同的图像、多媒体生成研究的未来

随着海量的图像、视频、文本、音频等多媒体数据的不断涌现，多媒体内容生成为研究热点，受到了学术界和工业界的广泛关注。现有的研究提出并发展了基于文本、声音、微动效的图像生成等应用场景，相关技术的发展对于人机协同创作有着重要的意义。通过分析多媒体数据，机器可以更全面地了解用户的需求与实际想要的结果，并根据多个维度的信息给出用户需要的图片，人类也可以使用更多的维度信息来更精确地表达需要的图片。在视觉空间中，利用视觉知识和语义知识的双重表达进行综合推理从而指导创意设计或下游任务，这将使得人机协同变得更加便捷、准确和高效。

然而，一方面，现有方法在生成效果上离实际应用还有差距，特别是在生成文本、声音等具备高层语义的内容方面还存在着诸多不足；另一方面，现有的智能大规模预训练模型往往依赖大数据、大算力，存在数据有偏差、模型难解释、需求不匹配、结果难应用等问题。因此，研究自主演化的多媒体内容理解技术，将多媒体数据表征、索引、关联和高层知识表达、演化、推理等机制融为一体，同时使得创意设计任务拥有数据归纳、知识演绎、行为规划等能力，将会在新一代人机协同交互领域发挥重要的应用价值。

人机协同的图像生成与创意设计技术提供了平面、视频、动漫、文创产品的设计能力，并能有效支持相关产业的创意设计，且智能生成技术落地应用将带来巨大的经济效益。人机协同的图像生成技术支撑了素材设计、创意设计等领域的工作。例如，在浙江大学和阿里巴巴集团的校企合作中，人机协同的图像生成技术应用于其鹿班短视频、Ubanner 等多个产品，服务于淘宝、1688、AliExpress、ICBU 等多个电商业务场景。

同时人机协同的多媒体生成技术为平台和商家批量化生成短视频广告，而且短视频剪辑技术可快速高效地为平台和商家剪辑商品短视频，投放于不同场景。在图文广告上，该技术增加了商品信息的表达维度，有效吸引了消费者的注意力，提升了其购买意愿，最终提高了业务转化效率。在这些场景中，图像生成与创意设计技术起到了降本提效的经济作用，在服务于用户和商家的同时带来了良好的社会效益。

3.5.3 人机协同的创意设计

随着人机协同的图像生成技术的发展，人工智能在许多领域变得越来越普遍，并不断向其他领域继续延伸。虽然人类可以指导人工智能生成，但人工智能也可以协助人类实现更具创造性的工作，如商业海报、室内设计、艺术装置、绘画和书法等。图像生成技术在创意设计领域取得了丰富的成果。

设计是人有目标地进行的创作与创意活动，是把内心的想法通过合理的安排和计划、采用各种手段制作呈现出来的过程。创意设计涉及许多应用领域，如商业、传媒、信息交互、工业、环境、服装等。因为设计的本质是对人造事物的构想与规划，所以不管创意的设计领域是什么，设计都要由人类的思维和构思组成。设计是由人完成的，设计研究员奈杰尔·克罗斯（Nigel Cross）指出："Everyone can - and does - design""Design ability is something that everyone has, to some extent, because it is embedded in our brains as a natural cognitive function"。这种设计思维是完全抽象的存在，也是目前人工智能无法替代人的关键。因此，人类和机器如何协同，如何利用图像生成、视觉知识来实现视觉创意设计是一个值得研究的课题。

利用图像生成技术的大多数创意设计作品集中在视频、图像、装置艺术、海报设计、编排设计、图像合成等领域。艺术家 Mario Klingemann 与意大利音乐人 Lorem 利用生成对抗网络（GAN）设计了音乐 MV *LOREM — THE SKY WOULD CLEAR WHAT THE MAN HAD WRAPPED TO THE LINK OK*，如图 3.5-22 所示。整个 MV 视频由 9 个生成对抗网络（GAN）生成。音乐音频和文本分别由循环神经网络和长短期记忆（LSTM）神经网络生成。整个音乐 MV 给人的感官冲击力非常强，画面中人脸随着音乐模糊变化，让人思考人工智能在尝试表达人类的感受和情绪。利用 GAN 进行艺术情感交互，可使生成的图像走向美观和理想的状态。

"Meandering River"是一件利用人工智能创作的视听装置作品，如图 3.5-23 所示。作品的背景音乐和视觉呈现全部由算法学习的 AI 创作。艺术家发现，随着时间的流逝，景观会被大自然再次塑造。流动的河道结构随水蚀变化形成河床并搬运土壤沉积物至其他处。沉积与侵蚀景观的造型会因地面上的阴影与质量变色而形成。这些微小的变化在生活中经常发生，但是不能立刻被肉眼感知。所以艺术家通过自然科学调查来研究河道的变化现象并发展出多种算法，以准确地模拟出河道变化无常的走势，对河道的有机结构、波动节奏以及视觉物质性进行再演绎。

图 3.5 - 22　音乐 MV *LOREM — THE SKY WOULD CLEAR WHAT THE MAN HAD WRAPPED TO THE LINK OK*

（图片来源：The sky would clear what the man had wrapped to the link ok ［EB/OL］.［2019-04-01］. https：//www. youtube. com/watch? v＝137WfcNcL60.）

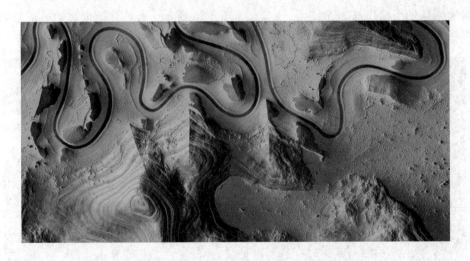

图 3.5 - 23　"Meandering River"生成图像

（图片来源：Onformative：Meandering River at Google I/O ［EB/OL］.［2019-04-09］. https：//www. seditionart. com/magazine/onformative-meandering-river-at-google-i-o）

　　这种数字创意设计作品通过发现独特的时间意识，让微小的自然变化被观众感知。该作品跨越多个屏幕，通过可视化的设计来重新解释河流对地球表面的影响。基于图像生成算法，图像中固有的涟漪可以改变震动位置，以表现自然力量的节奏。随着"Meandering River"不断生成演变图像，观众会对自然变化的不可预测性产生一种谦卑感。河流的运动是对过去时间的一瞥，痕迹为我们提供了周围不断变化的证据，如图 3.5 - 24 所示。

图 3.5－24　"Meandering River"展览现场

（图片来源：Onformative［EB/OL］. ［2022-11-02］. https：//onformative. com/work/meandering-river/）

Mario Klingemann 是一位来自德国的艺术家，他经常创作涉及神经网络、代码和算法的创意作品。Klingemann 被认为是在艺术中使用计算机学习的先驱。他的作品尝试应用深度学习和神经网络来模糊人机协同之间的界限。他利用图像生成技术重新绘制了 16 世纪知名画家博斯的经典作品《人间乐园》，如图 3.5－25 所示。人工智能把原始的精致结构融入抽象形式，画面中的人物被重新审视融合，整个画面色彩和肌理都变得更加流动、自由。

图 3.5－25　Klingemann 使用人工智能重绘的作品

（图片来源：The garden of earthly delights［EB/OL］. ［2022-11-02］. https：//thegardenofearthlydelights. art/Mario-Klingemann）

图像生成除了应用到视频和绘画领域外，还可以用于平面设计领域。微软研究团队提出了一种可以自动生成排版布局的计算框架，如图 3.5－26 所示。该计算框架结合了高级美学原则(自上而下的方式)和低级视觉特征(自下而上的方式)的版面布局。用户上传图片和文本后,系统会自动进行图像处理和文字排版,生成一个整体和谐的平面版式设计。

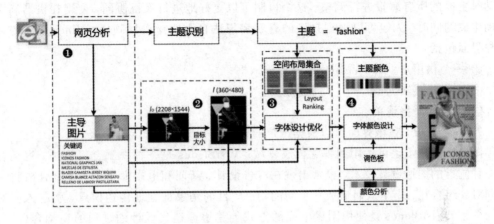

图 3.5-26　基于主题相关模板的可视化文本版面自动生成框架

(图片来源:YANG X, MEI T, XU Y Q, et al. Automatic generation of visual-textual presentation layout[J]. ACM Transactions on Multimedia Computing, Communications, and Applications (TOMM), 2016, 12, 2(23):1-22.)

同济大学的曹楠教授团队同样也做了广告海报的图像生成研究,如图 3.5-27 所示。作者设计了一种用于自动生成广告海报的智能设计系统 Vinci,用于支持自动生成海报的

图 3.5-27　Vinci 系统的操作过程

(图片来源:GUO S N, JOM Z C, SUN F L, et al. Vinci:An intelligent graphic design system for generating advertising posters[C]. Proceedings of the 2021 CHI Conference on Human Factors in Computing Systems, 2021, 577:1-17.)

交互过程。Vinci 系统展示根据用户上传的产品图片和标语生成的海报，并允许用户根据喜好编辑海报。Vinci 还具有在线编辑反馈机制，可以根据用户在编辑中反映的设计偏好自动对生成的所有海报进行调整。这个机制可以更好地进行人机协同，使得在机器高强度自动生成的同时，人也可以根据自己的喜欢和想法自由选择设计画面。Vinci 系统的在线用户界面包括：

① 一个供用户上传产品图片的图片输入框；

② 文字描述输入框；

③ 生成的海报清单；

④ 编辑面板，在该界面可以根据用户的偏好进一步修改选定的海报。

图像生成技术也可运用到视觉合成领域。VisiBlends 是一种视觉合成算法。视觉合成是一种流行的图形设计技术，经常出现在广告设计、新闻和电影海报中。视觉合成将两个不同对象组合在一起，从而形成一个新的物品，目的是象征性地传达信息，引起人们对信息的关注。VisiBlends 是使用图像生成的方式创建遵循迭代设计的过程的视觉合成软件。如图 3.5 - 28 所示，它的工作流程是：第一步，输入想设计的物体，系统会协作帮忙查找和注释图像；第二步，系统为决定混合的物体匹配算法，给出自动合成的作品，供用户挑选和评估。

总结起来，图像生成技术已在创意设计得到了广泛而精准的应用，可用于辅助设计师降本提效或者成为艺术家的全新的艺术表达形式，未来图像生成技术将为人机协同创作提供更多可能。

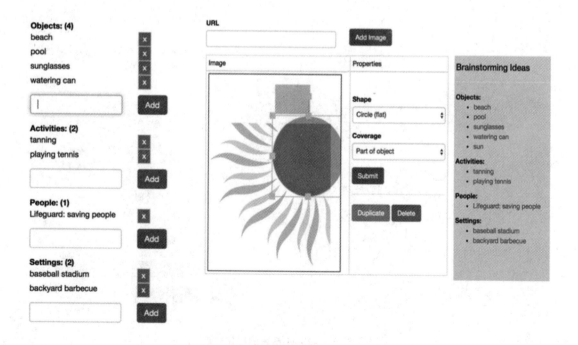

(a) 头脑风暴　　　　　　　　　　　　　　　　　　(b) 查找并标注图片

```
matches = []
for a in summer_symbols:
  for b in starbucks_symbols:
    a_ratio = a.height / a.width
    b_ratio = b.height / b.width
    ratios = sort(a_ratio, b_ratio)

    if (a.shape == b.shape) and
       (a.coverage != coverage) and
       (ratios[0] >= 0.5*ratios[1]):

       matches.push([a, b])

return matches
```

(c) 匹配算法伪代码　　　　　　　　　　(d) 自动混合+人工评估

图 3.5 – 28　**VisiBlends 系统的操作过程**

（图片来源：CHILTON L B, PETRIDIS S, AGRAWALA M. VisiBlends：A flexible workflow for visual blends[C/OL]. Proceedings of the 2019 CHI Conference on Human Factors in Computing Systems. New York, NY, USA：Association for Computing Machinery，2019，172：1-14. https：//doi. org/10. 1145/3290605. 3300402. DOI：10. 1145/3290605. 3300402. ）

本章参考文献

[1]　AGARWAL V，SHETTY R，FRITZ M. Towards causal VQA：Revealing and reducing spurious correlations by invariant and covariant semantic editing[C]. Proceedings of the IEEE/CVF Conference on Computer Vision and Pattern Recognition，2020.

[2]　AGRAWAL A，BATRA D，PARIKH D，et al. Don't just assume：look and answer：Overcoming priors for visual question answering[C]. Proceedings of the CVF Conference on Computer Vision and Pattern Recognition，2018：4971-4980.

[3]　AHONEN T，HADID A，PIETIKÄINEN M. Face recognition with local binary patterns[C]. European Conference on Computer Vision，2004：469-481.

[4]　ALAA A，VAN DER SCHAAR M. Validating causal inference models via influence functions[C]. International Conference on Machine Learning. PMLR，2019：191-201.

[5] ANDRYCHOWICZ M, DENIL M, GOMEZ S, et al. Learning to learn by gradient descent by gradient descent[J]. arXiv preprint, arXiv: 1606. 04474, 2016.

[6] ANNA K, GALANT M, GILL A, et al. Methodology of research on drivers perception at level crossings[J]. MATEC Web of Conferences, 2018, 231: 01011.

[7] ARORA R, LEE Y J. SinGAN-GIF: Learning a generative video model from a single GIF[C]. 2021 IEEE Winter Conference on Applications of Computer Vision (WACV), 2021: 1309-1318. DOI: 10. 1109/WACV48630. 2021. 00135.

[8] AVRAHAMI O, LISCHINSKI D, FRIED O. Blended diffusion for text-driven editing of natural images[J]. arXiv e-prints, arXiv: 2111. 14818, 2021.

[9] AYTAR Y, VONDRICK C, TORRALBA A. SoundNet: Learning sound representations from unlabeled video[C]. Advances in Neural Information Processing Systems, 2016: 892-900.

[10] BAILLARGEON R. Infants' physical world[J]. Current Directions in Psychological Science, 2004, 13(3): 89-94.

[11] BAKER C L, JARA-ETTINGER J, SAXE R, et al. Rational quantitative attribution of beliefs, desires and percepts in human mentalizing[J]. Nature Human Behaviour, 2017, 1(4): 1-10.

[12] BATTAGLIA P W, HAMRICK J B, TENENBAUM J B. Simulation as an engine of physical scene understanding[J]. Proceedings of the National Academy of Sciences, 2013, 110(45): 18327-18332.

[13] BELKIN M, NIYOGI P. Laplacian eigenmaps and spectral techniques for embedding and clustering[C]. Advances in Neural Information Processing Systems, 2001, 14: 585-591.

[14] BELLEMARE M G, CANDIDO S, CASTRO P S, et al. Autonomous navigation of stratospheric balloons using reinforcement learning[J]. Nature, 2020, 588 (7836): 77-82.

[15] BENLOUCIF M A, SENTOUH C, FLORIS J, et al. Online adaptation of the level of haptic authority in a lane keeping system considering the driver's state[J]. Transportation Research, 2019, 61F(FEB.): 107-119.

[16] BESSERVE M, MEHRJOU A, SUN R, et al. Counterfactuals uncover the modular structure of deep generative models[J]. arXiv preprint, arXiv: 1812. 03253, 2018.

[17] BROWN N. Equilibrium finding for large adversarial imperfect-information games [D]. Carnegie Mellon University, 2020.

[18] BÜHLMANN P, PETERS J, ERNEST J. CAM: Causal additive models, high-dimensional order search and penalized regression[J]. The Annals of Statistics, 2014, 42(6): 2526-2556.

[19] CAI R, CHEN W, QIAO J, et al. On the role of entropy-based loss for learning causal structures with continuous optimization[J]. arXiv preprint, arXiv: 2106. 02835, 2021.

[20] CAICEDO J C, LAZEBNIK S. Active object localization with deep reinforcement learning[C]. Proceedings of the IEEE International Conference on Computer Vision, 2015: 2488-2496.

[21] CHEBOTAR Y, HAUSMAN K, SU Z, et al. Self-supervised regrasping using spatio-temporal tactile features and reinforcement learning[C]. 2016 IEEE/RSJ International Conference on Intelligent Robots and Systems, 2016: 1960-1966.

[22] CHEN J, CHEN S, BAI M, et al. Graph decoupling attention Markov networks for semi-supervised graph node classification[J]. IEEE Transactions on Neural Network and Learning System, 2022.

[23] CHEN J, LIU W, PU J. Memory-based message passing: Decoupling the message for propagation from discrimination[C]. IEEE International Conference on Acoustics, Speech and Signal Processing, 2022.

[24] CHEN L, ZHENG Y, NIU Y, et al. Counterfactual samples synthesizing and training for robust visual question answering[J]. arXiv preprint, arXiv: 2110. 01013, 2021.

[25] CHEN W, CAI R, ZHANG K, et al. Causal discovery in linear non-Gaussian acyclic model with multiple latent confounders[J]. IEEE Transactions on Neural Networks and Learning Systems, 2021.

[26] CHEN X, DUAN Y, HOUTHOOFT R, et al. InfoGAN: interpretable representation learning by information maximizing generative adversarial nets[C]. Advances in Neural Information Processing Systems, 2016: 2180-2188.

[27] CHEN Z, CHAN L. Causality in linear non-Gaussian acyclic models in the presence of latent gaussian confounders[J]. Neural Computation, 2013, 25(6): 1605-1641.

[28] CHEN Z, ZHANG K, CHAN L. Nonlinear causal discovery for high dimensional data: A kernelized trace method[C]. 2013 IEEE 13th International Conference on Data Mining, 2013: 1003-1008.

[29] CLARK C, YATSKAR M, ZETTLEMOYER L. Learning to model and ignore dataset bias with mixed capacity ensembles[J]. arXiv preprint, arXiv: 2011.03856, 2020.

[30] COLOMBO D, MAATHUIS M H. Order-independent constraint-based causal structure learning[J]. Journal of Machine Learning Research, 2014, 15(1): 3741-3782.

[31] COLOMBO D, MAATHUIS M H, KALISCH M, et al. Learning high-

dimensional directed acyclic graphs with latent and selection variables[J]. The Annals of Statistics, 2012: 294-321.

[32] CRAIK K J W. The nature of explanation[M]. Cambridge: CUP Archive, 1952.

[33] CROSS N. Design thinking: Understanding how designers think and work[M]. Oxford: Berg Publishers, 2011.

[34] DALAL N, TRIGGS B. Histograms of oriented gradients for human detection[C]. IEEE Conference on Computer Vision and Pattern Recognition, 2005, 1: 886-893.

[35] DAVIS E. Representations of commonsense knowledge[M]. San Francisco: Morgan Kaufmann, 2014.

[36] DENG W, LEE Y H, ZHAO A. Hardware-in-the-loop simulation for autonomous driving[J]. Proceedings of the 34th Annual Conference of IEEE Industrial Electronics, 2008, 1742-1747.

[37] DENTON E, FERGUS R. Stochastic video generation with a learned prior[C]. International Conference on Machine Learning, 2018: 1174-1183.

[38] DING M, YANG Z, HONG W, et al. CogView: Mastering text-to-image generation via transformers[J]. arXiv preprint, arXiv: 2105.13290, 2021.

[39] DUAN Y, CHEN X, HOUTHOOFT R, et al. Benchmarking deep reinforcement learning for continuous control[C]. International Conference on Machine Learning. PMLR, 2016: 1329-1338.

[40] EL K, POOL D M, PAASSEN M R M V, et al. A unifying theory of driver perception and steering control on straight and winding roads [J]. IEEE Transactions on Human-Machine Systems, 2020, 50(2): 165-175.

[41] ENDO Y, KANAMORI Y, KURIYAMA S. Animating landscape: Self-supervised learning of decoupled motion and appearance for single-image video synthesis[J]. arXiv preprint, arXiv: 1910.07192, 2019.

[42] ESSER P, ROMBACH R, OMMER B. Taming transformers for high-resolution image synthesis[C]. Proceedings of the IEEE/CVF Conference on Computer Vision and Pattern Recognition (CVPR), 2021: 12873-12883.

[43] FAN W, CHEN Y, CHEN D D, et al. Frido: feature pyramid diffusion for complex scene image synthesis[J]. arXiv preprint, arXiv: 2208.13753, 2022.

[44] FISCHER J, MIKHAEL J G, TENENBAUM J B, et al. Functional neuroanatomy of intuitive physical inference [J]. Proceedings of The National Academy of Sciences, 2016, 113(34): E5072-E5081.

[45] FOERSTER J, SONG F, HUGHES E, et al. Bayesian action decoder for deep multi-agent reinforcement learning [C]. International Conference on Machine Learning. PMLR, 2019: 1942-1951.

[46] FORM T. General introduction to PEGASUS and opening of the exhibition[M].

PEGASUS Project，2018.

[47] FRISTON K. The history of the future of the Bayesian brain[J]. NeuroImage，2012，62(2)：1230-1233.

[48] GERSTENBERG T，GOODMAN N，LAGNADO D，et al. Noisy Newtons：Unifying process and dependency accounts of causal attribution[C]. Proceedings of the Annual Meeting of the Cognitive Science Society，2012，378-383.

[49] GIETELINK O J，PLOEG J，SCHUTTER B D，et al. Development of a driver information and warning system with vehicle hardware-in-the-loop simulations[J]. Mechatronics，2009，19(7)：1091-1104.

[50] GOODFELLOW I J，POUGET-ABADIE J，MIRZA M，et al. Generative adversarial nets[C]/Advances in Neural Information Processing Systems - Volume 2. Cambridge，MA：The MIT Press，2014：2672-2680.

[51] GU S，CHEN D，BAO J，et al. Vector quantized diffusion model for text-to-image synthesis[C]. 2022 IEEE/CVF Conference on Computer Vision and Pattern Recognition，2022：10686-10696. DOI：10.1109/CVPR52688.2022.01043.

[52] GU S，LILLICRAP T，SUTSKEVER I，et al. Continuous deep q-learning with model-based acceleration[C]. International Conference on Machine Learning. PMLR，2016：2829-2838.

[53] GUZHOV A，RAUE F，HEES J，et al. AudioClip：Extending clip to image，text and audio[C]. IEEE International Conference on Acoustics，Speech and Signal Processing，2022：976-980. DOI：10.1109/ICASSP43922.2022.9747631.

[54] HANAFUSA M，ISHIKAWA J. Human-Adaptive impedance control using recurrent neural network for stability recovery in human-robot cooperation[C]. 2020 IEEE 16th International Workshop on Advanced Motion Control，2020.

[55] HANSEN S. Using deep Q-learning to control optimization hyperparameters[J]. arXiv preprint，arXiv：1602.04062，2016.

[56] HAO W，ZHANG Z，GUAN H. CMCGAN：a uniform framework for cross-modal visual-audio mutual generation[J]. arXiv preprint，arXiv：1711.08102，2017.

[57] HE K，GKIOXARI G，DOLLAR P，et al. Mask R-CNN[C]. IEEE International Conference on Computer Vision，2017，2980-2988.

[58] HE K，ZHANG X，REN S，et al. Deep residual learning for image recognition [C]. 2016 IEEE Conference on Computer Vision and Pattern Recognition，2016，770-778.

[59] HE Y，CUI P，SHEN Z，et al. DARING：differentiable causal discovery with residual independence [C]. ACM SIGKDD Knowledge Discovery and Data Mining，2021.

[60] HOYER P O，SHIMIZU S，KERMINEN A J，et al. Estimation of causal effects

using linear non-Gaussian causal models with hidden variables[J]. International Journal of Approximate Reasoning, 2008, 49(2): 362-378.

[61] HUA T, ZHENG H, BAI Y, et al. Exploiting relationship for complex-scene image generation [C]. AAAI Conference on Artificial Intelligence, 2021, 1584-1592.

[62] HUANG H M. Autonomy levels for unmanned systems (ALFUS) framework: Safety and application issues[C]. The 2007 Workshop on Performance Metrics for Intelligent Systems, 2007.

[63] HUANG S, ISHIKAWA M, YAMAKAWA Y. Human-robot interaction and collaborative manipulation with multimodal perception interface for human[C]. HAI' 19: Proceedings of the 7th International Conference on Human-Agent Interaction, 2019.

[64] JAHN M, ROMBACH R, OMMER B. High-resolution complex scene synthesis with transformers[J]. arXiv preprint, arXiv: 2105.06458, 2021.

[65] JANZING D, HOYER P O, SCHÖLKOPF B. Telling cause from effect based on high-dimensional observations[J]. arXiv preprint, arXiv: 0909.4386, 2009.

[66] JANZING D, MOOIJ J, ZHANG K, et al. Information-geometric approach to inferring causal directions[J]. Artificial Intelligence, 2012, 182: 1-31.

[67] JOHNSON J, GUPTA A, FEI-FEI L. Image generation from scene graphs[C]. 2018 IEEE/CVF Conference on Computer Vision and Pattern Recognition, 2018, 1219-1228.

[68] KARRAS T, LAINE S, AILA T. A style-based generator architecture for generative adversarial networks[J]. IEEE Transactions on Pattern Analysis and Machine Intelligence, 2020, 43(12): 4217-4228.

[69] KATYAL K, WANG I, BURLINA P. Leveraging deep reinforcement learning for reaching robotic tasks [C]. Proceedings of the IEEE Conference on Computer Vision and Pattern Recognition Workshops, 2017: 18-19.

[70] KAUSHIK D, HOVY E, LIPTON Z C. Learning the difference that makes a difference with counterfactually-augmented data[J]. arXiv preprint, arXiv: 1909. 12434, 2019.

[71] KENDALL A, HAWKE J, JANZ D, et al. Learning to drive in a day[C]. IEEE International Conference on Robotics and Automation, 2019: 8248-8254.

[72] KHEMAKHEM I, MONTI R, LEECH R, et al. Causal autoregressive flows[C]. International Conference on Artificial Intelligence and Statistics. PMLR, 2021: 3520-3528.

[73] KINGMA D P, WELLING M. Auto-encoding variational bayes [J]. arXiv e-prints, arXiv: 1312.6114, 2013.

[74]　KONG X, XIN B, WANG Y, et al. Collaborative deep reinforcement learning for joint object search[C]. Proceedings of the IEEE Conference on Computer Vision and Pattern Recognition, 2017: 1695-1704.

[75]　KUPCSIK A, HSU D, LEE W S. Learning dynamic robot-to-human object handover from human feedback[J]. Robotics Research, 2018, 2: 161-176.

[76]　LAKE B M, ULLMAN T D, TENENBAUM J B, et al. Building machines that learn and think like people[J]. Behavioral and Brain Sciences, 2017, 40: 1-72.

[77]　LECUN Y, BENGIO Y, HINTON G. Deep learning[J]. Nature, 2015, 521 (7553): 436-444.

[78]　LEE H, BATTLE A, RAINA R, et al. Efficient sparse coding algorithms[C]. Advances in Neural Information Processing Systems, 2007: 801-808.

[79]　LEI T, JOSHI H, BARZILAY R, et al. Semi-supervised question retrieval with gated convolutions[J]. arXiv preprint, arXiv: 1512. 05726, 2015.

[80]　LERER A, GROSS S, FERGUS R. Learning physical intuition of block towers by example[J]. arXiv preprint, arXiv: 1603. 01312, 2016.

[81]　LI B, LIU X, DINESH K, et al. Creating a multitrack classical music performance dataset for multimodal music analysis: Challenges, insights, and applications[J]. IEEE Transactions on Multimedia, 2019, 21(2): 522-35.

[82]　LI N, OYLER D W, ZHANG M, et al. Game theoretic modeling of driver and vehicle interactions for verification and validation of autonomous vehicle control systems[J]. IEEE Transactions on Control Systems Technology, 2018, 26(5): 1782-1797.

[83]　LI W, LI Y, ZHU S, et al. GFlowCausal: Generative flow networks for causal discovery[J]. arXiv preprint, arXiv: 2210. 08185, 2022.

[84]　LIEBERMAN M D. Intuition: A social cognitive neuroscience approach[J]. Psychological Baulletin, 2000, 126(1): 109-137.

[85]　LILLICRAPT P, HUNT J J, PRITZEL A, et al. Continuous control with deep reinforcement learning[J]. arXiv preprint, arXiv: 1509. 02971, 2015.

[86]　LII N Y, LEIDNER D, ANDRÉ S, et al. Command robots from orbit with supervised autonomy: An introduction to the meteron supvis-justin experiment[C]. ACM/IEEE International Conference on Human-robot Interaction, 2015.

[87]　LIN J, MEN R, YANG A, et al. M6: A Chinese multimodal pretrainer[J]. arXiv: 2103. 00823, 2021.

[88]　LLMANT D, SPELKE E, BATTAGLIA P, et al. Mind games: game engines as an architecture for intuitive physics[J]. Trends in Cognitive Sciences, 2017, 21 (9): 649-665.

[89]　LIU F, CHAN L W. Causal inference on multidimensional data using free

probability theory[J]. IEEE Transactions on Neural Networks and Learning Systems, 2017, 29(7): 3188-3198.

[90] LIU L, REN Y, LIN Z, et al. Pseudo numerical methods for diffusion models on manifolds[J]. arXiv preprint, arXiv: 2202.09778, 2022.

[91] LOH M N, KIRSCH L, ROTHWELL J C, et al. Information about the weight of grasped objects from vision and internal models interacts within the primary motor cortex[J]. Journal of Neuroscience, 2010, 30(20): 6984-6990.

[92] LOWE D. Object recognition from local scale invariant feature transform[C]. International Conference on Computer Vision, 1999, 2: 1150-1157.

[93] LUO J, NIKI K, PHILLIPS S. The function of the anterior cingulate cortex (ACC) in the insightful solving of puzzles: The ACC is activated less when the structure of the puzzle is known[J]. Journal of Psychology in Chinese Societies, 2004, 5(2): 195-213.

[94] LYU J, SHINOZAKI T, AMANO K. Generating images from sounds using multimodal features and GANs[OL]. [2022-11-05]. https://openreview.net/forum? id=SJxJtiRqt7.

[95] MA H, ZHANG L, ZHU X, et al. Accelerating score-based generative models with preconditioned diffusion sampling[J]. arXiv: 2206.04029, 2022.

[96] MA J, CUI P, ZHU W. DepthLGP: Learning embeddings of out-of-sample nodes in dynamic networks[C]. AAAI Conference on Artificial Intelligence, 2018: 370-377.

[97] MABROK M A, MOHAMED H K, ABDEL-ATY A H, et al. Human models in human-in-the-loop control systems[J]. Journal of Intelligent and Fuzzy Systems, 2019, 38(1): 1-12.

[98] MANSIMOV E, PARISOTTO E, LEI BA J, et al. Generating images from captions with attention[J]. arXiv e-prints, arXiv: 1511.02793, 2015.

[99] MARGOSSIAN C, VEHTARI A, SIMPSON D, et al. Hamiltonian Monte Carlo using an adjoint-differentiated Laplace approximation: Bayesian inference for latent Gaussian models and beyond[C]. Advances in Neural Information Processing Systems, 2020.

[100] MATEJA D, HEINZL A. Towards machine learning as an enabler of computational creativity[J]. IEEE Transactions on Artificial Intelligence, 2021, 2(6): 460-475.

[101] MIKITA H, AZUMA H, KAKIUCHI Y, et al. Interactive symbol generation of task planning for daily assistive robot[C]. IEEE-RAS International Conference on Humanoid Robots, 2012.

[102] MIRZA M, OSINDERO S. Conditional generative adversarial nets[J]. arXiv

preprint，arXiv：1411.784，2014.

[103] MOTTAGHI R，RASTEGARI M，GUPTA A，et al. "What happens if…" learning to predict the effect of forces in images[C]. European Conference on Computer Vision，2016：269-285.

[104] MOSS A. Accelerated Bayesian inference using deep learning[J]. Monthly Notices of the Royal Astronomical Society，2020，496(1)：328-338.

[105] NAUATA N，HOSSEINI S，CHANG K H，et al. House-GAN++：Generative adversarial layout refinement networks[J]. CoRR：2103.02574，2021.

[106] NG A Y，JORDAN M I，WEISS Y. On spectral clustering：Analysis and an algorithm[C]. Advances in Neural Information Processing Systems，2002：849-856.

[107] NIU Y，TANG K，ZHANG H，et al. Counterfactual VQA：A cause-effect look at language bias[C]. Proceedings of the IEEE/CVF Conference on Computer Vision and Pattern Recognition，2021：12700-12710.

[108] NOVAK C L，SHAFER S A. Anatomy of a color histogram[C]. IEEE Conference on Computer Vision and Pattern Recognition，1992，92：599-605.

[109] NOWE A，VRANCX P，DE HAUWERE Y M. Game theory and multi-agent reinforcement learning[M]. Reinforcement Learning. Berlin：Springer，2012：441-470.

[110] ODENA A，OLAH C，SHLENS J. Conditional image synthesis with auxiliary classifier GANs[C]. Proceedings of the 34th International Conference on Machine Learning-Volume 70，2017：2642-2651.

[111] OH J，GUO X，LEE H，et al. Action-conditional video prediction using deep networks in Atari games[J]. arXiv preprint，arXiv：1507.08750，2015.

[112] OHUKAINEN P，VIRTANEN J K，ALA-KORPELA M. Vexed causal inferences in nutritional epidemiology-call for genetic help[J]. International Journal of Epidemiology，2022，51(1)：6-15.

[113] OKABE M，ANJYO K，IGARASHI T，et al. Animating pictures of fluid using video examples[J]. Computer Graphics Forum，2009，28(2)：677-86.

[114] O'KEEFE J，NADEL L. Précis of O'Keefe & Nadel's the hippocampus as a cognitive map[J]. Behavioral and Brain Sciences，1979，2(4)：487-494.

[115] PAN Y，LI Z，ZHANG L，et al. Causal inference with knowledge distilling and curriculum learning for unbiased VQA[J]. ACM Transactions on Multimedia Computing，Communications，and Applications（TOMM），2022，18(3)：67：1-23.

[116] PARK T，LIU M Y，WANG T C，et al. Semantic image synthesis with spatially-adaptive normalization[C]. Proceedings of the IEEE/CVF Conference on

Computer Vision and Pattern Recognition，2019：2337-2346.

[117] PATASHNIK O，WU Z，SHECHTMAN E，et al. StyleCLIP：Text-driven manipulation of StyleGAN imagery[J]. arXiv e-prints：arXiv：2103.17249，2021.

[118] PEARL J. Causality[M]. Cambridge：Cambridge University Press，2009.

[119] PEARL J. Causal inference[J]. Causality：Objectives and assessment，2010：39-58.

[120] PEARL J，MACKENZIE D. The book of why：The new science of cause and effect[M]. New Yorks：Basic Books，2018.

[121] PENG Y X，ZHU W W，ZHAO Y，et al. Cross-media analysis and reasoning：Advances and directions[J]. Frontiers of Information Technology & Electronic Engineering，2017，18(1)：44-57.

[122] PEROZZI B，AL-RFOU R，SKIENA S. Deepwalk：Online learning of social representations[C]. Proceedings of the 20th ACM SIGKDD International Conference on Knowledge Discovery and Data Mining，2014：701-710.

[123] PETERS J，MOOIJ J M，JANZING D，et al. Causal discovery with continuous additive noise models[J]. Journal of Machine Learning Research，2014，15：2009-2053.

[124] PINGAULT J B，O'REILLY P F，SCHOELER T，et al. Using genetic data to strengthen causal inference in observational research[J]. Nature Reviews Genetics，2018，19(9)：566-580.

[125] PLUMB G，RIBEIRO M T，TALWALKAR A. Finding and fixing spurious patterns with explanations[J]. arXiv preprint，arXiv：2106.02112，2021.

[126] PRASHNANI E，NOORKAMI M，VAQUERO D，et al. A phase-based approach for animating images using video examples[J]. Computer Graphics Forum，2017，36(6)：303-311.

[127] PROSPERI M，GUO Y，SPERRIN M，et al. Causal inference and counterfactual prediction in machine learning for actionable healthcare[J]. Nature Machine Intelligence，2020，2(7)：369-375.

[128] RADFORD A，KIM J W，HALLACY C，et al. Learning transferable visual models from natural language supervision[J]. arXiv e-prints，arXiv：2103.00020，2021.

[129] RASHID T，SAMVELYAN M，DE WITT C S，et al. QMIX：Monotonic value function factorisation for deep multi-agent reinforcement learning[J]. arXiv preprint，arXiv：1803.11485，2018.

[130] REED S E，AKATA Z，MOHAN S，et al. Learning what and where to draw[C]. Advances in Neural Information Processing Systems，2016：217-225.

[131] REED S，AKATA Z，YAN X，et al. Generative adversarial text to image

synthesis[C]. International Conference on Machine Learning, 2016, 1060-1069.

[132] REN B, WANG Y, CHEN J. A novel robust finite-time trajectory control with the high-order sliding mode for human-robot cooperation[J]. IEEE Access, 2019, 7: 130874-130882.

[133] RICHENS J G, LEE C M, JOHRI S. Improving the accuracy of medical diagnosis with causal machine learning[J]. Nature Communications, 2020, 11(1): 1-9.

[134] ROLLAND P, CEVHER V, KLEINDESSNER M, et al. Score matching enables causal discovery of nonlinear additive noise models[C]. International Conference on Machine Learning. PMLR, 2022: 18741-18753.

[135] ROWEIS S T, SAUL L K. Nonlinear dimensionality reduction by locally linear embedding[J]. Science, 2000, 290(5500): 2323-2326.

[136] RUBIN D B. Causal inference using potential outcomes: Design, modeling, decisions[J]. Journal of the American Statistical Association, 2005, 100(469): 322-331.

[137] RYBSKI P E, YOON K, STOLARZ J, et al. Interactive robot task training through dialog and demonstration[C]. ACM/IEEE International Conference on Human-Robot Interaction, 2007.

[138] SADIGH D, SASTRY S, SESHIA S A, et al. Planning for autonomous cars that leverage effects on human actions[C]. Robotics: Science & Systems, 2016.

[139] SALIMANS T, HO J. Progressive distillation for fast sampling of diffusion models [C]. In Proceedings of International Conference on Learning Representations (ICLR), 2022.

[140] SALVI C, BRICOLO E, KOUNIOS J, et al. Insight solutions are correct more often than analytic solutions[J]. Thinking & Reasoning, 2016, 22(4): 443-460.

[141] SANBORNA N, MANSINGHKA V K, GRIFFITHS T L. Reconciling intuitive physics and Newtonian mechanics for colliding objects[J]. Psychological Review, 2013, 120(2): 411-37.

[142] SANCHEZ P, LIU X, O'NEIL A Q, et al. Diffusion models for causal discovery via topological ordering[J]. arXiv preprint, arXiv: 2210.06201, 2022.

[143] SCHRITTWIESER J, ANTONOGLOU I, HUBERT T, et al. Mastering Atari, go, chess and shogi by planning with a learned model[J]. Nature, 2020, 588 (7839): 604-609.

[144] SEO J, LEE G, CHO S, et al. MIDMs: Matching interleaved diffusion models for exemplar-based image translation[J]. arXiv preprint, arXiv: 2209.11047, 2022.

[145] SHAHAM T R, DEKEL T, MICHAELI T. SinGAN: Learning a generative model from a single natural image[C]. 2019 IEEE/CVF International Conference on Computer Vision, 2019: 4569-4579. DOI: 10.1109/ICCV. 2019. 00467.

[146] SHARIFZADEH S, CHIOTELLIS I, TRIEBEL R, et al. Learning to drive using inverse reinforcement learning and deep Q-networks[J]. arXiv preprint, arXiv: 1612.03653, 2016.

[147] SHEN X, LIU F, DONG H, et al. Disentangled generative causal representation learning[J]. arXiv preprint, arXiv: 2010.02637, 2020.

[148] SHI J, WU C, LIANG J, et al. DiVAE: Photorealistic images synthesis with denoising diffusion decoder[J]. arXiv preprint, arXiv: 2206.00386, 2022.

[149] SHIH Y, PARIS S, DURAND F, et al. Data-driven hallucination of different times of day from a single outdoor photo[J]. ACM Transactions on Graphics, 2013, 32(6): 200: 1-11.

[150] SHIM J Y, KIM J, KIM J K. S2I-bird: sound-to-image generation of bird species using generative adversarial networks[C]. 2020 25th International Conference on Pattern Recognition, 2021: 2226-2232.

[151] SHIMIZU S, HOYER P O, HYVÄRINEN A, et al. A linear non-Gaussian acyclic model for causal discovery[J]. Journal of Machine Learning Research, 2006, 7(10).

[152] SHIMIZU S, INAZUMI T, SOGAWA Y, et al. DirectLiNGAM: A direct method for learning a linear non-Gaussian structural equation model[J]. Journal of Machine Learning Research, 2011, 12: 1225-1248.

[153] SILVER D, HUBERT T, SCHRITTWIESER J, et al. A general reinforcement learning algorithm that masters chess, shogi, and go through self-play [J]. Science, 2018, 362(6419): 1140-1144.

[154] SILVER D, SCHRITTWIESER J, SIMONYAN K, et al. Mastering the game of go without human knowledge[J]. Nature, 2017, 550(7676): 354-359.

[155] SINGH K K, MAHAJAN D, GRAUMAN K, et al. Don't judge an object by its context: Learning to overcome contextual bias[C]. Proceedings of the IEEE/CVF Conference on Computer Vision and Pattern Recognition, 2020: 11070-11078.

[156] SMITH K A, BATTAGLIA P, VUL E. Consistent physics underlying ballistic motion prediction[C]. Proceedings of the Annual Meeting of the Cognitive Science Society, 2013, 35(35): 3426-3431.

[157] SOMMER A J, PETERS A, ROMMEL M, et al. A randomization-based causal inference framework for uncovering environmental exposure effects on human gut microbiota[J]. PLOS Computational Biology, 2022, 18(5): e1010044.

[158] SON K, KIM D, KANG W J, et al. QTran: Learning to factorize with transformation for cooperative multi-agent reinforcement learning [J]. arXiv preprint, arXiv: 1905.05408, 2019.

[159] SONG Y, SOHL-DICKSTEIN J, KINGMA D P, et al. Score-based generative

modeling through stochastic differential equations[C]. International Conference on Learning Representations (ICLR), 2021.

[160]　SPIRTES P, GLYMOUR C N, SCHEINES R, et al. Causation, prediction, and search[M]. Cambridge, Massachusetts: The MIT press, 2000.

[161]　SPRATT E L. Creation, curation, and classification: Mario Klingemann and Emily L. Spratt in conversation[J]. The ACM Magazine for Students, 2018, 24 (3): 34-43. DOI: 10. 1145/3186677.

[162]　SRIDHAR S, ESKANDARIAN A. Cooperative perception in autonomous ground vehicles using a mobile-robot testbed[J]. IET Intelligent Transport Systems, 2019, 13(10): 1545-1556.

[163]　STAPEL J, HASSNAOUI E, HAPPEE R. Measuring driver perception: Combining eye-tracking and automated road scene perception[J]. Human Factors, 2020, 64(4): 714-731.

[164]　SU X, SONG J, MENG C, et al. Dual diffusion implicit bridges for image-to-image translation[J]. arXiv preprint, arXiv: 2203. 08382, 2022.

[165]　SUN W, WU T. Learning layout and style reconfigurable GANs for controllable image synthesis [J]. IEEE Transactions Pattern Analysis and Machine Intelligence, 2020, 44(9): 5070-5087.

[166]　TENENBAUM J B, DE SILVA V, LANGFORD J C. A global geometric framework for nonlineardimensionality reduction[J]. Science, 2000, 290(5500): 2319-2323.

[167]　TENEY D, ABBASNEDJAD E, VAN DEN HENGEL A. Learning what makes a difference from counterfactual examples and gradient supervision [C]. 16th European Conference on Computer Vision, 2020: 580-599.

[168]　THORSTEN H, MARC-ANDRÉ F, ALY K, et al. Semantic-aware environment perception for mobile human-robot interaction[C]. 12th International Symposium on Image and Signal Processing and Analysis (ISPA), 2021.

[169]　TIAN Y, GONG Q, JIANG Y. Joint policy search for multi-agent collaboration with imperfect information [J]. Advances in Neural Information Processing Systems, 2020, 33.

[170]　TU K, CUI P, WANG X, et al. Structural deep embedding for hyper-networks [J]. arXiv preprint, arXiv: 1711. 10146, 2017.

[171]　TU K, CUI P, WANG X, et al. Deep recursive network embedding with regular equivalence[C]. Proceedings of the 24th ACM SIGKDD International Conference on Knowledge Discovery and Data Mining, 2018: 2357-2366.

[172]　VAN DEN OORD A, VINYALS O, KAVUKCUOGLU K. Neural discrete representation learning[J]. arXiv preprint, arXiv: 1711. 00937, 2017.

[173] VASWANI A, SHAZEER N, PARMAR N, et al. Attention is all you need[C]. Advances in Neural Information Processing Systems, 2017: 5998-6008.

[174] WAN C H, CHUANG S P, LEE H Y. Towards audio to scene image synthesis using generative adversarial network [J]. arXiv preprint, arXiv: 1808. 04108, 2018.

[175] WANG D, CUI P, ZHU W. Structural deep network embedding [C]. Proceedings of the 22nd ACM SIGKDD International Conference on Knowledge Discovery and Data Mining, 2016: 1225-1234.

[176] WEI D, GAO T, YU Y. DAGs with no fears: a closer look at continuous optimization for learning Bayesian networks[J]. arXiv preprint, arXiv: 2010. 09133: 2020.

[177] WELD D S, JOHAN D K. Readings in qualitative reasoning about physical systems[M]. San Francisco: Morgan Kaufmann, 2013.

[178] WITTEJ, FORAITA R, DIDELEZ V. Multiple imputation and test-wise deletion for causal discovery with incomplete cohort data[J]. arXiv preprint, arXiv: 2108. 13331, 2021.

[179] WU C, LIANG J, JI L, et al. NUWA: Visual synthesis pre-training for neural visual world creation[J]. arXiv preprint, arXiv: 2111. 12417, 2021.

[180] WU J, YILDIRIM I, LIM J J, et al. Galileo: Perceiving physical object properties by integrating a physics engine with deep learning[C]. Advances in Neural Information Processing Systems, 2015: 127-135.

[181] WU Y, PRICE L C, WANG Z, et al. Variational causal inference[J]. arXiv preprint, arXiv: 2209. 05935, 2022.

[182] XI Q, ZHENG C W, YAO M Y, et al. Design of a real-time robot control system oriented for human-robot cooperation [C]. 2021 International Conference on Artificial Intelligence and Electromechanical Automation, 2021.

[183] XIAO Z S, KREIS K, VAHDAT A, et al. Tackling the generative learning trilemma with denoising diffusion GANs[C]. In Proceedings of International Conference on Learning Representations, 2022.

[184] XIE F, CAI R, ZENG Y, et al. An efficient entropy-based causal discovery method for linear structural equation models with IID noise variables[J]. IEEE Transactions on Neural Networks and Learning Systems, 2019, 31 (5): 1667-1680.

[185] XIONGW, LUO W, MA L, et al. Learning to generate time-lapse videos using multi-stage dynamic generative adversarial networks[J]. arXiv preprint, arXiv: 1709. 07592, 2017.

[186] XU T, ZHANG P, HUANG Q, et al. AttnGAN: Fine-grained text to image

generation with attentional generative adversarial networks[J]. arXiv preprint, arXiv: 1711.10485, 2017.

[187] XU Z, WANG M, ZHANG F, et al. PaTAVTT: A hardware-in-the-loop scaled platform for testing autonomous vehicle trajectory tracking [J]. Journal of Advanced Transportation, 2017.

[188] YAN X, YANG J, SOHN K, et al. Attribute2Image: Conditional image generation from visual attributes[J]. arXiv preprint, arXiv: 1512.00570, 2015.

[189] YANG M, LIU F, CHEN Z, et al. CausalVAE: Disentangled representation learning via neural structural causal models[C]. Proceedings of the IEEE/CVF Conference on Computer Vision and Pattern Recognition, 2021: 9593-9602.

[190] YANG T, LI T, LIU S, et al. Research of universal modular cooperation robot control syste[C]. 2018 2nd International Conference on Robotics and Automation Sciences (ICRAS), 2018.

[191] YANG Y, DING Z, WANG R, et al. Data-driven human-robot interaction without velocity measurement using off-policy reinforcement learning[J]. IEEE/CAA Journal of Automatica Sinica, 2022, 9(1): 47-63.

[192] YAO L, CHU Z, LI S, et al. A survey on causal inference[J]. arXiv preprint, arXiv: 2002.02770, 2020.

[193] YARMOLINSKY J, WADE K H, RICHMOND R C, et al. Causal inference in cancer epidemiology: What is the role of mendelian randomization? Mendelian randomization in cancer incidence and progression[J]. Cancer Epidemiology, Biomarkers & Prevention, 2018, 27(9): 995-1010.

[194] YI Z, ZHANG H, TAN P, et al. DualGAN: Unsupervised dual learning for image-to-image Translation [C]. International Conference on Computer Vision, 2017.

[195] YILDIZ Y, AGOGINO A, BRAT G. Predicting pilot behavior in medium scale scenarios using game theory and reinforcement learning[C]. AIAA Modeling & Simulation Technologies, 2014.

[196] YIN M, ZHOU M. Semi-implicit variational inference [C]. International Conference on Machine Learning, 2018: 5660-5669.

[197] YOO J H, LANGARI R. A Stackelberg game theoretic driver model for merging [C]. ASEM Dynamic Systems & Control Conference, 2013.

[198] YU Y, CHEN J, GAO T, et al. DAG-GNN: DAG structure learning with graph neural networks [C]. International Conference on Machine Learning, 2019: 7154-7163.

[199] ZENG Y, HAO Z, CAI R, et al. Nonlinear causal discovery for high-dimensional deterministic data [J]. IEEE Transactions on Neural Networks and Learning

Systems, 2021.

[200] ZHANG H, KOH J Y, BALDRIDGE J, et al. Cross-modal contrastive learning for text-to-image generation[C]. Proceedings of the IEEE/CVF Conference on Computer Vision and Pattern Recognition, 2021: 833-842.

[201] ZHANG H, XU T, LI H, et al. StackGAN: Text to photo-realistic image synthesis with stacked generative adversarial networks[J]. arXiv preprint, arXiv: 1612.03242, 2016.

[202] ZHANG H, XU T, LI H, et al. StackGAN++: Realistic image synthesis with stacked generative adversarial networks[J]. IEEE Transactions on Pattern Analysis and Machine Intelligence, 2019, 41(8): 1947-1962.

[203] ZHANG J. On the completeness of orientation rules for causal discovery in the presence of latent confounders and selection bias[J]. Artificial Intelligence, 2008, 172(16-17): 1873-1896.

[204] ZHANG K, HYVARINEN A. On the identifiability of the post-nonlinear causal model[J]. arXiv preprint, arXiv: 1205.2599, 2012.

[205] ZHANG Q, WEI R. Unmanned aerial vehicle perception system following visual cognition invariance mechanism[J]. IEEE Access, 2019, 7(99): 45951-45960.

[206] ZHANG X, CUI P, XU R, et al. Deep stable learning for out-of-distribution generalization[C]. Proceedings of the IEEE/CVF Conference on Computer Vision and Pattern Recognition, 2021.

[207] ZHANG Y, JIN R, ZHOU Z H. Understanding bag-of-words model: A statistical framework [J]. International Journal of Machine Learning and Cybernetics, 2010, 1(1): 43-52.

[208] ZHANG Z, CUI P, WANG X, et al. Arbitrary-order proximity preserved network embedding[C]. Proceedings of the 24th ACM SIGKDD international Conference on Knowledge Discovery and Data Mining, 2018: 2778-2786.

[209] ZHANG Z, XIE Y, YANG L. Photographic text-to-image synthesis with a hierarchically-nested adversarial network [J]. arXiv preprint, arXiv: 1802.09178, 2018.

[210] ZHAO D, HUANG X, PENG H, et al. Accelerated evaluation of automated vehicles in car-following maneuvers [J]. IEEE Transactions on Intelligent Transportation Systems, 2018, 19(3): 733-744.

[211] ZHAO D, LAM H, PENG H, et al. Accelerated evaluation of automated vehicles safety in lane-change scenarios based on importance sampling techniques[J]. IEEE Transactions on Intelligent Transportation Systems, 2017, 18(3): 595-607.

[212] ZHENG X, ARAGAM B, RAVIKUMAR P, et al. DAGs with no tears: Continuous optimization for structure learning[J]. arXiv preprint, arXiv: 1803.

01422，2018.

[213] ZHU D，CUI P，WANG D，et al. Deep variational network embedding in Wasserstein space［C］. Proceedings of the 24th ACM SIGKDD International Conference on Knowledge Discovery and Data Mining，2018：2827-2836.

[214] ZHU J Y，PARK T，ISOLA P，et al. Unpaired image-to-image translation using cycle-consistent adversarial networks［C］. IEEE International Conference on Computer Vision (ICCV)，2017，2242-2251.

[215] ZHU S，NG I，CHEN Z. Causal discovery with reinforcement learning［C］. International Conference on Learning Representations，2019.

[216] ZHU W，WANG X，CUI P. Deep learning for learning graph representations［J］. arXiv preprint，arXiv：2005.12872，2020.

[217] ZHU Y，MOTTAGHI R，KOLVE E，et al. Target-driven visual navigation in indoor scenes using deep reinforcement learning［C］. 2017 IEEE International Conference on Robotics and Automation，2017：3357-3364.

[218] ZINKEVICH M，JOHANSON M，BOWLING M，et al. Regret minimization in games with incomplete information［J］. Advances in Neural Information Processing Systems，2007，20：1729-1736.

[219] ZSCHEISCHLER J，JANZING D，ZHANG K. Testing whether linear equations are causal：A free probability theory approach［J］. arXiv preprint，arXiv：1202.3779，2012.

[220] ZULKEFLIM A M，MUKHERJEE P，SUN Z，et al. Hardware-in-the-loop testbed for evaluating connected vehicle applications［J］. Transportation Research Part C Emerging Technologies，2017，78(MAY)：50-62.

[221] 付海军，陈世超，林懿伦，等. 人在回路的混合增强智能在 Sawyer 的研究与验证［J］. 智能科学与技术学报，2019，1(03)：280-286.

[222] 付艳，汤贤，刘世平，等. 基于人机协同的人形机器人实时任务规划［J］. 华中科技大学学报(自然科学版)，2017，45(1)：76-81.

[223] 顾杨，陈昭炯，陈灿，等. 基于 CGAN 的中国山水画布局可调的仿真生成方法［J］. 模式识别与人工智能，2019，32(09)：844-854.

[224] 胡云峰，曲婷，刘俊，等. 智能汽车人机协同控制的研究现状与展望［J］. 自动化学报，2019，45(7)：1261-1280.

[225] 黄庆明，王树徽，许倩倩，等. 以图像视频为中心的跨媒体分析与推理［J］. 智能系统学报，2021，16(5)：835-848.

[226] 李佳芮. 基于深度学习的语义地图生成［J］. 电子制作，2018(24)：30-32.

[227] 李进，刘洋洋，胡金芳. 人机协同下辅助驾驶系统的车道保持控制［J］. 机械工程学报，2018，54(02)：169-175.

[228] 刘建伟，黎海恩，罗雄麟. 概率图模型学习技术研究进展［J］. 自动化学报，2014，

40(06)：1025-1044.

[229] 陆峰，刘云飞. 一种基于内容风格分离的无监督图像到图像翻译方法. 中国发明专利，CN112766079A[P]，2021.

[230] 牛轶峰，沈林成，李杰，等. 无人-有人机协同控制关键问题[J]. 中国科学：信息科学，2019，49(5)：538-554.

[231] 彭宇新，綦金玮，黄鑫. 多媒体内容理解的研究现状与展望[J]. 计算机研究与发展，2019，56(01)：183-208.

[232] 师露. 人机交互多维度数据融合疲劳决策研究[D]. 西安：西安工业大学，2021.

[233] 舒朗，郭春生. 基于回归与深度强化学习的目标检测算法[J]. 软件导刊，2018，17(12)：56-60.

[234] 孙秦豫，付锐，王畅，等. 人机协作系统中车辆轨迹规划与轨迹跟踪控制研究[J]. 中国公路学报，2021，34(9)：146-160.

[235] 吴超仲，吴浩然，吕能超. 人机共驾智能汽车的控制权切换与安全性综述[J]. 交通运输工程学报，2018，18(06)：131-141.

[236] 徐浩然. 基于隐空间特征操作的微动效生成模型和方法[D]. 杭州：浙江大学，2021.

[237] 赵晨馨，董红召，管宇辉，等. 车联网环境下车辆博弈换道协作策略[J]. 高技术通讯，2021，31(1)：64-74.

[238] 郑南宁，刘子熠，任鹏举，等. 混合-增强智能：协作与认知[J]. Frontiers of Information Technology & Electronic Engineering，2017，18(2)：153-179.

[239] 周兵，潘倩兮，冯浩. 人机共驾驾驶权切换准则研究文献综述[C]. 第十六届国际汽车交通安全学术会议，2019.

[240] 周志华. 机器学习[M]. 北京：清华大学出版社，2016.

第4章

人机协同混合增强智能案例分析

本章主要介绍与人机协同混合增强智能密切相关的案例。这些案例将有助于读者对人机协同混合增强智能的实际应用有更直观的了解。本章包括四个大的案例，分别是：人机协同创作平台、人机协同抓取平台、人机协同共驾平台、人机协同数字孪生平台。

4.1 人机协同创作平台

本节介绍的是多媒体应用交互原型系统(该系统定义了系统应用场景和算法验证机制，标准化了应用条件控制的层级以及系统的开放程度)，并在无明显约束的开放式人机协作场景下，在视觉语义理解、因果结构发现和非完整信息处理等问题上探索了人机混合增强智能理论和方法的应用及验证示范。

在创作领域，创作过程(从思维到实现)需要付出较高的人工成本，也就是说，从所想到所见，把灵感付诸现实需要一定的时间和精力。例如一幅海报的创作，从灵感构思到出图，设计师需要作出线稿才能看到大致效果，上色之后才能看到最终效果，而出图以后也需要经过多次调整。假如能够帮助设计师降低这一过程（即从构思到出图）的开销，使设计师有更多的时间和精力去设计和调整而非绘制，则能够帮助社会上设计行业的整体生产水平提升到一个更高的档次。在其他行业和领域亦如是。人工智能的加入使这一设想成为可能，现有的人工智能与人类协同创作平台已初步具有发展和解放人类生产力的伟力。现有的人机协同创作平台中，部分为人机同步协同参与，即协同创作过程中，人和机器的参与都是从始至终进行的，人和机器是同时进行创作的；部分为人机异步协同参与，即人和机器并不从头到尾一同参加创作，具体来说，人的创作可能仅在创作的前半程，而创作的后半程则全权交由机器进行。一般来说，人机同步协同类型的平台其人工调节性更好，更趋近于人的思维和模式，而人机异步协同类型的平台一般具有较差的人工调节性，与人的思维模式有所差异，但这并不代表着这一模式不如前者。在本节中，我们将介绍一些现有的人工智能协同创作平台。

4.1.1 人机同步协同创作平台

1. 线稿识别作画平台——谷歌 AutoDraw

对于不擅长绘画的人来说，把他们想的东西画在纸上并不容易。未经过专业美术培训的人可能无法美观甚至清晰地进行绘图表示。为此，谷歌推出了一款强大的在线绘图工具——AutoDraw(见图 4.1-1)。AutoDraw 通过人工智能检测目前作画画布上最近几处画笔区域的内容，并进行识别（类似于看图识物），以判断和猜测作画者想画的类别，然后系统将会提供该类别的图案供作画者选择，如图 4.1-2 所示。

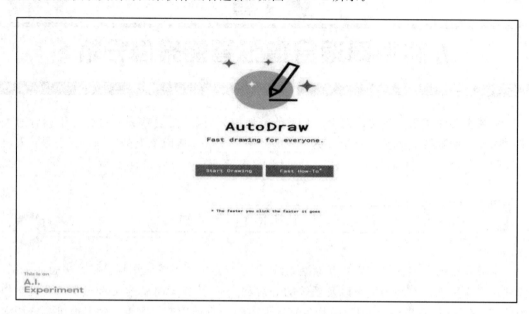

图 4.1-1 谷歌 AutoDraw 的界面

（图片来源：Google. AutoDraw[EB/OL]. [2022-10-31]. https：//www. autodraw. com. ）

图 4.1-2 AutoDraw 面板

（图片来源：Google. AutoDraw[EB/OL]. [2022-10-31]. https：//www. autodraw. com. ）

为了实现这一智能作画功能，谷歌提出了 Sketch-RNN，这是一种草图循环神经网络。Sketch-RNN 能够基于笔画构建常见的图形。该神经网络基于一个有条件和无条件草图生成的框架，并描述了用于生成矢量格式的连贯草图的新的鲁棒训练方法。

AutoDraw 不仅可以判断作画者想要绘制什么，还可以帮助作画者使图案更专业，更美观。谷歌邀请世界各地的艺术家提前绘制了具有不同艺术风格的插图作为插图库中的备选图例。作画者只需要画几笔即可，此后 AutoDraw 将自动建议匹配的备选图例。例如，用鼠标画一些看起来像苹果的东西，绘制过程中，界面上方的"Do you mean"处会有各种可能的相关插图（见图 4.1 - 2）。AutoDraw 可以准确判断此时画的应该是一个苹果。单击上面"Do you mean"中列出的图案，将用库插图替换刚才绘制的图片，还可以调整位置、放大和缩小等。由于 AutoDraw 是一种绘图工具，因此还内置了颜色调整、文本插入和填充颜色等功能。

2. Adobe 创意云套件

在数字经济时代，设计师的设计过程越发依赖于数字技术。Adobe 开发了创意云套件平台，为那些希望通过数字手段进行设计和创造的人提供了优越的开发创意软件组。这一创意云套件平台包含了许多设计师常用的设计软件，如 Premiere Pro、After Effects、海选和 Photoshop 等。

Premiere Pro 和 After Effects 作为视频编辑器，可以帮助 YouTube 和流媒体服务内容创建者（如 Netflix）组合、重新排列和编辑视频内容。海选是一种音频编辑器，可以帮助播客编辑他们的音频文件以添加过渡音效，或者在分享之前切掉播客的某些部分。Photoshop 则是专业摄影师对其图像进行调整的重要工具，无论是清除面部皱纹、增加亮度，还是将其他内容蒙太奇到图像中，均可轻松实现。Illustrator 是图形设计师和 UI/UX 设计师的必备工具，它提供了一个平台来设计矢量图形，如徽标、品牌、数字艺术、海报或网站按钮。InDesign 协助设计、布局多页文档，这一软件面向的主要人群是营销团队、演示文稿设计师或杂志/出版物编辑等。

Adobe 创意云套件的底层引擎为 Adobe Sensei。Adobe Sensei 利用多年来积累的有关创意文案和营销的信息，在数万亿条数据中获益匪浅。Adobe Sensei 用于图像匹配，并理解、感知这些信息中的文档和重要的大众片段。

3. 虚拟协作平台——Omniverse

Omniverse 是一个由 NVIDIA RTX 和皮克斯 Universal Scene Description（USD）支持的开放式虚拟实时协作平台，可提供物理级准确的实时模拟服务，是开发者的"元宇宙"（见图 4.1 - 3）。

在 Omniverse 上，开发者可以连接主要工具、资产和项目，在共享的虚拟空间进行协作和迭代。Omniverse 将用户和行业主流的 3D 设计工具在平台上进行实时整合，开发者可以在 Omniverse 的模块化平台上编写和销售程序、应用或者微服务，且开发者可以进行即时更新迭代，对工作流程进行简化。Omniverse 提供了可扩展的物理级准确的实时性光线追踪和路径追踪渲染，能够基于作品实现精美的且准确还原物理属性的渲染效果，这对于沉浸式可视化、准确模拟等意义重大。此外，开发者只需对模型进行一次构建，因为 Omniverse 可兼容不同设备。

图 4.1-3 NVIDIA Omniverse 网页快照

（图片来源：NVIDIA. NVIDIA Omniverse［EB/OL］.［2022-10-31］. https：//www. nvidia. cn/
omniverse. ）

4.1.2 人机异步协同创作平台

1. 人工智能海报设计平台——鹿班

鹿班是为辅助人类平面设计师而产生的。它学习了超过五百万张人类设计作品，从中
获取了构图、配色、风格、模板等信息。用户提供主体图片和相应的文字描述，用于对输出
结果进行相应的控制和调整。在生成过程中，鹿班在知识图谱中搜索与目标设计有关的内
容作为参考，并根据评估网络对每一轮结果实时调优，最终输出一张系统评估最好的
作品。

鹿班的内核主要包括三部分：风格学习、生成网络以及评估网络。风格学习过程中，
鹿班将大规模结构化标注后的设计数据输入神经网络，网络输出空间与视觉的设计框架或
相关表示，形成风格学习模块。生成网络根据用户需求从风格学习模块中选择设计原型，
并规划设计图生成路径，从而完成图片设计。整个过程中，通过强化学习不断试错，生成
网络不断进行参数调整，使得鹿班变得更加智能。评估网络接收生成网络的结果作为输
入，对生成结果进行评估，并将评估结果作为前置网络的调整依据。

2. 人工智能徽标设计平台——Looka

Looka 是一家成立于 2016 年的网站，它通过人工智能创建和销售各种各样的徽标（见

图 4.1 - 4）。Looka 中的徽标混合了各种字体、颜色、符号和构图。使用 Looka 进行徽标设计的过程包括四个阶段：用户填写品牌名称，并选择网站提供的各种徽标和颜色；几秒钟后，网站的算法根据输入创建不同的徽标设计，用户选择设计；模拟模板是图形设计中标志设计过程的一部分，也是由 AI 生成的；最后，用户会立即在模型模板上看到所选的徽标。

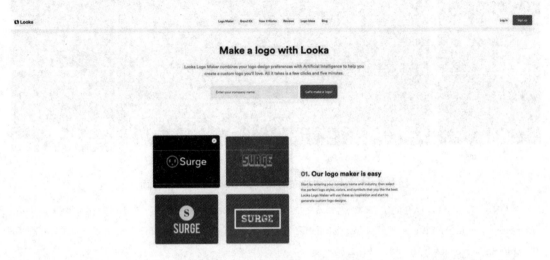

图 4.1 - 4　Looka 徽标设计界面

（图片来源：Looka，Inc. Looka[EB/OL]．[2022 - 11 - 2]．https://looka.com/logo-maker. ）

Colton 等人指出，机器学习是一个非常成熟的研究领域，可能在所有人工智能子领域中产生很大的影响。通过机器学习，Looka 建立在效果良好的混合基础上。Looka 人工智能通过监控用户选择、用户对徽标（如不同字体）进行更改以及用户购买徽标等行为进行持续学习。该算法跟踪 80 种不同类型的行为，扫描每天看到这些行为的次数，并将最频繁的行为视为徽标设计规则。

徽标是公司或组织符号的简单设计。一个标志必须是简单的、永恒的、可用的、易读的、原创的，并容易被人们记住。Looka 因不要求设计师设计徽标而脱颖而出，并且设计速度非常快，且其设计的徽标通常能达到所需的质量。

3．人工智能布局设计器——Design Scape

Design Scape 由 Adobe、Microsoft 和 NSERC 支持，可以通过提供交互式布局建议（即元素位置、比例和对齐方式的更改）来辅助设计过程（见图 4.1 - 5）。这是第一款为海报/广告等单页设计提供互动建议的平台。

Design Scape 是为缺乏经验和设计原则的新锐平面设计师提供建议的重要工具。该系统使用两种不同但互补的建议类型：改进建议（改进当前布局）和头脑风暴建议（改变样式）。在 Design Scape 界面上，设计对象被放置在中间，在左边的"Tweak Your Design"（调整你的设计）标题下提供了三种布局更改方案，在"Brainstorm New Designs"（头脑风暴新设计）标题下提供了三种内容和布局同时更改的改进意见，用户点击这三个细化建议中的一个即可进行应用。

图 4.1-5　人工智能布局设计器 Design Scape 的界面

（图片来源：O'DONOVAN P，AGARWALA A，HERTZMANN A. Designscape：Design with interactive layout suggestions[C]. Proceedings of the 33rd Annual ACM Conference on Human Factors in Computing Systems. 2015：1221-1224.）

4. 文字-图片生成平台

Disco Diffusion、Stable Diffusion、NovelAI Disco Diffusion 是一个开源项目，其模型能够从文本生成图像。该模型可以基于输入文本生成相应的艺术图像。该模型主要由两部分组成：Diffusion 和 CLIP。Diffusion 用于生成具有视觉吸引力的图像，其主要输入是高斯噪声的图像。Diffusion 一步一步地对输入图像进行去噪，逐渐细化到最终生成的图像中的噪声。CLIP 为采样过程提供指导，以便 Diffusion 生成与文本提示紧密匹配的图像。在每个去噪过程中，CLIP 尝试基于输入文本评估当前图像，并指出如何细化图像，之后 Diffusion 相应地修改图像。在这个过程中，图像越来越逼真，并与文本保持一致。如果没有 CLIP，结果图像将是随机的且不可控的。

稳定扩散模型（Stable Diffusion）于 2022 年 8 月诞生，其核心技术来源于视频人工智能剪辑公司 Runway 的 Patrick Esser 和慕尼黑大学的 Robin Romabach 在 2022 年 IEEE 国际计算机视觉与模式识别会议（IEEE Conference on Computer Vision and Pattern Recognition，CVPR）上合作发表的隐式扩散模型（Latent Diffusion Model）。Stable Diffusion 能够快速实现文本-图像生成任务（见图 4.1-6），且仅需消费级显卡即可。与 Disco Diffusion 相比，它在人像生成方面具有更好的效果。Stable Diffusion 的代码开源，可以在 GitHub 上下载其所有代码。目前，已经有超过 20 万开发者下载和获得了 Stable Diffusion 的授权，面向消费者的 DreamStudio 则已获得了超过 150 万用户，已生成超过 1.7 亿张图片。

NovelAI 是一个提供人工智能辅助创作（如故事补全）、文字-图片生成功能的网站（见图 4.1-7）。NovelAI 的人工智能算法能够基于用户编辑的故事，补出具有人类水准的文学作品。NovelAI 爆火的原因可能在于其文字-图片生成功能。NovelAI 的代码并未开源，从使用情况上看，NovelAI 的文字-图片生成功能能够生成许多高质量的卡通图片，其训练数据可能为大规模卡通图。部分用户指出，NovelAI 中的文字-图片生成功能也是基于隐式扩散模型进行训练的。

图 4.1-6　文本-图像生成平台 Stable Diffusion 的界面

（图片来源：Stability AI. Stable diffusion ［EB/OL］. ［2022-10-31］. beta. dreamstudio. ai/dream. ）

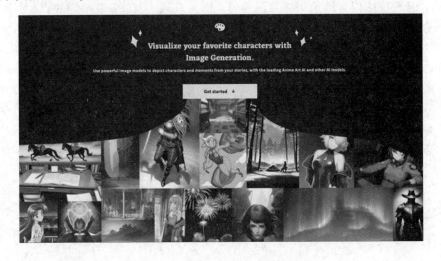

图 4.1-7　文本-图像生成平台 NovelAI

（图片来源：Anlatan. NovelAI ［EB/OL］. ［2022-10-31］. https：//novelai. net. ）

相似的文字-图片生成平台还有 Midjourney。Midjourney 架设在 Discord 频道上,需要有 Discord 账号才能使用相关功能。从 Midjourney 官网进入其 Discord 服务器后,选择任意一个新手频道,在聊天框里调用"/imagine"选项,输入一段想要呈现的文字,Midjourney 将返回四幅极具创造力和艺术感的作品供用户选择。用户还可以通过相关选项对生成结果进行选择、放大细化、细节变化或者重新生成。

4.1.3 混合协同创作平台

数字创意智能设计引擎是阿里巴巴-浙江大学前沿技术联合研究中心研发的一款混合协同创作平台。该引擎建设团队围绕国画、篆刻、书法、民族音乐等传统文化元素,建设高质量标注的传统文化基础素材库,研究图像、音频、视频等介质的知识表达和推理问题,进而构建模型数字创意智能设计引擎。

由潘云鹤院士提出的视觉知识是数字创意智能设计引擎的核心理论基础,是知识表达的一种新形式。视觉知识的独特优点是能够提供综合生成能力、时空比较能力和形象显示能力,为突破目前深度学习研究的瓶颈提供了方向。AI 的多重知识表达是数字创意智能设计引擎的另一重要理论基础,是一个由知识图谱、视觉知识和深度神经网络等有机构成的知识表达的结构。三者有机结合,有利于知识表达与推理等智能计算的可解释性、可推演性和可迁移性的实现。

视觉知识和 AI 的多重知识表达共同支撑了数字创意智能设计引擎的构建,针对不同文化创意应用形成了七个创意模块,包括墨染(国画计算)、兰亭(书法计算)、点石(智能篆刻)、神笔(创意绘画)、飞影(智能剪辑)、逸动(动态图标)和余音(音乐生成)等。

墨染模块主要实现国画计算。经过在 100 多万张传统国画上的训练学习,该模块可智能拼接《富春山居图》的两份残卷《剩山图》与《无用师卷》,并重制为《千里江山图》风格,将水墨画卷呈现为青绿山水,使传统国画在 AI 赋能下展现新魅力。

兰亭模块旨在以人工智能赋能传统书法。有"天下第一行书"之称的《兰亭集序》的艺术评价颇高,但现传的仅有历代书法家的摹本,尚无真迹。因此,兰亭模块以《兰亭集序》为对象,探索出一条以智能设计技术寻找兰亭、推演兰亭和体验兰亭的研究道路。图 4.1-8 为兰亭模块推演的《兰亭集序》真迹。

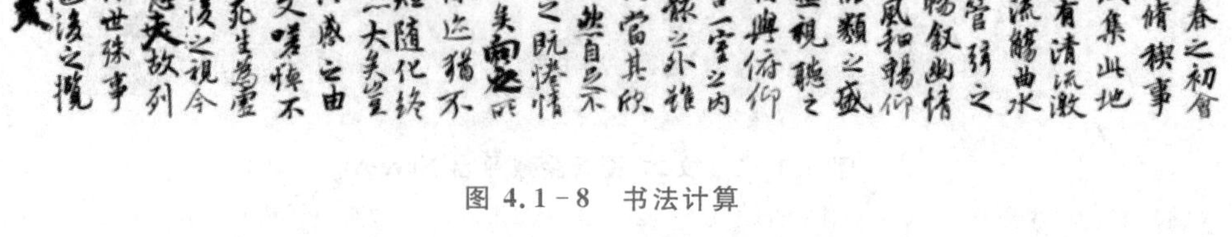

图 4.1-8 书法计算

点石模块从软件、硬件和系统层面助推人工智能和篆刻结合，完成了篆字学习推理、篆字智能生成和印章自动篆刻的全链路。点石模块降低了传统汉字艺术形式的认知门槛，可"一键生成"自己喜爱的印章，从而让美的、生动的汉字走入每个人的生活。

神笔模块是一个支持人和人工智能合作绘画动漫风格画作的系统。人们只需绘制涂鸦示意画面布局，神笔即可根据涂鸦在几秒内生成具有多样颜色和丰富纹理的动漫风格画作，实现多风格快速作画，让绘画新手和专家皆可自由快速地表达创意想法。

飞影模块主要实现了短视频的高质量自动剪辑。当前，泛购物消费领域的内容呈视频化态势，视频制作需求呈爆发式增长，现有的高质量视频制作效率难以满足新的需求。飞影模块以简化视频制作工作为出发点，结合影视知识与视觉理解技术，实现了自动快速高质踩点视频的剪辑。

逸动模块主要通过对视频进行转化，完成交互式动态图标的生成。相较于传统的静态图标，动态图标可以增加沉浸感、欣赏度和易用性，传达更丰富的视觉信息。为此，逸动模块可将实时视频转化为动态图标，实现个性化交互定制动态图标。

余音模块主要面向智能音乐计算，完成针对面向短视频的智能作曲，实现多种音乐风格、多种音乐轨道、多种情感的长时长音乐片段的生成。

4.1.4　多媒体人机交互平台

"互联网＋"时代允许更多样的交互设备连接互联网，能产生形式多样的海量异构的多模态数据。如何处理异构多模态数据、挖掘数据中的因果关系、从现有数据中总结知识成为人机交互和人工智能面临的新的研究挑战。为了应对这一挑战，需要构建人机协同交互设计应用的人机协同交互验证原型平台。在这个平台上，人们可以分析各种多源的多媒体数据，尝试抽取数据的因果关系。面向创意设计任务，该平台允许用户进行创作，也提供高阶抽象思维活动的实验环境、抽象的意图表达和人机交互的相融机制，并能探索面向创意等高阶思维活动的增强智能算法任务和形态。

该平台考虑从以下三个方面构建多媒体人机交互平台。

1. 多媒体人机交互形式

人机交互是人机协同的必要基础，高效丰富的交互方式必将开拓协同增强智能算法的输入/输出形态，带来更丰富的算法研究和应用可能性。现有的人机交互形式较为单一，通常表现为指令和手势点按交互。

该平台计划收集海量多媒体异构数据，综合各类数据类型，对用户进行多种形式的人机交互。用户通过输入任意形式的数据（比如文本、体感、表情、语音、视觉注意力），将其他不同形式的多种数据进行全方位的交互，实现人机交互设计反哺人机协同算法研究。此外，该平台还可以构建高效、通用、可扩展的人机协作接口。人机协作接口有较多形式，该平台通过综合分析各种多媒体数据的特点，对不同的多媒体数据使用不同的协作接口；同时，为了保证协作接口易于理解、便于使用，应保证不同协作接口之间的逻辑一致性和人性化处理。

2. 跨媒体可信可解释交互反馈与意图理解

可信可解释是人机协同的必要基础，能实现交互反馈的验证平台是确保算法可信可解释的主要载体。在原型验证系统中，系统需要给出合理的符合人们常识的解释，让用户充分了解系统产生结果（或具体的创意设计）的原因。推广到算法层面，则需要解释决策、识别、生成的背后逻辑或依据，或者至少给出人类可理解的中间结果作为参考。

在此框架下，以下方面值得深入研究：

（1）模型可解释、特征可解释和事后可解释等交互反馈的形式。

（2）人机协同过程中的用户意图理解问题。

（3）多轮次交互或多轮次协作中用户的目的、动机、潜在需要的挖掘。

（4）无监督训练支持的智能交互补偿，尝试构建以人为中心的增强智能算法设计指导准则，实现从以数据为中心、以任务为目的到以人为中心、以交互协作为目的的算法设计转变。

3. 多媒体因果发现和推断可视化

可视化是有效传达复杂抽象信息的手段。对多媒体数据的分析和创意设计，以及对原型平台的规划研究，是基于因果关系和综合推理得到的。因此，可将因果推理和综合推理空间进行可视化展示，提供一个交互性强的创意设计平台，着重研究输入/输出内容可视化、数据处理过程和解析理解过程可视化、推理过程和结果可视化、算法训练机制和过程可视化、模型骨干和信息流可视化、算法结果和解释内容可视化、模型动态适应过程可视化等问题，并尝试探索可视化驱动的算法设计流程。

这些先进的人工智能技术为许多系统提供了智能支撑，具有巨大的潜在效益。然而，这些有前途的人工智能新应用都不是完全由人工智能系统产生的，相反，它们是由能够理解人工智能所提供的能力的人设计的。因此，要将人工智能集成到已经非常复杂的工作流中，关键是要将以人为本的设计理念纳入算法研究和应用程序实现中。

人工智能协作并不是一个新概念。在《人机共生》一书中，约瑟夫·利克利德就提出了共生计算的概念。

现有的人机协同创作平台大多基于深度学习中的生成模型。其中一些生成模型和算法已经能够在一定程度上较好地与人类进行协同创作。然而由于创作思维本身具有复杂性，因此在人与计算机进行交互时，计算机难以完全准确地取得人类创作的物体的所有需要的特征。此外，创作思维本身的复杂性也导致其难以描述，人们可能需要非常多的描述（如参数）才能准确将自己的想法进行完整表达。这也造成了模型层面的问题——模型需要接收大量的参数。对于不同的生成任务，参数数量、种类都存在不确定性。

另一方面，尽管提供了大量参数，但思维的描述仍不一定准确，在这种情况下调整修改过程的便捷性就显得尤为重要。目前市面上结合深度生成模型的协同创作大部分是一次性生成的，不具备事后计算机辅助的调整功能。针对现有研究的若干问题，未来的人机协同创作平台应该具有算法和模型层面的迭代与更新。在理想情况下，未来的人机协同创作平台应该基于能够处理具有复杂性和庞大性参数、能够辅助人机协同微调的生成模型和算法。

4.1.5 人机协同创作平台的意义

人机协同创作平台集成了人机协同的图像生成、创意设计技术和人机协同的因果学习技术。目前，该平台在一些领域(如智能广告生成、AI 素材生成、计算机辅助设计等)已经开始显现经济价值和社会效应。该平台将智能生成技术用于文化创意，为降低人力成本、提升设计效率、激发创意思想等方面的自主创新做出了贡献，提升了产业竞争力与影响力。

人机协同创作平台支撑着创意设计的典型行业(如电商、动画、文创等)。这些行业形成了我国部分地区的强势产业，产业规模大，对人工智能技术的需求迫切，它们有能力、有意愿采用人机协同的智能设计平台来推动自身产业升级。人机协同创作平台提供的平面、视频、动漫、文创产品设计能力将有效支持相关产业的创意设计，且智能生成技术的落地应用将带来巨大的经济效益，年增利润将非常可观。人机协同创作平台带来的社会效益也不容小觑，对实现自主知识产权支撑的文创产品设计、推进我国文创产业发展有着重要的意义，是我国以创意设计技术推动文创产业内容升级的关键一环。

　## 4.2　人机协同抓取平台　

人机协同抓取平台专注于利用机械臂和相关数据集实现人机协同抓取任务。近年来，机械臂研究的重要性和普及程度不断提高。机械臂可以辅助人类完成很多人类难以完成的复杂任务，还可以通过人机交互与人类产生良好的互动，协助构建人机协同的混合智能平台。通过研究机械臂辅助完成人机协同抓取任务，能够将机械臂与机器智能有机结合，在机械臂上采用基于模型的强化学习算法，这将为人机协同混合智能提供高效通用的机械臂接口。

事实上，机械臂已经被研究人员广泛使用在相关的实验中。一些研究关注于机械臂实际应用的能力。例如，Hamner 等开发了一种自主移动机械手系统。该系统克服了固有的系统不确定性和异常使用的控制策略，采用协调控制，可以实现钉孔式插入装配任务。机械臂还可以与其他机械臂和移动基座结合，完成目标抓取、物料搬运等任务。例如，Ariyan 等从任务分配和运动规划的角度出发，对多臂移动机器人进行研究，探索高自由度机器人智能体之间复杂交互和协调的实际操作。此外，机械臂与人类交互完成相关任务也被深入探索。Li 等的研究指出，人类环境中最常见的导航任务需要辅助手臂的交互作用，如打开车门、按下按钮和推开障碍物，其研究的新的分层 RL 结构 HRL4IN 可以完成这类交互式导航。

机器人抓取一直是机械臂应用和机器人学中一个活跃的研究领域，它面临诸多挑战。随着强化学习的发展，研究人员已经在机器人抓取方面取得了巨大进展。但特定对象的机器人在杂乱情况下的抓取是一个非常难解的问题。此类方法严重依赖大规模数据集，而数据集有限，通用性较差，这严重限制了它的实用性。为了解决上述问题，我们通过构建视觉关系操作数据集，结合 Baxter 机械臂机器人，搭建了人机协同抓取平台，并深入探索相关抓取算法和策略优化方法。图 4.2-1 是相关机器人的示意图。

本节将分别对在人机协同抓取平台上实现的抓取算法、策略优化方法和相关视觉操作关系数据集等进行介绍。

图 4.2-1   Baxter 机器人

4.2.1   REGNet

机器人抓取在操纵过程和与外部世界的交互过程中起着关键和基本的作用。然而，由于非结构化环境、传感器噪声和各种物体几何形状造成的不确定性，实现可靠的机器人抓取仍然具有挑战性。大多数抓取检测算法的目标是生成具有高质量分数的稳定抓取，但其性能远远落后于人类。

针对上述问题，我们提出了一种以单视点云为输入的端到端抓取检测网络——REGNet。我们构建的网络包括三个阶段，即得分网络（Score Network，SN）、抓取区域网络（Grapping Region Network，GRN）和细化网络（Refined Network，RN），如图 4.2-2 所示。具体来说，首先，SN 回归点抓取置信度，并选择具有高置信度的正点；然后，GRN 对选定的主动点（active point）进行 GRAP 建议预测；最后，RN 通过细化 GRN 预测方案，生成更准确的抓取建议。为了进一步提高性能，我们还提出了一种抓取锚机制，其中引入了具有指定抓取器方向的抓取锚来生成抓取建议。实验表明，REGNet 在现实世界的杂波中实现了79.34％的成功率和96％的完成率，这明显优于几种基于点云的最先进方法，包括GPD、PointNetGPD 和 S4G。该网络也可用于三维抓取。

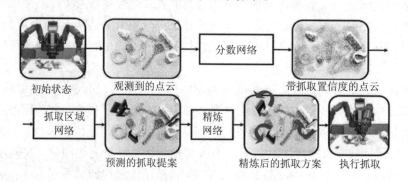

图 4.2-2   3D 抓取示例

（图片来源：ZHAO B, ZHANG H, LAN X, et al. REGNet: Region-based grasp network for end-to-end grasp detection in point clouds[C]. 2021 IEEE International Conference on Robotics and Automation,

2021：13474-13480.）

4.2.2　INVIGORATE

当前，机器人正在逐渐进入人们的日常生活。为了成为有效的人类助手，机器人必须通过视觉感知了解我们的物理世界，并通过自然语言与人类互动。科研人员提出了 INVIGORATE 机器人系统，它通过自然语言与人类交互，并在杂乱的环境中抓取特定的物体。这些物体可能会相互遮挡、阻碍甚至堆叠在一起。INVIGORATE 可完成以下挑战：① 从输入语言表达式和 RGB 图像中推断出其他遮挡对象中的目标对象；② 从图像中推断对象遮挡关系（OBR）；③ 综合一个多步骤计划，以提出问题，消除目标对象的歧义并成功地抓住它。

该系统训练单独的神经网络，用于目标检测、视觉定位、问题提出以及 OBR 检测和抓取。根据训练数据集可知，本系统采用的模型允许不受限制的对象类别和语言表达。然而，视觉上的错误和人类语言中的歧义是不可避免的，并且会对机器人的性能产生负面影响。为了克服这些不确定性，该系统构建了一个部分可观测的马尔可夫决策过程（POMDP），如图 4.2-3 所示。该过程集成了学习的神经网络模块，通过近似的 POMDP 规划、机器人跟踪观察的历史提出消除歧义这一问题，以生成接近最优的动作序列，从而识别和抓住目标对象。在 Fetch 机器人上进行的初步实验表明，这种集成方法在从杂乱的环境中通过自然语言交互抓取物体方面具有显著优势。

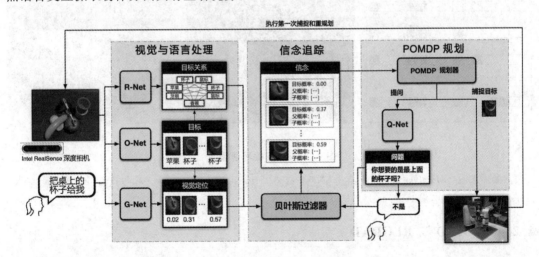

图 4.2-3　INVIGORATE 机器人系统

（图片来源：ZHANG H，LAN X，ZHOU X，et al. Visual manipulation relationship network for autonomous robotics［C］. 2018 IEEE-RAS 18th International Conference on Humanoid Robots，2018：118-125.）

4.2.3　HTRPO

当前，强化学习（RL）已被广泛研究，以解决从复杂战略博弈到精确机器人控制的问题。然而，在机器人学中，RL 的成功实践在很大程度上依赖于仔细而艰巨的奖励塑造。稀疏奖励(即只有在达到预期目标时才对代理进行奖励),无须设计微妙的奖励机制,它保证代理专注于预期任务本身,而没有任何偏差。然而,稀疏奖励减少了策略收敛的机会,尤其在最初的随机探索阶段,智能体很难获得正反馈。因此,稀疏奖励的强化学习成了一项重大挑战。

我们提出了一种新的 RL 算法——HTRPO(Hindsight Trust Region Policy Optimization,事后诸葛亮置信区域策略优化),它通过扩展 TRPO 算法,以应对稀疏奖励的挑战。HTRPO 衡量的是算法从目标信息中学习的能力,包括不适用于当前任务的目标。如图 4.2-4 所示,HTRPO 首先引入了二项式 KL 散度(Quadratic Kullback-Leibler divergence,QKL),这是信任域上 KL 散度约束的二次近似,减少了 KL 散度估计的方差,提高了策略更新的稳定性。其次,HTRPO 提出了事后目标过滤(Hindsight Goal Filtering,HGF)以选择可传导的事后目标。在实验中,我们评估了各种稀疏奖励任务中的 HTRPO,包括简单基准测试、基于图像的 Atari 游戏和模拟机器人控制。消融研究表明,QKL 和 HGF 对学习稳定性和高性能有很大贡献。比较结果表明,在所有任务中,HTRPO 始终优于 TRPO 和 HPG(Hindsight Policy Gradient),这里 HPG 是一种最先进的 RL 稀疏奖励算法。

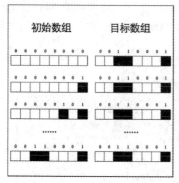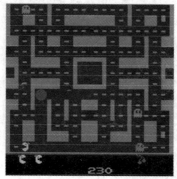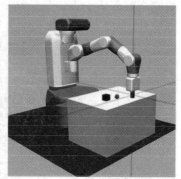

图 4.2-4 实验环境设置

(图片来源:ZHANG H, BAI S, LAN X, et al. Hindsight trust region policy optimization[J], arXiv preprint,arXiv:1907.12439,2019.)

4.2.4 VMRD 与 REGRAD

感知和认知在智能机器人研究中发挥着重要作用。在与环境交互之前,如在抓取或操纵任务之前,机械臂机器人需要先了解和推断要做什么以及如何做。在这些情况下,需要做到实时检测目标并预测操纵关系,以确保机器人能够以安全可靠的方式完成任务。

我们通过开发 VMRD(视觉操作关系数据集)和 REGRAD(关系抓取数据集)辅助机器人学习环境中的操作关系,以完成安全抓取任务。如图 4.2-5 所示,VMRD 可用于训练机器人学习感知和理解环境、定位目标并找到正确的顺序来完成抓取任务。与视觉关系数据集相同,VMRD 专注于操作关系,因此 VMRD 中包含的对象是可操作或可抓取的。VMRD 不仅包含了图像中定位的对象,还包含了丰富多样的位置关系。

图 4.2-5 VMRD 示例

（图片来源：ZHANG H，LAN X，ZHOU X，et al. Visual manipulation relationship network for autonomous robotics［C］. 2018 IEEE-RAS 18th International Conference on Humanoid Robots，2018：118-125.）

在一定程度上，尽管目前基于先进的抓取算法可以在分散或杂乱的场景中生成稳定的抓取，但机器人仍然难以完成复杂的操作/任务。机器人需要在密集的杂波中执行特定对象的抓取，这会导致对象之间的严重重叠和遮挡。

因此，我们提出了关系抓取数据集（REGRAD）。它是一个新颖的、大规模的、自动生成的数据库，通过考虑对象和抓取之间的关系，为密集杂波中的关系抓取建立基准。与 VMRD 相比，REGRAD 数据库的规模更大，数据类型更丰富，视角更全面。图 4.2-6 所示是 REGRAD 数据库的一些示例。图像取自 9 个不同的视图，背景是随机生成的。从左到右依次为场景的原始 RGB 图像、目标边界框、分割图、选定的三维抓取、选定的二维抓取、抓取顺序的操作关系图。REGRAD 数据库通过利用物理模拟器自动标记操纵关系，避免了昂贵的手动标记以及人为偏见。值得一提的是，REGRAD 数据库是第一个大规模的关系数据集。此外，在 REGRAD 上训练的模型只需通过适当的领域随机化，就能将操纵关系检测和抓取检测从虚拟场景转移到真实场景。

原始 RGB 图像　　目标边界框　　　分割图　　　选定的三维抓取　　选定的二维抓取　　抓取顺序的
操作关系图

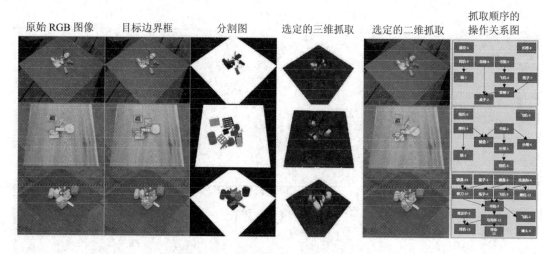

图 4.2 - 6　REGRAD 数据库示例

（图片来源：ZHANG H, YANG D, WANG H, et al. REGRAD: A Large-scale relational grasp dataset for safe and object specific robotic grasping in clutter[J]. IEEE Robotics and Automation Letters, 2022, 7(2): 2929-2936.）

　　人机协同抓取平台通过构建机械臂与数据库，为人机协同混合增强智能提供了良好的研究基础，也提供了更多的可能性，因此可以进行许多有潜力和有价值的研究。

　　（1）对象不可知操纵关系的检测。尽管在大多数情况下定义当前对象不可知操纵关系，但其稳健性无法检测，特别是对于未知目标。一些想法（如引入网络结构偏差以缓解特定对象的特征和对抗性训练）有望进一步探索如何检测未知对象之间的操纵关系。为了在未来遵循这些想法，需要解决如何摆脱对物理性质和几何假设的强烈依赖。

　　（2）杂波中目标驱动的抓取检测。考虑到目标驱动的抓取检测应基于稳健的特定对象的抓取检测，一种可能的策略是利用特定对象的特征来监测点云中的抓取。有了性能优越的点云特征抓取工具，我们就可以研究开发针对特定对象的抓取特征提取器，并在混杂场景中准确分割未知对象，也能够设计性能稳定的特定对象抓取检测器，并过滤掉那些不适用于目标的抓取，以避免抓取时出现潜在的碰撞。

　　（3）虚拟到真实的人机协同增强智能。由于数据库平台是使用物理模拟器自动生成的，因此训练数据与真实场景之间存在实际差距，如何缩小差距是一个现实而重要的问题。

4.2.5　人机协同抓取平台的意义

　　近年来，人机协作机器人受到了学术界的广泛认可并成为前沿研究方向，面向真实世界的推理、自主学习等是制约其发展的关键。不同于传统的工业机器人，由于人类的介入，协作机器人面对的是更加复杂的外界作业，机器人不仅要实时掌握并理解多模态的外部信息（非结构环境），还要自主理解作业任务，自主决策并组织行为，以相对类人的方式与人类交互。这种转变引入了高度非结构化的作业对象、人的意图的不确定性、多任务学习的复杂性。

　　在人机协作的诸多研究领域，人机协同抓取平台专注于利用机械臂和相关数据集实现人机协同抓取任务，因为机器人的自主抓取是机器人与环境进行交互和完成复杂任务的基础。抓取操作的具体实现过程涉及对环境的主动感知、建构、推理，抓取部位择优，抓取操作的动作规划与传动执行等多个层面，综合起来可以归纳为检测、规划和控制三大模块。当前的人机协作抓取技术已广泛应用于智能制造、智慧交通、智慧生活、智能医疗等方面，并有望在危急救援、军事行动等恶劣环境中帮助人类完成任务，从而极大地提升社会生产力，节约大量的人力物力资源。此外，人机协同平台的搭建支撑了视觉信息与应用国家研究中心的建设，有助于人机协同课题研究和成果的验证。

4.3　人机协同共驾平台

人机协同共驾平台以共驾型智能汽车为对象，通过建立人与系统并存的动力学模型，制订共驾过程中人与系统的控制权分配机制，研究常规场景的人机协同控制以及亚临界危险场景的风险估计与干预控制，最终实现人机同时在线、深度融合并高度协同的一体化共驾。国务院 2017 年 7 月发布的《新一代人工智能发展规划》明确强调新一代人工智能应包含人机协同的混合增强智能板块，并指出人机协同共驾技术研发与测试中人工智能极其重要。此规划也提出，人机协同机制及转换控制应形成有创新性的解决方案，以解决人机共驾中现存的诸多问题，包括与驾驶员相关的三大问题（对驾驶行为的建模，驾驶员在驾驶状态时的感知和意图识别，驾驶员在回路中的人机协同感知与认知），以及与人机协作相关的三大问题（人机在决策规划和控制执行中的交互与协同，个性化人机协同控制技术，人机协同控制技术的测试与评价等）。这些规划内容如果能够得到解决，将会形成有创新性的人机协同控制共性理论，我国汽车产业、人工智能产业也将因此在若干年后获得好的收益。从现状来看，代表性的人机协同共驾平台包括以下几种。

（1）多类型轻型地面无人车验证平台。在此平台上，需要建立复杂多样环境下的无人平台自主运动控制系统、目标检测追踪系统、车辆运动行为预测系统、轨迹跟踪系统以及远程遥控操作系统，以便为人机协同感知与认知中的多模态目标追踪、自主协同感知、风险综合态势评估等技术提供硬件基础。图 4.3-1 所示为复杂多样环境下的车车/车路协同验证平台。

(a) 轮式自主移动无人平台

(b) 履带式自主移动无人平台

图 4.3-1　复杂多样环境下的车车/车路协同验证平台

（2）多类型无人车车辆实验平台。基于奇瑞无人车、东风无人车、安凯无人客车等实验框架，针对人体姿态识别、车辆运动行为预测、安全驾驶等研究需求，研究人员开发了人-车-路环境感知系统、车辆轨迹预测系统以及安全控制系统，为研究特殊姿态行人位置及姿态的融合感知、车辆运动行为预测、风险综合态势评估等技术提供了完善的实车验证平台，如图 4.3-2 所示。

(a) 奇瑞无人车

(b) 东风无人车　　　　(c) 安凯无人客车　　　　(d) 无人观光车

图 4.3-2　驾驶车辆平台

在理论与算法方面，人机协同共驾平台可研究的内容包括神经信号的建模和评估、人机协同操作控制、模糊控制、意志控制、拟人技能控制等。

4.3.1　神经系统科学集成框架

上肢截肢剥夺了上肢截肢患者操纵和感知物体的能力，可能会给患者带来严重的精神损伤，并会使其生活质量急剧下降。为了恢复上肢截肢患者的重要运动和感觉能力，开发神经控制的仿生上肢假肢可能是一种有效的方法。理想的神经整合上肢假体应该尽可能像原生肢体一样被控制、感觉、观察和操作。因此，从用户身上提取神经和其他生物信号是必要的，而且反映肢体运动状态和触觉感知的相关反馈信号也很重要。针对上肢截肢患者的运动、感知和反馈需求，科研人员研究构建了一种新的神经系统科学集成框架（NSF）及其实验平台（如图 4.3-3 所示），用于神经信号的开发、仿真、建模和评估，提取脑电、肌电等多种信号来控制假肢，同时为脑电与肌电控制无人车提供技术支撑。

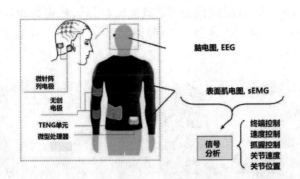

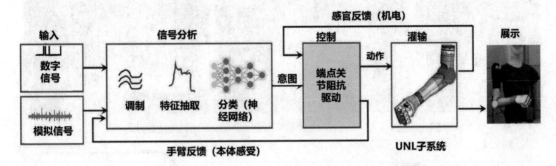

图 4.3 - 3　神经系统科学集成框架(NSF)及其实验平台

4.3.2　基于深度学习的移动机械手人机协同操作技术

近年来，机器人被用在各个领域与人类完成协作任务，因此使机器人朝着智能人机共生的方向发展是至关重要的，特别是自然和有效的人机协同操作能力是许多人机合作研究中的关键挑战之一。针对人机协同操作需求，我们提出了一种基于深度学习的移动机械手人机协同操作技术(如图 4.3 - 4 所示)，设计了一种基于 CNN-LSTM 的模型，通过模仿学习，使机器人基于人的动作生成相应的运动轨迹(由 Kinect 提取人在运动时的人体骨架，

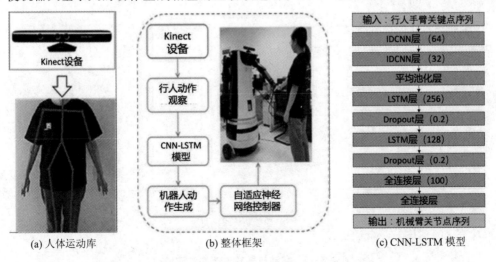

(a) 人体运动库　　　　(b) 整体框架　　　　(c) CNN-LSTM 模型

图 4.3 - 4　基于深度学习的移动机械手人机协同操作技术

并获取相应的关节位置信息)和一种自适应跟踪控制器,以驱动机器人稳定地跟踪期望的轨迹。我们还设计了通过移动机械臂来递交物体的实验(如图 4.3 - 5 所示),证明了所提出的运动产生和控制方法的有效性。

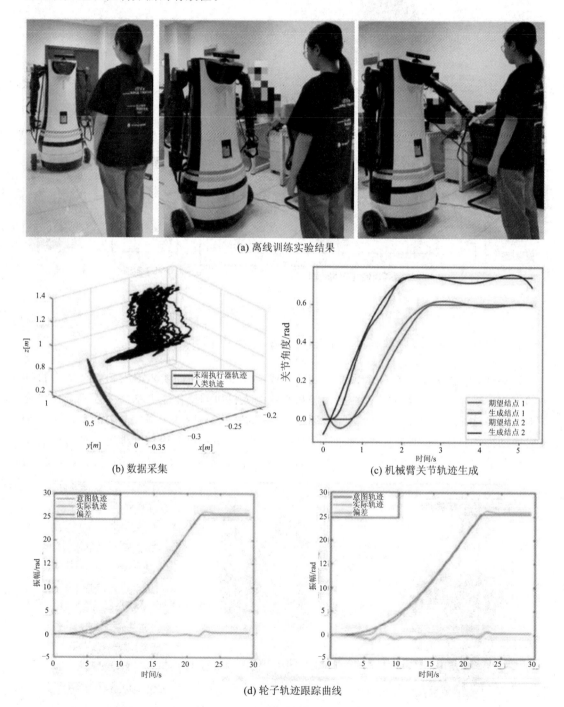

(a) 离线训练实验结果

(b) 数据采集

(c) 机械臂关节轨迹生成

(d) 轮子轨迹跟踪曲线

图 4.3 - 5 移动机械臂递交物体实验(1)

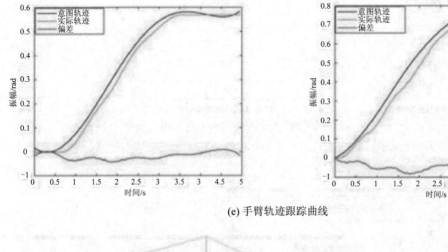

(e) 手臂轨迹跟踪曲线

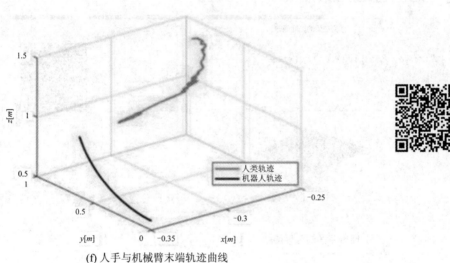

(f) 人手与机械臂末端轨迹曲线

图 4.3-5　移动机械臂递交物体实验(2)

4.3.3　人机协同系统的自适应模糊区域控制方法

奇异性问题一直是人机协同系统任务空间控制设计中的一个关注点。在经典的人机协同系统任务空间控制中,机器人通常被假定在不存在奇点的任务空间中工作。这种假设限制了它在各种工作空间中的潜在应用。为了解决人机协同系统潜在的奇异性问题,研究人员提出了一种基于自适应模糊区域的人机协同系统控制方法(如图 4.3-6 所示),描述了人机协同系统任务空间中的奇异区域及其势能函数,设计了一种双输入单输出模糊控制器,构造了一个可调的势能函数,以达到在降低控制力的同时避免奇异性的目的。

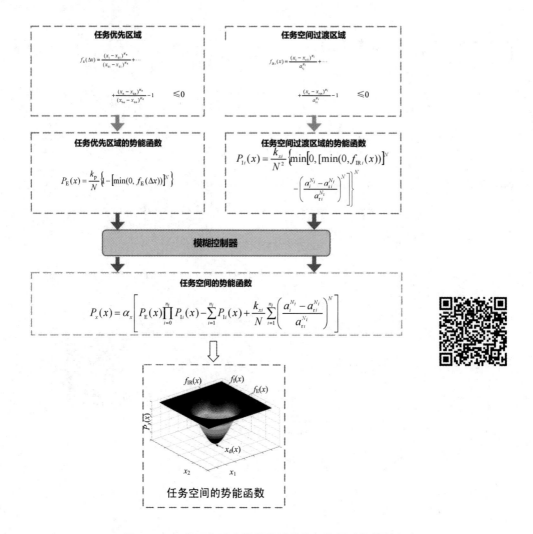

图 4.3-6　基于自适应模糊区域的人机协同系统控制方法

4.3.4　基于脑电图的假肢在不同地形下行走的意志控制方法

目前，大多数动力假腿可以以预定的步态在单一地形上平稳行走。但电动假腿的长期目标是它们不仅可以在平坦的地形上自由使用，还可以在坡道、楼梯和其他地形上自由使用。显然，不同的地形需要设计不同的行走模式，这就涉及识别地形条件或人类意图，以实现假肢行走模式的选择。针对假肢根据人的意图在不同地形下稳定灵活地行走这一需求，研究人员提出了一种基于脑电图的假肢在不同地形下行走的意志控制方法，构建了一种基于 EEG 的控制系统框架（如图 4.3-7 所示）。该系统利用离散小波变换处理原始脑电图信号，得到脑电图信号的时频-空间特征，再对多类虚拟任务进行分类，最后假肢根据意向识别的结果生成相应的步态轨迹并将运动信息反馈给使用者。该方法解决了人为操作假肢的不便性问题，提高了假肢对被截肢者的辅助效果，并经实验证明了有效性。

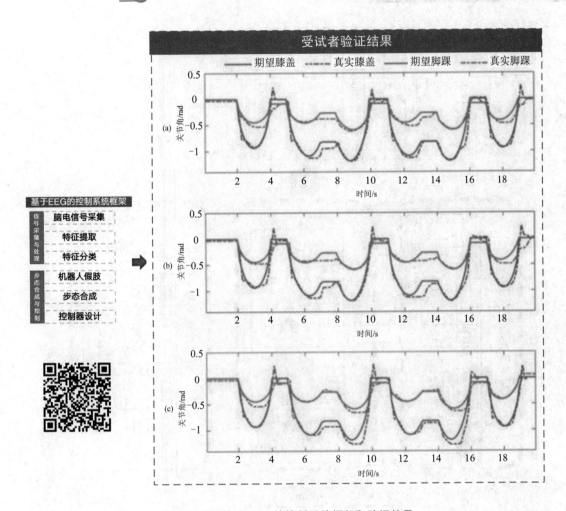

图 4.3-7　基于 EEG 的控制系统框架和验证结果

4.3.5　基于机器学习的人类拟人技能控制方法

在过去的几十年里，仿人实践在拟人机器人控制中引起了越来越多研究人员的关注。已经证明，拟人机械手的类人运动控制能够在多个领域显著提高人机交互的质量，在类似人类的行为中能够实现更多的社会性、认知性和合理性。目前对类人运动中的操纵器的研究有许多，然而这些研究仅集中在末端执行器的运动上，没有考虑手臂姿态，不能实现在机械手上模仿类人行为的全身控制。针对这一局限性，研究人员设计了一种基于机器学习的人类拟人技能控制方法（如图 4.3-8 所示），提出了一种基于深度卷积神经网络（DCNN）的机器学习模型，并采用解耦控制方法模拟类人运动，实现了人-机器人技能传递以及仿人机械臂的冗余优化控制。基于 DCNN 的机器学习模型用于建立手臂旋转角和手部姿势的关系，同时有效解决训练时的过拟合问题。解耦控制方法用于进行仿人机械臂的自适应模糊控制，使得内层保证控制精度，外层实现仿人机械臂控制。整体操作流程为：首先进行人体演示，采集人体运动数据；然后利用人体上肢动力学模型提取训练仿人运动模型所需的数据，完成数据准备；最后，将训练好的模型应用于仿人机械臂的实时操作。

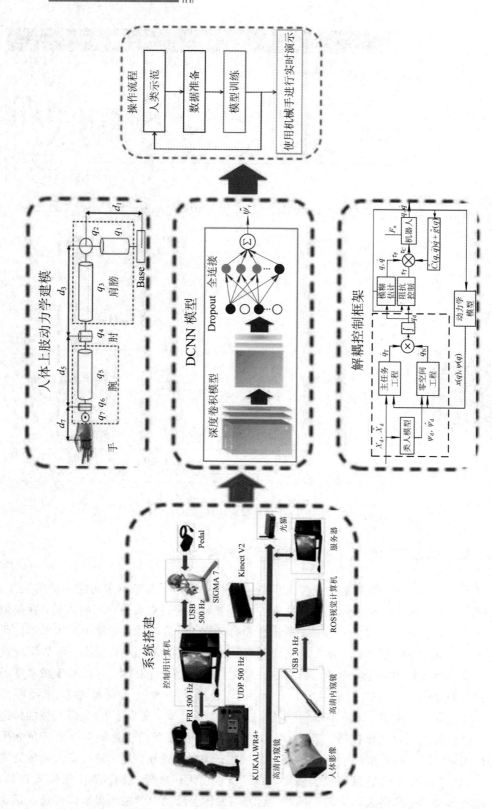

图4.3-8　基于机器学习的人类拟人技能控制方法

4.3.6　人机协同共驾平台的意义

具有多类型轻型地面无人车验证平台和无人车车辆实验平台的人机协同共驾平台，为研发智能驾驶汽车提供了技术支撑，推动了智能驾驶系统在中国新能源汽车领域的大规模产业化发展，形成了新的经济增长点。在社会效益方面，该成果促进了我国智能驾驶汽车产业的培育、落地及相关企业的发展，带动了汽车电子制造商、整车厂的发展。

4.4　人机协同数字孪生平台

目前，机器学习或者深度学习算法在现实世界的感知、预测、决策任务中都有很好的表现。很多算法使用的是有监督或者无监督的学习范式，在预先收集的数据集中进行训练，或者算法的训练过程需要与环境进行交互，如强化学习。然而数据集的大小和质量，如归纳偏置现象，决定了算法的表现。在一些真实任务（如自动驾驶、推荐系统、工业机器人等）中，将算法直接部署到真实环境中可能会带来无法估量的经济损失、安全危害等。因此，使用一个虚拟平台代替真实环境进行训练是一个促进人机协同混合增强智能的、好的且必不可少的选择。

这类虚拟平台能够代替真实环境，让算法直接在虚拟平台进行与真实环境类似的平行学习和测试，甚至可以给算法提供训练所需的数据、奖励等。这样不仅可以避免由于算法的不可控或者效果差等原因带来的损失，还可以利用数字平台的可加速性来加快算法的训练，降低算法训练所需的时间及其他成本，同时也为研究人员提供了统一的对算法的评判标准。这类虚拟平台也称数字孪生平台，其架构如图 4.4 - 1 所示。

图 4.4 - 1　数字孪生平台架构

近年来，已经涌现出针对各类任务的虚拟训练环境。OpenAI 公司开源了一个针对强化学习环境的通用代码库 Gym，提供了一个用于训练算法的标准接口，用户可以直接将自定义的或第三方的仿真环境嵌入，以对接各类算法。Mujoco 与 PyBullet 为机器人的连续控制任务的仿真提供了物理引擎。对于现实任务，虚拟环境的意义重大，能够给自动驾驶这类具有高风险的场景提供一个高效、安全的训练环境。Carla、LGSVL 等提供了一个仿真驾驶环境，可用于虚拟场景演示、编辑，并提供了一系列可供自动驾驶算法完成感知、决策、规划等任务的传感器接口。图 4.4-2 所示为 LGSVL 与百度 Apollo 的联合仿真效果。

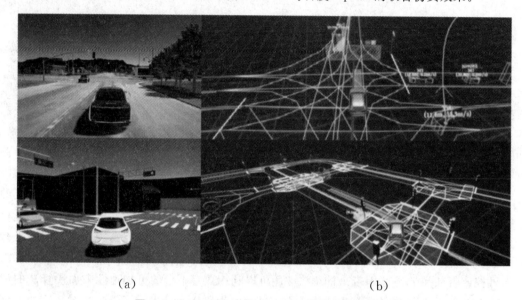

(a)　　　　　　　　　　　　　　　　(b)

图 4.4-2　LGSVL 与百度 Apollo 的联合仿真效果

特别地，对于自动驾驶任务来说，仿真环境已经成为贯穿整个产品研发过程的必需品。仿真环境的优势主要体现在：真实道路测试昂贵，真实道路测试效率较低，真实世界数据存在长尾分布，无法进行特定场景下的重复训练。具体来说，首先，在自动驾驶算法的测试中，有效的真实道路测试需要基于特制的、昂贵的测试车辆。第二，真实路测无法进行加速，而在仿真环境下，我们可以进行加速或并行测试。第三，真实道路测试在特定环境、场景下的数据极度匮乏，如极端天气、车祸场景等。反观仿真环境，我们可以人为生成特定环境、场景的路测数据，以弥补该缺陷。第四，在真实道路测试中我们很难重新还原出历史场景进行重复测试，而在仿真驾驶平台上，我们可以复现特定场景来观察不同算法在某个困难场景下的表现。值得一提的是，该特性也让使用强化学习训练决策算法和人机协同混合增强智能成为可能。

对于自动驾驶任务，目前已经有许多优秀的仿真环境，如 Carla、LGSVL 等，它们是自动驾驶研究者或从业者强大的训练、测试工具。但是，在现阶段的仿真平台进行自动驾驶算法的研发仍有许多待解决的问题。

4.4.1　仿真环境到真实环境的迁移问题

在仿真平台上进行自动驾驶算法的训练，存在从仿真环境到真实环境的 Out-of-Distribution(OOD)问题。这是因为仿真环境中的数据分布与真实世界中的数据分布不同，将仿真环境中训练或测试的算法移植到真实环境后，性能可能出现大幅下降。这意味着我们需要根据真实数据进行重新训练，这也是目前业界真实道路测试仍然十分重要的原因之一。针对此问题，已经有许多研究成果，比如利用生成对抗网络进行仿真平台到真实世界的图像翻译，在进行仿真环境训练时直接使用图像翻译后的数据进行训练，减缓 OOD 问题。值得一提的是，LGSVL 是一款开源的仿真环境，它具有十分真实的渲染效果。不难推测，越真实的场景，其仿真环境的数据分布与真实世界的数据分布越接近，这也从一定程度上减缓了该问题。

4.4.2　仿真测试场景自动生成

目前在仿真环境中生成训练或测试场景的方法仍不够高效、有效。现阶段在仿真平台上构建的场景库往往是基于经验和规则的，同时场景的生成很多时候是靠手动完成的。这可能会产生两个问题：① 基于规则生成的场景难以覆盖所有可能出现的情况；② 场景库的构建成本高，效率低。

针对这两个问题，有许多研究提出了解决方案。Scenic 提供了一个方便编写的概率式编程语言，能够与主流仿真驾驶环境对接，自动生成大量随机的特定自动驾驶测试场景，用于进行自动驾驶算法的测试与训练。但该工具仍不完美，存在场景变复杂后，仿真的场景运行时会卡顿、生成的场景无法保存复现等问题。

复旦大学与某汽车公司合作开发了一款自动化随机场景生成工具，实现了生成场景的保存与历史场景重现。该工具可以实际应用于自动驾驶算法的训练与测试。

具体来说，在仿真场景自动生成方面，该工具将 Scenic 仿真场景生成工具中带约束的随机场景生成部分解耦出来，直接与 LGSVL 进行交互。另外，在保留基本随机生成功能的同时，该工具实现了静态、动态场景的保存、复现功能。具体来说，该工具构建的仿真平台实现了静态、动态场景的任意数量车辆的位置、朝向、速度、驾驶行为的随机生成，以及已生成场景的保存功能，包括保存为标准 JSON 格式文件以及从现有 JSON 文件中复现场景。该工具已经能够与 LGSVL 仿真平台对接，进行静态、动态的随机场景生成展示，并构建相应的特定场景的场景库。部分随机生成的动态测试场景如图 4.4-3 所示。

图 4.4-3　主车与数台 NPC(非角色玩家)车辆的随机位置、行驶速度的动态测试场景的生成

4.4.3　基于专家示教知识构建的仿真测试场景库

在专家示教数据方面，科研人员采用美国政府《联邦自动驾驶汽车政策》中规定的自动驾驶功能评估方法，提出了28项正常驾驶车辆具备的行为能力，包括但不限于：探测和响应前方停止的车辆，在车流中跟随行驶，探测和响应信号灯、停止标示牌、单行道标志等，探测和响应靠近车辆（如路口左转车辆），安全驶离当前道路靠边停车，路口转向，探测停车场空闲车位并完成停车，环形交叉路口行驶等。采用复旦大学科研人员研究搭建的混合智能自动驾驶仿真平台以及仿真场景自动生成算法，可以很方便地生成以上具备专家知识的具体场景。图4.4-4到图4.4-11展示了根据专家数据生成的部分实际测试场景。

图 4.4-4　探测和响应前方停止车辆测试场景

图 4.4-5　在车流中跟随行驶测试场景

图 4.4-6　探测和响应信号灯测试场景

图 4.4 - 7 探测和响应停止标示牌、单行道标志测试场景

图 4.4 - 8 探测和响应靠近车辆场景(路口左转车辆)

图 4.4 - 9 安全驶离当前道路靠边停车(车位位于道路左侧)、路口转向测试场景

图 4.4 - 10 探测停车场空闲车位并完成停车测试场景

图 4.4-11　环形交叉路口行驶测试场景

在引入了专家示教数据之后，可以对其进行一定程度的随机扩展，如车辆数量、位置、种类、速度、朝向、天气、路况变化等，大规模地批量生成相关的专家示教场景。随后，通过场景保存与复现功能，我们便可以构建大规模的专家知识场景库。在生成效率方面，研究人员测试了低（npc 元素在 10 个以内）、中（npc 元素在 20 个以内）、高（npc 元素在 30 个以内）三种复杂程度的测试场景的生成速度，在设置合理的情况下，分别可以达到平均 5000 个场景/小时、1200 个场景/小时、50 个场景/小时的目标。这里，npc 即 non-player character（非角色玩家），指除了主车以外的车、人等。

4.4.4　基于选择性采样方法的强化示教学习训练

Off-policy 强化学习算法中对中继缓冲的采样与利用方法一直是本领域的研究重点之一。采样与利用方法的好坏很可能直接影响到模型的性能、训练稳定性，甚至直接决定模型的训练是否收敛。本节将嵌入示教数据的高采样效率异轨强化学习模型融入混合智能仿真平台，设计并进行了示教强化学习实验，实验结果证明了仿真平台能够很方便地验证模仿示教学习算法模型。

研究人员采用现有的、在连续控制任务中广泛采用的软演员/批评家（Soft Actor/Critic，SAC）算法，引入专家示教学习，对专家数据进行选择性采样，以提高训练效率以及模型性能，在多个基线任务中取得了优异的性能表现。在实验设置方面，研究人员选择了一个端到端的自动驾驶汽车控制实验，车辆需要在仿真环境中实现从起点到终点的安全驾驶。在奖励设置方面，用到了硬、软性惩罚和硬、软性奖励。其中，硬性惩罚用于防止车辆出现不可接受的驾驶行为，而在硬性奖励部分，研究人员引入了效应分配（Credit Assignment），让奖励更加密集，使得网络可以更好地学习。

研究人员将算法部署到混合智能仿真平台中（实验设置的具体内容见图 4.4-12），训练自动驾驶汽车实现了从指定起点到指定终点的安全驾驶决策，并分别训练了改进前后的 SAC 网络，使之收敛。图 4.4-13 所示的收敛曲线表明，采样与利用方法在训练效率及模型性能方面都比基线有更好的表现。

奖励函数调整工程：
(1) 大额惩罚：碰撞、违反交通规则。
(2) 小额惩罚：道路中线偏移。
(3) 大额奖励：终点奖励(带有功劳分配)。
(4) 小额奖励：安全行进距离。

状态　　　　　　　动作　　　　　　　效果演示(收敛)

图 4.4 - 12　实验设置的具体内容

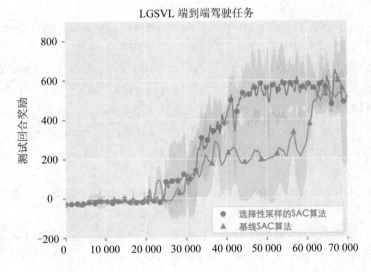

图 4.4 - 13　引入高采样模型的网络收敛曲线

4.4.5　数字孪生平台的意义

与使用传统方法相比，使用数字孪生技术可以节约经济成本。过去，机器人等领域的实验成本较高，面临着设备易损、数据昂贵等窘境；而数字孪生技术则有效地通过计算机模拟的方式实现了低廉的实验成本。

数字孪生技术也能降低社会风险。例如，自动驾驶等具有安全及伦理风险的领域，可以在虚拟环境中创造低风险的实验条件，为训练验证算法等需求提供了更安全的途径。

因此，运用虚拟环境对真实环境进行模拟与同步，可以使研究人员以低成本进行实验的设计与模拟、算法的训练及测试、系统整体的监控与规划等。

随着数字孪生理论与技术的发展，越来越多的人机协同混合增强智能的应用领域（如自动驾驶、机器人等）将会有越来越旺盛的需求。

本章参考文献

[1]　BOSTELMAN R，HONG T，MARVEL J. Survey of research for performance measurement of mobile manipulators[J]. Journal of Research of the National Institute of Standards and Technology，2016，121：342-366.

[2]　CHEN H W，CHANG J W，LEE S Y. Multi-media device. U. S. Patent Application US 29/394，046，USD 663319S1[P]. 2012-07-10.

[3]　COLTON S，CHARNLEY J W，PEASE A. Computational creativity theory：the face and idea descriptive models[C]. International Conference on Computational Creativity (ICCC)，2011，90-95.

[4]　HA D，ECK D. A neural representation of sketch drawings[J]. arXiv preprint，arXiv：1704. 03477，2017.

[5]　HAMNER B，KOTERBA S，SHI J，et al. An autonomous mobile manipulator for assembly tasks[J]. Autonomous Robots，2010，28(1)：131-149.

[6]　KABIR A M，THAKAR S，BHATT P M，et al. Incorporating motion planning feasibility considerations during task-agent assignment to perform complex tasks using mobile manipulators[C]. 2020 IEEE International Conference on Robotics and Automation，2020：5663-5670.

[7]　KAWAMOTO K，OMURA K. Interactive man-machine interface for simulating human emotions. U. S. Patent Application US 5/367，454[P]. 1994-11-22.

[8]　LI C，XIA F，MARTIN R，et al. HRL4IN：hierarchical reinforcement learning for interactive navigation with mobile manipulators[C]. Proceedings of the Conference on Robot Learning. PMLR，2020：603-616.

[9]　NIU K，FANG W N，GUO B Y，et al. Cognitive work analysis in design of complex man-machine system：a review of theory，technology and research development[J]. SCIENTIA SINICA Technologica，2018，48(6)：596-615.

[10]　RADFORD A，KIM J W，HALLACY C，et al. Learning transferable visual models from natural language supervision[C]. International Conference on Machine Learning. PMLR，2021：8748-8763.

[11]　ROMBACH R，BLATTMANN A，LORENZ D，et al. High-resolution image synthesis with latent diffusion models [C]. Proceedings of the IEEE/CVF Conference on Computer Vision and Pattern Recognition，2022：10684-10695.

[12]　SOHL-DICKSTEIN J，WEISS E，MAHESWARANATHAN N，et al. Deep unsupervised learning using nonequilibrium thermodynamics[C]. International Conference on Machine Learning. PMLR，2015(37)：2256-2265.

[13]　ZHANG H，BAI S，LAN X，et al. Hindsight trust region policy optimization[J]. arXiv preprint，arXiv：1907. 12439，2019.

[14] ZHANG H，LU Y，YU C，et al. Invigorate：Interactive visual grounding and grasping in clutter[J]. arXiv preprint，arXiv：2108. 11092，2021.

[15] ZHANG H，YANG D，WANG H，et al. REGRAD：A large-scale relational grasp dataset for safe and object-specific robotic grasping in clutter[J]. IEEE Robotics and Automation Letters，2022，7(2)：2929-2936.

[16] 蔡自兴，徐光祐. 人工智能及其应用[M]. 4 版. 北京：清华大学出版社，2010.

[17] 刘锋. 面向人机交互的多模态文本生成及可解释性分析[D]. 南京：东南大学，2019.

附 录

人机协同混合增强智能的相关科研成果汇总

下面是教育部规划项目执行期间科研人员完成的与人机协同混合增强智能的相关科研成果汇总，供有兴趣了解的读者参考。

• **浙江大学**

发表论文：

[1] LI Z J, WU J Y, KOH I, et al. Image synthesis from layout with locality-aware mask adaption[C/OL]. 2021 IEEE/CVF International Conference on Computer Vision (ICCV), 2021：13799-13808.

[2] YOU W T, JIANG H, YANG Z Y, et al. Automatic synthesis of advertising images according to a specified style[J/OL]. Frontiers of Information Technology & Electronic Engineering, 2020, 21(10)：1455-1466.

[3] 孙凌云, 张于扬, 周志斌, 等. 以人为中心的智能产品设计现状和发展趋势[J]. 包装工程, 2020, 41(02)：1-6.

[4] 鲁雨佳, 陈实, 帅世辉, 等. 基于剪辑元素属性约束的可计算产品展示视频自动剪辑框架[J]. 计算机辅助设计与图形学学报, 2020, 32(07)：1101-1110.

[5] 江浩, 徐婧珏, 林思远, 等. 智能终端的最简情感表达[J]. 计算机辅助设计与图形学学报, 2020, 32(07)：1042-1051.

[6] SUN L Y, CHEN P, XIANG W, et al. SmartPaint：a co-creative drawing system based on generative adversarial networks[J/OL]. Frontiers of Information Technology & Electronic Engineering, 2019, 20(12)：1644-1656.

[7] 刘宣慧, 郗宇凡, 尤伟涛, 等. 数据驱动的可持续设计[J]. 包装工程, 2021, 42(18)：1-10.

[8] SUN L Y, LI J J, CHEN Y, et al. FlexTruss：a computational threading method for multi-material, multi-form and multi-use prototyping[C/OL]. Proceedings of the 2021 CHI Conference on Human Factors in Computing Systems. Yokohama Japan：ACM, 2021.

[9] SUN L Y, YANG Y, CHEN Y, et al. ShrinCage：4D pinting accessories that self-adapt[C/OL]. Proceedings of the 2021 CHI Conference on Human Factors in Computing Systems. Yokohama Japan：ACM, 2021.

[10] SUN L Y, ZHOU Z B, WU W Q, et al. Developing a toolkit for prototyping machine learning-empowered products[J]. International Journal of Design, 2020,

14(2)：35-50.

[11] LI W, HE Y X, QI Y W, et al. FET-GAN：font and effect transfer via k-shot adaptive instance normalization[J/OL]. Proceedings of the AAAI Conference on Artificial Intelligence，2020，34：1717-1724.

发明专利：

[1] 陈培，张杨康，孙凌云，等. 一种基于小样本持续学习的图像生成方法：202111609360.8[P]. 2021-12-28.

[2] 孙凌云，胡子衿，尤伟涛，等. 一种基于原型视频的短视频自动编辑方法：202111442144.9[P]. 2021-12-01.

[3] 向为，孙凌云. 一种基于用户感知优化的深度图生成方法：202110163213.6[P]. 2021-02-06.

[4] 杨昌源，陈培，李如诗，等. 一种基于单对图像训练的生成对抗神经网络模型的方法：202110209512.9[P]. 2021-02-25.

发表论著：

[1] 孙凌云，向为. 设计智能[M]. 杭州：浙江大学出版社，2021.

[2] 孙凌云. 智能产品设计[M]. 北京：高等教育出版社，2020.

• 西安交通大学

发表论文：

[1] 孙世光，兰旭光，张翰博，等. 基于模型的机器人强化学习研究综述[J]. 模式识别与人工智能，2022，35(1)：1-16.

[2] CHEN X Y, LI J, LAN X G, et al. Generalized zero-shot learning via multi-modal aggregated posterior aligning neural network[J]. IEEE Transactions on Multimedia，2020，24：177-187.

[3] DING M Y, LIU Y X, YANG C J, et al. Visual manipulation relationship detection based on gated graph neural network for robotic grasping[C]. 2022 IEEE/RSJ International Conference on Intelligent Robots and Systems (IROS)，2022.

[4] ZHANG H B, YANG D Y, WANG H, et al. REGRAD：a large-scale relational grasp dataset for safe and object-specific robotic grasping in clutter[J]. IEEE Robotics and Automation Letters，2022，7(2)：2929-2936.

[5] 丁梦远，兰旭光，彭茹，等. 机器推理的进展与展望[J]. 模式识别与人工智能，2021，34(1)：1-13.

[6] CHEN X Y, WANG C Y, LAN X G, et al. Neighborhood geometric structure-preserving variational autoencoder for smooth and bounded data sources[J]. IEEE Transactions on Neural Networks and Learning Systems，2021，33(8)：3598-3611.

[7]　ZHANG H B, LAN X G, ZHOU X W, et al. Visual manipulation relationship recognition in object-stacking scenes[J]. Pattern Recognition Letters, 2020, 140: 34-42.

[8]　LI J, LAN X G, LONG Y, et al. A joint label space for generalized zero-shot classification[J]. IEEE Transactions on Image Processing, 2020, 29: 5817-5831.

[9]　XU J, WANG S H, CHEN X Y, et al. A continuous learning approach for probabilistic human motion prediction [C]. IEEE International Conference on Robotics and Automation (ICRA), 2022: 11222-11228.

[10]　TAN X, CHEN X Y, ZHANG G W, et al. Mbdf-net: multi-branch deep fusion network for 3D object detection[C]. Proceedings of the 1st International Workshop on Multimedia Computing for Urban Data, 2021: 9-17.

[11]　ZHANG H B, LU Y F, YU C J, et al. INVIGORATE: interactive visual grounding and grasping in clutter[C]. Robotics: Science and Systems, 2021.

[12]　ZHANG H B, BAI S, LAN X G, et al. Hindsight trust region policy optimization [C]. The 30th International Joint Conference on Artificial Intelligence (IJCAI-21), 2021: 3335-3341.

[13]　XU J, CHEN X Y, LAN X G, et al. Probabilistic human motion prediction via a Bayesian neural network[C]. 2021 IEEE International Conference on Robotics and Automation (ICRA), 2021: 3190-3196.

[14]　ZHAO B L, ZHANG H B, LAN X G, et al. REGNet: region-based grasp network for end-to-end grasp detection in point clouds [C]. 2021 IEEE International Conference on Robotics and Automation, 2021: 13474-13480.

[15]　WANG H, CHEN X Y, LAN X G. An exploration of domain adaptation applying to grasp detection algorithm[C]. 2020 Chinese Automation Congress (CAC), 2020: 5332-5337.

[16]　YANG D Y, ZHANG H B, LAN X G. Research on complex robot manipulation tasks based on hindsight trust region policy optimization [C]. 2020 Chinese Automation Congress (CAC), 2020: 4541-4546.

[17]　FENG C, LAN X G, WAN L, et al. A guided evaluation method for robot dynamic manipulation[C]. International Conference on Intelligent Robotics and Applications, Springer, Cham, 2020: 161-170.

[18]　WAN L P, LAN X G, SONG X W, et al. Periodic guidance learning[C]. 2020 IEEE International Conference on Knowledge Graph (ICKG), 2020: 77-83.

[19]　CHEN X Y, LAN X G, SUN F C, et al. A boundary based out-of-distribution classifier for generalized zero-shot learning[C]. European Conference on Computer Vision, Springer, Cham, 2020: 572-588.

[20]　YANG C J, LAN X G, ZHANG H B, et al. Autonomous tool construction with

gated graph neural network[C]. 2020 IEEE International Conference on Robotics and Automation，2020：9708-9714.

发明专利：

[1] 兰旭光，谈逊，陈星宇. 一种基于多模态融合的三维目标检测方法及系统：202111648759.7[P]. 2021-12.

[2] 兰旭光，刘泽阳，万里鹏，等. 基于动态层级通信网络的多智能体强化学习方法及系统：202111216476.5[P]. 2021-10.

[3] 兰旭光，唐湘毅，刘瑾瑜，等. 适用于旋翼无人机的被动式快速抓取机械手：202011262363.4[P]. 2020-11.

[4] 兰旭光，张翰博，柏思特，等. 基于事后经验的信赖域策略优化方法、装置及相关设备：202010713458.7[P]. 2020-07.

[5] 兰旭光，杨辰杰，张翰博，等. 基于图神经网络的机器人自主工具构建方法、系统及相关设备：202010652687.2[P]，2020-07.

[6] 兰旭光，陈星宇，郑南宁. 一种基于外分布样本检测的广义零样本目标分类方法、装置及相关设备：202010652682X[P]. 2020-07.

[7] 兰旭光，赵冰蕾，张翰博，等. 一种基于三维视觉的智能机器人抓取方法：202010652696.1[P]. 2020-07.

• 中国科学技术大学

发表论文：

[1] GAO H B，ZHU J P，ZHANG F，et al. The multiobjective adaptive car-following control of intelligent vehicle based on receding horizon optimization[J]. SCIENCE CHINA：Information Sciences，2021. DOI：10.1007/s11432-021-3385-4.

[2] WANG H J，GAO H B，YUAN S H，et al. Interpretable decision-making for autonomous vehicles at highway on-ramps with latent space reinforcement learning [J]. IEEE Transactions on Vehicular Technology，2021，70(9)：8707-8719.

[3] GAO H B，GUO F，ZHU J P，et al. Human motion segmentation based on structure constraint matrix factorization[J]. SCIENCE CHINA：Information Sciences，2022，65(1)：119103.

[4] GAO H B，ZHU J P，LI X D，et al. Automatic parking control of unmanned vehicle based on switching control algorithm and backstepping[J]. IEEE/ASME Trans. on Mechatronics，2020，DOI：10.1109/TMECH.2020.3037215.

[5] GAO H B，QIN Y，HU C，et al. An interacting multiple model for trajectory prediction of intelligent vehicles in typical road traffic scenario [J]. IEEE Transactions on Neural Network and Learning Systems，2021. DOI：10.1109/TNNLS.2021.3136866.

[6] GAO H B, BI W, WU X Y, et al. Adaptive fuzzy region-based control of Euler-Lagrange systems with kinematically singular configurations[J]. IEEE Transactions on Fuzzy Systems, 2021, 29(8): 2169-2179.

[7] GAO H B, LV C, ZHANG T, et al. A structure constraint matrix factorization framework for human behavior segmentation [J]. IEEE Transactions on Cybernetics, 2021. DOI: 10.1109/TCYB.2021.3095357.

[8] WANG Y, ZHANG F, GAO H B, et al. Control rights distribution weights and takeover authority for human-machine co-driving based on fuzzy control algorithm [C]. 2021 4th IEEE International Conference on Unmanned Systems, 2021.

[9] ZHANG F, ZHU J, LI Y, et al. Lateral control of intelligent driving vehicles under extreme conditions[C]. 2021 4th IEEE International Conference on Unmanned Systems, 2021.

[10] HUANG J, LI G, REN X, et al. Neural interface for a bionic upper neuroprosthetic limb[C]. 2020 IEEE 5th International Conference on Advanced Robotics and Mechatronics (ICARM), 2020.

[11] SU H, QI W, GAO H B, et al. Machine learning driven human skill transferring for control of anthropomorphic manipulators[C]. 2020 5th International Conference on Advanced Robotics and Mechatronics (ICARM), 2020. DOI: 10.1109/ICARM49381.2020.9195371.

[12] JIANG L, WU X Y, LIU Y Y, et al. Deep learning based human-robot co-manipulation for a mobile manipulator[C]. 2020 5th International Conference on Advanced Robotics and Mechatronics (ICARM), 2020. DOI: 10.1109/ICARM49381.2020.9195325.

[13] WU H, SU H, LIU Y, et al. Object detection and localization using stereo cameras [C]. 2020 5th International Conference on Advanced Robotics and Mechatronics (ICARM), 2020. DOI: 10.1109/ICARM49381.2020.9195365.

发明专利：

[1] 高洪波，郝正源，李智军. 防疫机器人知识学习与迁移方法和系统：ZL202011119623.2[P]. 2021-11.

[2] 高洪波，郝正源，李智军，等. 基于混合策略博弈的驾驶人变道切入意图识别方法及系统：ZL202010911976.X[P]. 2021-11.

[3] 李智军，罗玲，高洪波. 肌电信号驱动的下肢义肢连控制系统：ZL202011120806.6[P]. 2021-08.

[4] 李智军，张涛，魏强，等. 随动式柔性伺服牵引的步态康复机器人系统：ZL202010912006.1[P]. 2021-05.

• 同济大学

发表论文:

[1] WANG X, KANG Q, ZHOU M, et al. Multiscale drift detection test to enable fast learning in nonstationary environments[J]. IEEE Transactions on Cybernetics, 2021, 51(7): 3483-3495.

[2] KANG Q, YAO S Y, ZHOU M C, et al. Enhanced subspace distribution matching for fast visual domain adaptation[J]. IEEE Transactions on Computational Social Systems, 2020, 7(4): 1047-1057.

[3] KANG Q, YAO S Y, ZHOU M C, et al. Effective visual domain adaptation via generative adversarial distribution matching[J]. IEEE Transactions on Neural Networks and Learning Systems, 2021, 32(9): 3919-3929.

[4] TAN Z P, CHEN J, KANG Q, et al. Dynamic embedding projection-gated convolutional neural networks for text classification[J]. IEEE Transactions on Neural Networks and Learning Systems, 2022, 33(3): 973-982.

[5] SHI X D, KANG Q, AN J, et al. Novel L1 regularized extreme learning machine for soft-sensing of an industrial process[J]. IEEE Transactions on Industrial Informatics, 2022, 18(2): 1009-1017.

[6] SHI X D, KANG Q, ZHOU M C, et al. Soft sensing of nonlinear and multimode processes based on semi-supervised weighted Gaussian regression[J]. IEEE Sensors Journal, 2020, 20(21): 12950-12960.

[7] YAO S Y, KANG Q, ZHOU M C, et al. Intelligent and data-driven fault detection of photovoltaic plants[J]. Processes, 2021, 9(10): 1711.

[8] BAO H Q, KANG Q, AN J, et al. A Performance-Driven MPC Algorithm for Underactuated Bridge Cranes[J]. Machines, 2021, 9(8): 177.

[9] AN J, XU L Y, FAN Z, et al. PSO-based optimal online operation strategy for multiple chillers energy conservation[J]. International Journal of Bio-Inspired Computation, 2021, 18(4): 229-238.

[10] 康琦, 汪镭, 张量. 群体智能的统一性与形式化描述[J]. 中国人工智能学会通讯, 2020, 12(10): 6-12.

[11] CHEN W Z, ZHAO L, KANG Q, et al. Systematizing heterogeneous expert knowledge, scenarios and goals via a goal-reasoning artificial intelligence agent for democratic urban land use planning[J]. Cities, 2020, 101(1): 1-15.

发明专利:

[1] 康琦, 赖豪文. 基于刻度查找的指针式仪表读数自动识别方法: CN201910266384.4 [P]. 2020.

[2] 徐斌辰, 康琦, 马璐. 中文词向量建模方法: CN201910266000.9. [P]. 2020.

［3］ 康琦，刘美辰. 一种基于半监督增量学习的图片分类系统及分类方法：CN202111535786.3［P］. 2021.

［4］ 康琦，徐其慧. 基于不平衡数据的故障诊断方法和系统：CN202110267888.5［P］. 2021.

［5］ 康琦，郑宇，徐其慧. 一种基于深度学习的邮政包裹文本检测方法及设备：CN202110919567.9［P］. 2021.

［6］ 康琦，邓麒，潘乐. 基于哈希编码的跨模态数据检索方法、系统、设备及介质：CN202110075555.2［P］. 2021.

［7］ 康琦，邓麒，潘乐. 基于哈希编码的相似图像检索方法、系统、设备及介质：CN202110075538.9［P］. 2021.

［8］ 康琦，张量，邓麒. 基于微分流形场的高维多目标优化方法、系统、介质及终端：CN202110190343.9［P］. 2021.

［9］ 谭志鹏，康琦，陈晶. 动态嵌入投影门控的多类别多标签文本分类模型及装置：CN202010503497.4［P］. 2021.

［10］ TURKI T，ABUSORRAH A，KANG Q，et al. System for fast and accurate visual domain adaption：US10839269B1［P］. 2020.

• 复旦大学

发表论文：

［1］ LIU Y Q，HE Y W，LI S M，et al. An auto-adjustable and time-consistent model for determining coagulant dosage based on operators' experience［J］. IEEE Transactions on Systems，Man and Cybernetics：Systems，2021，51(9)：5614-5625.

［2］ HUANG Z Z，CHEN S Z，ZHANG J P，et al. PFA-GAN：progressive face aging with generative adversarial network ［J］. IEEE Transactions on Information Forensics and Security，2020，16：2031-2045.

［3］ ZHU H P，SHAN H M，ZHANG Y H，et al. Convolutional ordinal regression forest for image ordinal estimation［J］. IEEE Transactions on Neural Networks andLearning Systems，2021，33(8)：4084-4095.

［4］ LIU Y Q，ZHANG J P，LEI C，et al. SSAS：spatiotemporal scale adaptive selection for improving bias correction on precipitation ［J］. IEEE Transactions on Cybernetics，2021，52(11)：12175-12188.

［5］ CHAO H Q，HE Y W，ZHANG J P，et al. GaitSet：cross-view gait recognition through utilizing gait as a deep set［J］. IEEE Transactions on Pattern Analysis and Machine Intelligence，2022，44(7)：3467-3478.

［6］ HYANG Z Z，ZHANG J P，ZHANG Y，et al. DU-GAN：generative adversarial networks with dual-domain U-net based discriminators for low-dose CT denoising ［J］. IEEE Transactions on Instrumentation and Measurement，2021，71(4500512).

[7]　LEI Y M，TIAN Y K，SHAN H M，et al. Shape and margin-aware lung nodule classification in low-dose CT images via soft activation mapping[J]. Medical Image Analysis，2021，60：101628.

[8]　HUANG Z Z，CHEN S Z，ZHANG J P，et al. AgeFlow：conditional age progression and regression with normalizing flows［C］. International Joint Conference on Artificail Intelligence，2021.

[9]　HUANG Z Z，ZHANG J P，SHAN H M. When age-invariant face recognition meets face age synthesis：A multi-task learning framework[C]. In Proceedings of the IEEE/CVF Conference on Computer Vision and Pattern Recognition，2021，7282-7291.

[10]　ZHU H P，ZHANG Y H，LI G H，et al. Ordinal distribution regression for gait-based age estimation[J]. Science China Information Sciences，2020，2：21-34.

[11]　GONG L，SUN T，LI X D，et al. Demonstration guided actor-critic deep reinforcement learning for fast teaching of robots in dynamic environments[C]. 3rd IFAS Workshop on Cyber-Physical & Human Systems CPHS 2020, Beijing, China，3-5 December，2020 (Best Research Paper Award).